微视频
学编程

从零开始学

明日科技　编著

Java

U0243484

全国百佳图书出版单位

化学工业出版社

·北京·

内容简介

本书从零基础读者的角度出发，通过通俗易懂的语言、丰富多彩的实例，循序渐进地让读者在实践中学习Java编程知识，并提升自己的实际开发能力。

全书共分为4篇20章，内容包括搭建开发环境、第一个Java程序、变量和基本数据类型、运算符、流程控制语句、数组、方法、面向对象编程、字符串、Java常用类、异常处理、枚举与泛型、集合、I/O流、Swing程序设计、AWT绘图、线程、使用JDBC操作数据库、像素鸟游戏、咸鱼快递打印系统等。书中知识点讲解细致，侧重介绍每个知识点的使用场景，涉及的代码给出了详细的注释，可以使读者轻松领会Java语言程序开发的精髓，快速提高开发技能。同时，本书配套了大量教学视频，扫码即可观看，还提供所有的程序源文件，方便读者实践。

本书适合Java初学者、软件开发入门者自学使用，也可用作高等院校相关专业的教材及参考书。

图书在版编目（CIP）数据

从零开始学 Java / 明日科技编著．—北京：化学
工业出版社，2022.3
ISBN 978-7-122-40482-4

Ⅰ.①从… Ⅱ.①明… Ⅲ.① JAVA 语言 – 程序设计
Ⅳ.① TP312.8

中国版本图书馆 CIP 数据核字（2021）第 260264 号

责任编辑：耍利娜　张　赛　　　　　　　文字编辑：林　丹　吴开亮
责任校对：王佳伟　　　　　　　　　　　　装帧设计：尹琳琳

出版发行：化学工业出版社（北京市东城区青年湖南街13号　邮政编码100011）
印　　装：河北鑫兆源印刷有限公司
787mm×1092mm　1/16　印张24½　字数596千字　2022年6月北京第1版第1次印刷

购书咨询：010-64518888　　　　　　　　　售后服务：010-64518899
网　　址：http://www.cip.com.cn
凡购买本书，如有缺损质量问题，本社销售中心负责调换。

定　　价：99.00元

 前言

Java 是 Sun 公司推出的一种能够跨越多平台的、可移植性高的面向对象编程语言。Java 凭借其易学易用、功能强大的特点，得到了广泛的应用，例如，编写桌面应用程序、Web 应用程序、分布式系统和嵌入式系统应用程序等。随着 Java 技术的不断更新，在云计算和移动互联网被炒得火热的环境下，Java 的语言优势和发展前景会进一步呈现出来。

本书内容

本书包含了学习 Java 语言的各类知识，分为 4 篇、共 20 章的内容。本书结构如下图所示。

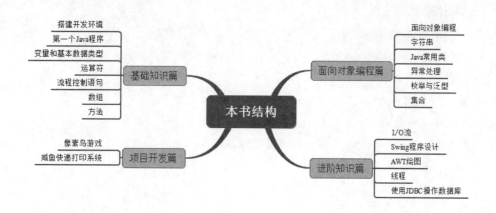

第 1 篇：基础知识篇。本篇主要对 Java 语言的基础知识进行详解，包括搭建开发环境、第一个 Java 程序、变量和基本数据类型、运算符、流程控制语句、数组、方法等内容。

第 2 篇：面向对象编程篇。本篇主要讲解 Java 的核心编程思想——面向对象编程，包括面向对象编程、字符串、Java 常用类、异常处理、枚举与泛型、集合等内容。

第 3 篇：进阶知识篇。本篇主要对 Java 语言的进阶知识进行详解，包括 I/O 流、Swing 程序设计、AWT 绘图、线程、使用 JDBC 操作数据库等内容。

第 4 篇：项目开发篇。学习编程的最终目的是进行开发，解决实际问题，本篇通过像素鸟游戏、咸鱼快递打印系统这两个项目，讲解如何使用所学的 Java 知识进行项目开发。

本书特点

☑ **知识讲解详尽细致**。本书以零基础入门读者为对象，力求将知识点讲解得更加详细，在降低学习难度的同时，让读者掌握得更加全面。

☑ **学练结合，案例实用**。本书通过实用的案例对所讲解的知识点进行解析，让读者不只学会知识，还能够知道把学会的知识用在哪里。

☑ **思维导图总结知识**。每章最后都会使用思维导图总结本章介绍的知识，从而能够帮助读者"温故知新"。

☑ **配套高清视频讲解**。本书资源包中提供了同步高清教学视频，读者可以通过这些视频更快速地学习，达到事半功倍的学习效果。

读者对象

☑ 初学编程的自学者　　　　　　　　☑ 编程爱好者

☑ 大中专院校的老师和学生　　　　　☑ 相关培训机构的老师和学员

☑ 做毕业设计的学生　　　　　　　　☑ 初、中、高级程序开发人员

☑ 程序测试及维护人员　　　　　　　☑ 参加实习的"菜鸟"程序员

读者服务

为了方便解决本书中的疑难问题，我们提供了多种服务方式，并由作者团队提供在线技术指导和社区服务，服务方式如下：

√ 企业 QQ：4006751066

√ QQ 群：309198926

√ 服务电话：400-67501966、0431-84978981

本书约定

开发环境及工具如下：

√ 操作系统：Windows 7、Windows 10 等。

√ 开发工具：JDK11、eclipse 2021-03 及以上版本。

√ 数据库：MySQL 5.7。

致读者

本书由明日科技 Java 程序开发团队组织编写，主要人员有赵宁、申小琦、王小科、李菁菁、何平、张鑫、周佳星、王国辉、李磊、赛奎春、杨丽、高春艳、冯春龙、张宝华、庞凤、宋万勇、葛忠月等。在编写过程中，我们以科学、严谨的态度，力求精益求精，但不足之处仍在所难免，敬请广大读者批评指正。

感谢您阅读本书，零基础编程，一切皆有可能，希望本书能成为您编程路上的敲门砖。

祝读书快乐！

编著者

目录

 第 1 篇　基础知识篇

第 1 章　搭建开发环境 / 2

▶视频讲解：7 节，25 分钟

1.1　Java 概述 / 3
　1.1.1　Java 的两个常用版本 / 3
　1.1.2　Java 的主要特点及其用途 / 3
1.2　JDK 和 Eclipse / 4
　1.2.1　JDK 的下载与安装 / 4

　1.2.2　Eclipse 的下载与启动 / 9
1.3　Eclipse 的窗口和菜单 / 12
　1.3.1　Eclipse 的窗口说明 / 12
　1.3.2　Eclipse 的菜单说明 / 12
　本章知识思维导图 / 13

第 2 章　第一个 Java 程序 / 14

▶视频讲解：11 节，30 分钟

2.1　编写 Java 程序的 5 个步骤 / 15
　2.1.1　第 1 步：新建 Java 项目 / 15
　2.1.2　第 2 步：新建 Java 类 / 16
　2.1.3　第 3 步：编写 Java 代码 / 17
　2.1.4　第 4 步：保存 Java 代码 / 17
　2.1.5　第 5 步：运行 Java 应用程序 / 17
2.2　Java 程序的组成部分 / 18
　2.2.1　类 / 18

　2.2.2　主方法 / 19
　2.2.3　关键字 / 20
　2.2.4　标识符 / 22
　2.2.5　注释 / 22
　2.2.6　控制台的输出操作 / 24
2.3　编码规范 / 25
　本章知识思维导图 / 26

第 3 章　变量和基本数据类型 / 27

▶视频讲解：8 节，39 分钟

3.1　变量和常量 / 28

　3.1.1　变量 / 28

3.1.2 常量 / 28

3.2 基本数据类型 / 29

3.2.1 整数类型 / 29

3.2.2 浮点类型 / 31

3.2.3 字符类型 / 32

3.2.4 布尔类型 / 34

3.3 类型转换 / 34

3.3.1 自动类型转换 / 34

3.3.2 强制类型转换 / 35

◉ 本章知识思维导图 / 36

第4章 运算符 / 37

▶视频讲解：10节，52分钟

4.1 赋值运算符 / 38

4.2 算术运算符 / 39

[实例 4.1] 计算两个数字的和、差、积、商
和余数 / 39

4.3 自增和自减运算符 / 41

[实例 4.2] 计算两个数字的和、差、积、商
和余数 / 41

4.4 关系运算符 / 42

[实例 4.3] 比较两个数字的关系 / 42

4.5 逻辑运算符 / 43

[实例 4.4] 判断逻辑表达式的是与非 / 44

4.6 位运算符 / 44

4.6.1 位逻辑运算符 / 45

[实例 4.5] 判断位逻辑表达式的是与非 / 46

4.6.2 移位运算符 / 46

4.7 复合赋值运算符 / 49

4.8 三元运算符 / 50

4.9 圆括号 / 50

4.10 运算符优先级 / 51

◉ 本章知识思维导图 / 52

第5章 流程控制语句 / 53

▶视频讲解：9节，106分钟

5.1 分支结构 / 54

5.1.1 if 语句 / 54

[实例 5.1] 模拟拨打电话场景 / 55

5.1.2 if…else 语句 / 55

5.1.3 if…else if 多分支语句 / 56

[实例 5.2] 根据用餐人数入座 / 57

5.1.4 判断语句嵌套 / 58

[实例 5.3] 判断输入的年份是不是闰年 / 58

5.1.5 switch 多分支语句 / 59

[实例 5.4] 判断输入的分数属于哪类
成绩 / 60

5.2 循环结构 / 62

5.2.1 while 循环语句 / 62

[实例 5.5] 使用 while 循环语句将 1 ~ 10

相加 / 62

5.2.2 do…while 循环语句 / 63

[实例 5.6] 判断用户输入的密码是否正确 / 63

5.2.3 for 循环语句 / 63

[实例 5.7] 使用 for 循环完成 1 ~ 100 相加
的运算 / 64

5.2.4 foreach 语句 / 65

[实例 5.8] 使用 foreach 语句遍历数组 / 65

5.2.5 循环语句的嵌套 / 66

[实例 5.9] 打印乘法口诀表 / 66

5.3 控制循环结构 / 67

5.3.1 break 语句 / 67

[实例 5.10] 打印 1 ~ 20 中的偶数 / 67

[实例 5.11] 控制内层循环的循环次数 / 68

5.3.2　continue 语句 / 68

[实例 5.12]　打印 1 ～ 20 中的偶数 / 69

第6章　数组 / 71

▶视频讲解：9 节，48 分钟

6.1　数组概述 / 72

6.2　一维数组 / 72

6.2.1　创建一维数组 / 73

6.2.2　给一维数组赋值 / 74

6.2.3　获取数组长度 / 75

[实例 6.1]　调用 length 属性获取班级总人数 / 75

6.2.4　遍历一维数组 / 75

[实例 6.2]　打印 1 ～ 12 月份各个月份的天数 / 75

6.3　二维数组 / 76

6.3.1　创建二维数组 / 77

6.3.2　给二维数组赋值 / 78

[实例 6.3]　使用 3 种方法分别为 3 个二维数组赋值 / 78

6.3.3　遍历二维数组 / 78

[实例 6.4]　分别用横版和竖版两种方式输出古诗 / 79

6.4　不规则数组 / 80

[实例 6.5]　不规则二维数组每行的元素个数和各元素的值 / 80

本章知识思维导图 / 81

第7章　方法 / 82

▶视频讲解：8 节，44 分钟

7.1　定义方法 / 83

7.2　返回值 / 83

7.2.1　返回值类型 / 84

7.2.2　无返回值 / 85

[实例 7.1]　使用 return 语句结束循环语句 / 86

7.3　参数 / 86

7.3.1　值参数 / 87

[实例 7.2]　计算两个数之和的 add() 方法 / 87

7.3.2　引用参数 / 87

[实例 7.3]　修改一维数组中各个元素的值 / 87

7.3.3　不定长参数 / 88

[实例 7.4]　求多个 int 型值之和 / 88

7.4　重载 / 89

[实例 7.5]　编写 add() 方法的多个重载形式 / 89

7.5　递归 / 90

本章知识思维导图 / 91

 第 2 篇　面向对象编程篇

第8章　面向对象编程 / 94

▶视频讲解：22 节，132 分钟

8.1　面向对象概述 / 95

8.1.1　对象 / 95

8.1.2　类 / 95
8.1.3　面向对象程序设计的特点 / 96
8.2　面向对象基础 / 96
8.2.1　成员变量 / 97
8.2.2　成员方法 / 97
8.2.3　构造方法 / 98
8.2.4　this 关键字 / 99
[实例 8.1]　打印参数的值 / 99
[实例 8.2]　购买鸡蛋灌饼时加几个蛋 / 100
8.3　static 关键字 / 101
8.3.1　静态变量 / 101
[实例 8.3]　修改静态成员变量的值 / 101
8.3.2　静态方法 / 102
[实例 8.4]　打印衬衫、牛仔裤和皮鞋的
产地 / 102
8.3.3　静态代码块 / 103
[实例 8.5]　类成员的执行顺序 / 103
8.4　类的继承 / 104
8.4.1　extends 关键字 / 104
[实例 8.6]　父、子类中的构造方法的执行
顺序 / 105
8.4.2　方法的重写 / 105
[实例 8.7]　子类重写父类中的方法 / 105
8.4.3　super 关键字 / 106
[实例 8.8]　子类调用父类属性 / 106
[实例 8.9]　子类调用并重写父类方法 / 107
[实例 8.10]　使用 super 调用父类构造
方法 / 108
8.4.4　所有类的父类——Object 类 / 108
[实例 8.11]　重写并自动调用 toString()
方法 / 109
8.5　类的多态 / 110
8.5.1　向上转型 / 110
[实例 8.12]　有一个人是一名教师 / 110
8.5.2　向下转型 / 111
[实例 8.13]　不能说某只鸟是一只鸽子 / 111
8.5.3　instanceof 关键字 / 112
[实例 8.14]　判断以下说法正确与否 / 113
8.6　抽象类 / 114

8.6.1　abstract 关键字 / 114
8.6.2　抽象类的使用 / 114
[实例 8.15]　输出鸡的繁殖和移动方式 / 115
[实例 8.16]　输出老鹰的繁殖和移动
方式 / 116
[实例 8.17]　九尾狐变成了人形 / 117
[实例 8.18]　输出鸵鸟的体重和繁殖方式 / 117
8.7　接口 / 118
8.7.1　interface 关键字 / 119
8.7.2　类实现接口 / 121
[实例 8.19]　输出土拨鼠的两个发声
方式 / 121
[实例 8.20]　孩子喜欢做的事和爸爸、妈妈
喜欢做的一样 / 122
8.7.3　接口继承接口 / 123
[实例 8.21]　一个接口继承另外 3 个
接口 / 123
8.8　final 关键字 / 124
8.8.1　final 类 / 124
[实例 8.22]　把五星红旗类创建为 final 类 / 125
8.8.2　final 方法 / 125
[实例 8.23]　判断子类方法是不是重写父类
方法后的方法 / 126
8.8.3　final 变量 / 127
8.9　内部类 / 128
8.9.1　成员内部类 / 128
[实例 8.24]　外部类调用内部类的方法 / 128
[实例 8.25]　在其他类中使用成员
内部类 / 129
8.9.2　静态内部类 / 130
[实例 8.26]　内部类访问外部类的静态
成员 / 130
[实例 8.27]　外部类调用静态内部类的
方法 / 130
8.9.3　局部内部类 / 131
[实例 8.28]　只能在代码块中使用的局部内
部类 / 131
本章知识思维导图 / 132

第9章 字符串 / 133

▶视频讲解：15 节，97 分钟

9.1 字符串与 String 类型 / 134
9.1.1 字符串 / 134
9.1.2 创建字符串 / 134
9.2 操作字符串 / 136
9.2.1 拼接字符串 / 136
[实例 9.1] 用两种形式打印两个整数相加
的结果 / 137
9.2.2 获取字符串长度 / 138
9.2.3 获取指定位置的字符 / 138
[实例 9.2] 找到索引位置是 4 的字符 / 138
9.2.4 查找子字符串索引位置 / 139
[实例 9.3] 找到指定字符首次和末次出现
的索引值 / 139
[实例 9.4] 找到指定字符串首次出现的
索引值 / 140
9.2.5 判断字符串首尾内容 / 140
[实例 9.5] 打印海尔品牌的电器名称 / 140
[实例 9.6] 打印所有 MP4 视频文件 / 141
9.2.6 获取字符数组 / 141
[实例 9.7] 将一个字符串转换成字符
数组 / 142
9.2.7 判断字符串是否包含指定内容 / 142
[实例 9.8] 字符串是否包含指定内容 / 142
9.2.8 截取字符串 / 143
[实例 9.9] 截取身份证号中的出生
年月日 / 143
9.2.9 字符串替换 / 143
[实例 9.10] 把"张三"改成"李四" / 144
[实例 9.11] 清除字符串中的内容 / 144
[实例 9.12] 清除字符串中所有的字母 / 144
[实例 9.13] 清除字符串中的空白内容 / 145

[实例 9.14] replace() 比 replaceAll()
更好用 / 145
9.2.10 字符串分隔 / 146
[实例 9.15] 按照"，"分隔字符串 / 146
9.2.11 大小写转换 / 146
[实例 9.16] 将大写字母转为小写字母 / 147
[实例 9.17] 将小写字母转为大写字母 / 147
9.2.12 去除空白内容 / 148
[实例 9.18] 删除字符串首尾的空格 / 148
[实例 9.19] 删除字符串首尾的转义
字符 / 148
9.2.13 比较字符串是否相等 / 148
[实例 9.20] 判断两个 String 对象的文字内
容是否相等 / 149
9.3 可变字符串 StringBuilder 类 / 149
9.3.1 创建 StringBuilder 类 / 150
9.3.2 拼接 / 150
[实例 9.21] 拼接儿歌 / 151
9.3.3 重设字符 / 151
[实例 9.22] 对手机号中间的四位数字作打
码处理 / 151
9.3.4 插入 / 151
[实例 9.23] 在字符串指定索引处插入一个
新的字符串 / 152
9.3.5 删除 / 152
[实例 9.24] 删除字符串中的指定内容 / 152
[实例 9.25] 删除字符串中的首字母 / 153
9.3.6 替换 / 153
9.3.7 反转 / 154
[实例 9.26] 将"123456789"作翻转处理 / 154
❀本章知识思维导图 / 155

第10章 Java 常用类 / 156

▶视频讲解：9 节，75 分钟

10.1 包装类 / 157
10.1.1 Integer 类 / 157

[实例 10.1] 转换进制格式 / 158

[实例 10.2] 把字符串转换为 int 型值 / 158

[实例 10.3] 字符串形式的十六进制转换成 int 型十进制 / 159

[实例 10.4] int 型十进制转换成字符串形式的二进制 / 159

[实例 10.5] int 型十进制转换成字符串形式的八进制 / 160

[实例 10.6] int 型十进制转换成字符串形式的十六进制 / 160

10.1.2　Double 类 / 160

[实例 10.7] Double 类一些常用方法的使用方式 / 162

10.1.3　Boolean 类 / 162

10.1.4　Character 类 / 165

[实例 10.8] 判断是否为大写英文字符。如果是，转小写 / 166

10.1.5　Number 类 / 167

10.2　Math 类 / 169

10.2.1　三角函数 / 169

10.2.2　指数函数 / 170

10.2.3　取整 / 171

10.2.4　取最大值、最小值、绝对值 / 172

10.2.5　随机数 / 172

10.3　Random 类 / 173

[实例 10.9] 随机打印四个小写英文字母 / 174

10.4　Date 类 / 174

[实例 10.10] 打印当前日期及其毫秒数 / 175

10.5　日期格式化 / 176

◉本章知识思维导图 / 179

第11章　异常处理 / 180

▶视频讲解：8 节，40 分钟

11.1　什么是异常 / 181

[实例 11.1] 除数为 0 / 181

11.2　异常的分类 / 181

11.2.1　错误——Error / 181

11.2.2　异常——Exception / 183

[实例 11.2] 空指针异常 / 183

[实例 11.3] 读取某个不存在的文件 / 184

11.3　捕捉异常 / 185

11.3.1　try-catch 代码块 / 185

[实例 11.4] 数组下表越界异常 / 186

11.3.2　finally 代码块 / 187

11.4　抛出异常 / 187

11.4.1　使用 throws 关键字抛出异常 / 188

[实例 11.5] 读取某个不存在的文件 / 188

11.4.2　使用 throw 关键字抛出异常 / 189

[实例 11.6] 年龄小于 0 ？ / 189

◉本章知识思维导图 / 190

第12章　枚举与泛型 / 191

▶视频讲解：3 节，29 分钟

12.1　枚举 / 192

[实例 12.1] 判断枚举值是否相等 / 193

12.2　泛型 / 194

12.2.1　定义泛型类 / 195

[实例 12.2] 使用泛型定义成员变量和成员方法参数 / 196

12.2.2　定义泛型方法 / 197

[实例 12.3] 创建带泛型的成员方法和静态方法 / 198

◉本章知识思维导图 / 198

第 13 章　集合 / 199

▶视频讲解：8 节，42 分钟

13.1　集合类概述 / 200
13.2　Set 集合 / 200
13.2.1　Set 接口 / 200
13.2.2　Set 接口的实现类 / 201
[实例 13.1]　查看 HashSet 集合中的元素值
和排列顺序 / 201
13.2.3　Iterator 迭代器 / 202
[实例 13.2]　使用 Iterator 迭代器遍历集合中
的元素 / 203
13.3　List 队列 / 204
13.3.1　List 接口 / 204

13.3.2　List 接口的实现类 / 204
[实例 13.3]　使用 ArrayList 类实例化 List
接口 / 205
[实例 13.4]　删除队列中的元素 / 205
[实例 13.5]　在 13 张牌中随机抽取不重复的
10 张牌 / 207
13.4　Map 键值对 / 208
13.4.1　Map 接口 / 208
13.4.2　Map 接口的实现类 / 209
◉本章知识思维导图 / 211

第 3 篇　进阶知识篇

第 14 章　I/O 流 / 214

▶视频讲解：10 节，81 分钟

14.1　流概述 / 215
14.2　输入 / 输出流 / 215
14.2.1　输入流 / 216
14.2.2　输出流 / 217
14.3　File 类 / 219
14.3.1　创建文件对象 / 219
14.3.2　文件操作 / 220
[实例 14.1]　创建、删除文件和读取文件
属性 / 221
14.3.3　文件夹操作 / 223
[实例 14.2]　操作文件夹 / 223
[实例 14.3]　批量重命名文件 / 224
[实例 14.4]　批量删除文件 / 225
14.4　文件输入 / 输出流 / 225
14.4.1　FileInputStream 类与
FileOutputStream 类 / 225
[实例 14.5]　避免乱码的出现 / 226

14.4.2　FileReader 类与 FileWriter
类 / 227
[实例 14.6]　把控制台上的内容写入
文件 / 228
14.5　带缓冲的输入 / 输出流 / 229
14.5.1　BufferedInputStream 类与
BufferedOutputStream 类 / 229
[实例 14.7]　缓冲流能够提升效率 / 230
14.5.2　BufferedReader 类与
BufferedWriter 类 / 231
[实例 14.8]　BufferedReader 和
BufferedWriter 的常用方法 / 232
[实例 14.9]　转换字节流时指定字符
编码 / 233
[实例 14.10]　移动文件 / 234
◉本章知识思维导图 / 236

第15章 Swing 程序设计 / 237

▶视频讲解：24 节，184 分钟

15.1 Swing 概述 / 238

15.2 Swing 常用窗体 / 239

15.2.1 JFrame 窗体 / 239

[实例 15.1] 创建第一个窗体 / 240

15.2.2 JDialog 对话框 / 240

[实例 15.2] 创建第一个对话框 / 241

15.3 常用布局管理器 / 242

15.3.1 绝对布局 / 242

[实例 15.3] 设置布局管理器为绝对
布局 / 242

15.3.2 流布局管理器 / 243

[实例 15.4] 设置布局管理器为流布局 / 243

15.3.3 边界布局管理器 / 244

[实例 15.5] 设置布局管理器为边界
布局 / 245

15.3.4 网格布局管理器 / 245

[实例 15.6] 设置布局管理器为网格
布局 / 246

15.4 常用面板 / 246

15.4.1 JPanel 面板 / 247

[实例 15.7] 为 4 个面板设置布局
管理器 / 247

15.4.2 JScrollPane 滚动面板 / 248

[实例 15.8] 把文本域组件添加到
JScrollPane 面板 / 248

15.5 标签组件与图标 / 249

15.5.1 JLabel 标签组件 / 249

15.5.2 图标的使用 / 249

[实例 15.9] 为标签设置图标 / 250

15.6 按钮组件 / 250

15.6.1 按钮组件 / 251

[实例 15.10] 按钮组件 / 251

15.6.2 单选按钮组件 / 252

[实例 15.11] 单选按钮组件 / 253

15.6.3 复选框组件 / 254

[实例 15.12] 复选框组件 / 254

15.7 列表组件 / 255

15.7.1 JComboBox 下拉列表框
组件 / 255

[实例 15.13] 下拉列表框组件 / 256

15.7.2 JList 列表框组件 / 256

[实例 15.14] 列表框组件 / 257

15.8 文本组件 / 258

15.8.1 JTextField 文本框组件 / 258

[实例 15.15] 文本框组件 / 258

15.8.2 JPasswordField 密码框
组件 / 259

15.8.3 JTextArea 文本域组件 / 260

[实例 15.16] 文本域组件 / 260

15.9 事件监听器 / 260

15.9.1 动作事件 / 261

[实例 15.17] 为按钮组件添加动作
监听器 / 261

15.9.2 键盘事件 / 262

15.9.3 鼠标事件 / 263

◉本章知识思维导图 / 266

第16章 AWT 绘图 / 267

▶视频讲解：11 节，77 分钟

16.1 Java 绘图基础 / 268

16.1.1 Graphics 绘图类 / 268

16.1.2 Graphics2D 绘图类 / 268

16.1.3 Canvas 画布类 / 268

16.2 绘制几何图形 / 269

[实例 16.1] 绘制图形 / 270

16.3　设置颜色与画笔 / 271

16.3.1　设置颜色 / 272

[实例 16.2]　绘制两条不同颜色的线条 / 273

16.3.2　设置画笔 / 273

[实例 16.3]　使用不同的画笔绘制直线 / 274

16.4　图像处理 / 275

16.4.1　绘制图像 / 275

[实例 16.4]　绘制文件夹下的图像 / 276

16.4.2　图像缩放 / 277

[实例 16.5]　放大与缩小图像 / 277

16.4.3　图像翻转 / 278

[实例 16.6]　翻转图像 / 280

16.4.4　图像旋转 / 282

[实例 16.7]　旋转图像 / 282

16.4.5　图像倾斜 / 283

[实例 16.8]　倾斜图像 / 284

⚙本章知识思维导图 / 285

第 17 章　线程 / 286

▶视频讲解：9 节，35 分钟

17.1　线程简介 / 287

17.2　实现线程的两种方式 / 287

17.2.1　继承 Thread 类 / 287

[实例 17.1]　继承 Thread 类创建一个线程输出数字 0 ～ 9 / 288

17.2.2　实现 Runnable 接口 / 289

[实例 17.2]　实现 Runnable 接口创建一个线程输出数字 0 ～ 9 / 290

17.3　线程的生命周期 / 290

17.4　操作线程的方法 / 291

17.4.1　线程的休眠 / 291

[实例 17.3]　模拟电子时钟 / 291

17.4.2　线程的加入 / 292

[实例 17.4]　绘制进度条 / 292

17.4.3　线程的中断 / 293

[实例 17.5]　设置线程正确的停止方式 / 293

[实例 17.6]　使用"异常法"中断线程 / 294

17.5　线程的同步 / 295

17.5.1　线程安全 / 295

[实例 17.7]　打印每销售一件衣服后的剩余库存情况 / 295

17.5.2　线程同步机制 / 296

[实例 17.8]　同步块的作用 / 297

[实例 17.9]　同步方法的实现效果等同于同步块 / 298

[实例 17.10]　线程的暂停和恢复 / 299

⚙本章知识思维导图 / 301

第 18 章　使用 JDBC 操作数据库 / 302

▶视频讲解：11 节，47 分钟

18.1　JDBC 概述 / 303

18.2　JDBC 中常用的类和接口 / 303

18.2.1　DriverManager 类 / 303

18.2.2　Connection 接口 / 304

18.2.3　Statement 接口 / 305

18.2.4　PreparedStatement 接口 / 305

18.2.5　ResultSet 接口 / 306

18.3　数据库操作 / 307

18.3.1　数据库基础 / 307

18.3.2　连接数据库 / 308

[实例 18.1]　连接 MySQL 数据库 / 308

18.3.3 数据查询 / 310

[实例 18.2] 查询数据表中的数据并遍历查询的结果 / 310

18.3.4 动态查询 / 311

[实例 18.3] 动态获取编号为 4 的同学的信息 / 312

18.3.5 添加、修改、删除记录 / 313

[实例 18.4] 动态添加、修改和删除数据表中的数据 / 313

◉ 本章知识思维导图 / 315

 第 4 篇 项目开发篇

第 19 章 像素鸟游戏 / 318

▶ 视频讲解：1 节，4 分钟

19.1 开发背景 / 319

19.2 系统结构设计 / 319

19.2.1 系统功能结构 / 319

19.2.2 系统业务流程 / 319

19.3 项目目录结构预览 / 320

19.4 工具类设计 / 320

19.4.1 图片工具类 / 321

19.4.2 刷新帧线程类 / 321

19.5 游戏模型设计 / 322

19.5.1 飞行物体 / 322

19.5.2 障碍 / 324

19.6 视图模块设计 / 326

19.6.1 主窗体 / 326

19.6.2 图标按钮 / 326

19.6.3 游戏面板 / 327

19.7 打包移植 / 331

19.7.1 打包 CLASS 文件 / 332

19.7.2 打包 JAR 文件 / 333

19.7.3 注意事项 / 335

◉ 本章知识思维导图 / 336

第 20 章 咸鱼快递打印系统 / 337

▶ 视频讲解：5 节，24 分钟

20.1 开发背景 / 338

20.2 系统功能设计 / 338

20.2.1 系统功能结构 / 338

20.2.2 系统业务流程 / 338

20.2.3 系统预览 / 339

20.3 数据库设计和文件夹结构 / 340

20.3.1 数据库概要说明 / 340

20.3.2 数据库 E-R 图 / 341

20.3.3 数据表结构 / 341

20.3.4 文件夹结构 / 342

20.4 公共模块设计 / 343

20.4.1 公共类 DAO / 343

20.4.2 公共类 SaveUserStateTool / 344

20.5 添加快递信息模块设计 / 344

20.5.1 添加快递信息模块概述 / 344

20.5.2 添加快递信息界面设计 / 345

20.5.3 快递信息的保存 / 345

20.6 修改快递信息模块设计 / 348

20.6.1 修改快递信息模块概述 / 348

20.6.2 修改快递信息界面设计 / 348

20.6.3 保存修改后的快递信息 / 349

20.6.4 快递信息的浏览 / 351

20.7 打印快递单与打印设置模块设计 / 352

    20.7.1 打印快递单与打印设置模块

概述 / 352

20.7.2 设计打印快递单与打印设置

窗体 / 353

20.7.3 打印快递单功能的实现 / 354

◉本章知识思维导图 / 357

附录：MySQL 数据库基础 / 358

Java

从零开始学　Java

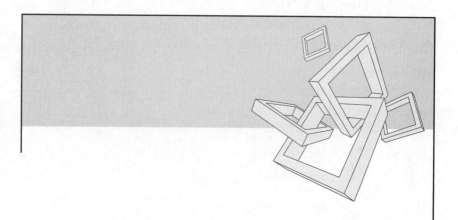

第1篇
基础知识篇

第 1 章
搭建开发环境

 本章学习目标

- 了解 Java 的两个版本和跨平台性。
- 熟悉什么是 JDK 和 Eclipse。
- 掌握 JDK 的下载和安装。
- 掌握 Eclipse 的下载和启动方式。
- 了解 Eclipse 工作台中的各个窗口和菜单。

1.1　Java 概述

Java 是一门简单易用、安全可靠的计算机语言。所谓计算机语言，即人与计算机沟通的方式。Java 是由 Sun 公司于 1995 年推出的一种极富创造力的计算机语言，由具有"Java 之父"之称的詹姆斯·高斯林设计而成，其自诞生以来，经过不断的发展和优化，一直流行至今。

1.1.1　Java 的两个常用版本

如图 1.1 所示，Java 语言当下有两个常用版本：Java SE 和 Java EE。其中，Java SE 是 Java EE 的基础，被用于桌面应用程序的开发；而 Java EE 被用于 Web 应用程序的开发，Web 应用程序指的是用户使用浏览器即可访问的应用程序。

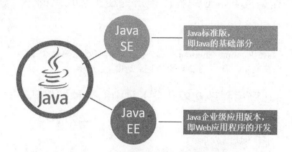

图 1.1　Java 的两个常用版本

1.1.2　Java 的主要特点及其用途

Java 语言是简单的：一方面，Java 语言的语法与 C 语言和 C++ 语言很相近，这使得学习过 C 语言或 C++ 语言的开发人员很容易学习并使用 Java 语言；另一方面，Java 语言丢弃了 C++ 语言中很难理解的指针，并提供了自动的垃圾回收机制，即当 CPU 空闲或内存不足时，自动进行垃圾回收，使得开发人员不必为内存不足而担忧。

Java 语言的一个主要特点是跨平台性。所谓跨平台性，即同一个 Java 应用程序能够在不同的操作系统平台上被执行。如图 1.2 所示，在 Windows 系统、Linux 系统和 MAC 系统上，分别安装与各个系统平台相匹配的 Java 虚拟机后，同一个 Java 应用程序就能够在这三个不同的操作系统平台上被执行。

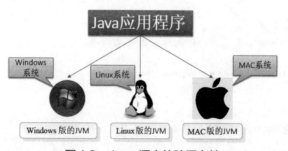

图 1.2　Java 语言的跨平台性

👑 说明：

Java 虚拟机，即 JVM（Java Virtual Machine）。如果某个操作系统平台安装了与之匹配的 Java 虚拟机，那么在这个操作系统平台上，Java 应用程序就能够被执行。

使用 Java 编写应用程序既能缩短开发时间，又能降低开发成本，这使得 Java 的用途不胜枚举，例如桌面应用程序、电子商务系统、多媒体系统、分布式系统及 Web 应用开发等。在揭开 Java 的神秘面纱之前，先来着手做一些准备工作。

1.2　JDK 和 Eclipse

本书将使用 Eclipse 编写 Java 应用程序，但前提是必须安装 JDK，因为 Eclipse 和 JDK 是相辅相成的。下面将分别予以介绍。

① JDK（Java Development Kit），即 Java 软件开发工具包。因为 JDK 提供了 Java 的开发环境和运行环境，所以 JDK 是 Java 应用程序的基础。换言之，所有的 Java 应用程序都是构建在 JDK 上的。

说明：
　　Java 运行环境，即 JRE（Java Runtime Environment）。Java 运行环境主要包含了 JVM 和 Java 函数库。JDK、JRE、JVM 和 Java 函数库的关系如图 1.3 所示。

② Eclipse 是开发 Java 应用程序众多开发工具中的一种，但不是必需的。开发人员还可以使用记事本、MyEclipse、IntelliJ IDEA 等开发工具来编写 Java 应用程序。

图1.3　JDK、JRE、JVM 和 Java 函数库的关系

1.2.1　JDK 的下载与安装

本书使用的 JDK 版本是 Java SE 11。Java SE 11 需要在 OpenJDK 上进行下载。

（1）下载 JDK

下面介绍下载 Java SE 11 的方法，具体步骤如下。

① 打开浏览器，输入网址 http://jdk.java.net/，打开如图 1.4 所示的 OpenJDK 主页面。OpenJDK 主页面展示着 JDK 的各个版本号。因为本书使用的是 Java SE 11，所以单击如图 1.4 所示页面中的超链接 "11"，即可进入 Java SE 11 详情页。

② 在如图 1.5 所示的 Java SE 11 详情页中，找到并单击超链接 Windows/x64 Java Development Kit，即可进入新建下载任务窗口。

jdk.java.net

Java Development Kit builds, from Oracle

Ready for use: JDK 16, JMC 8

Early access: JDK 17, Lanai, Loom, Metropolis, P 〔单击超链接 "11"〕
& Valhalla

Reference implementations: Java SE 16, 15, 14, 13, 12, 11,
10, 9, 8, & 7

图 1.4　OpenJDK 主页面

③ 在如图 1.6 所示的新建下载任务窗口中，先单击"浏览"按钮，选择 openjdk-11+28_windows-x64_bin.zip 的下载位置；再单击"下载"按钮。

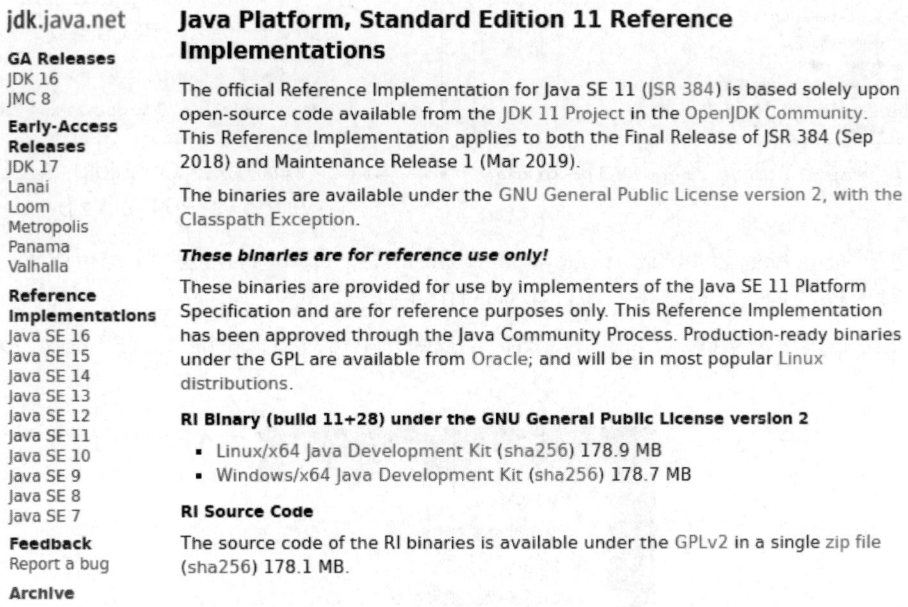

图 1.5　Java SE 11 详情页

图 1.6　新建下载任务窗口

👑 说明：

笔者将压缩包下载到了桌面上。建议读者朋友也先将压缩包下载到桌面上，便于后续操作。

（2）配置 JDK

在配置 Java SE 11 之前，要先移动并解压 Openjdk-11+28_windows-x64_bin.zip，步骤如下。

① 在 D 盘下新建一个空的名为 Java 的文件夹，如图 1.7 所示。

② 先单击桌面上已下载完成的 Openjdk-11+28_windows-x64_bin.zip，按下快捷键"Ctrl + X"将其剪切；再双击打开 D 盘下已新建好的名为 Java 的文件夹，按下快捷键"Ctrl + V"将 Openjdk-11+28_windows-x64_bin.zip 粘贴到 Java 文件夹下；最后对 Openjdk-11+28_windows-x64_bin.zip 进行"解压到当前文件夹"操作，解压后的效果如图 1.8 所示。

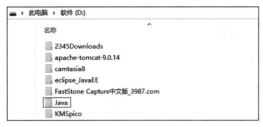

图 1.7　新建一个空的、名为 Java 的文件夹

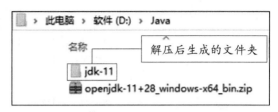

图 1.8　移动并解压 Openjdk–11+28_
windows–x64_bin.zip

移动并解压 Openjdk–11+28_windows–x64_bin.zip 后，即可对 Java SE 11 进行配置。因为笔者使用的是 Win10 的 64 位系统，所以在 Win10 的 64 位系统下，配置 Java SE 11 的步骤如下。

①　鼠标右键单击桌面的"此电脑"图标，找到并单击对话框中的"属性"选项，如图 1.9 所示。

图 1.9　找到并单击对话框中的"属性"选项

②　弹出如图 1.10 所示的界面后，找到并单击"高级系统设置"。

图 1.10　找到并单击"高级系统设置"

③ 弹出如图 1.11 所示的"系统属性"窗口后，单击"环境变量"按钮。

④ 弹出如图 1.12 所示的"环境变量"窗口后，单击窗口下方的"新建"按钮，创建新的环境变量。

图 1.11　单击"环境变量"按钮　　　　　图 1.12　单击窗口下方的"新建"按钮

⑤ 弹出如图 1.13 所示的"新建系统变量"窗口，在窗口中输入变量名和变量值后，单击"确定"按钮。变量名和变量值具体如下：

● 变量名：JAVA_HOME。

● 变量值：D:\Java\jdk-11（这是笔者将 Openjdk-11+28_windows-x64_bin.zip 解压后，jdk-11 文件夹的所在位置，如图 1.14 所示）。

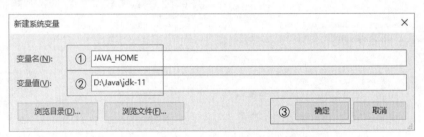

图 1.13　在窗口中输入变量名和变量值

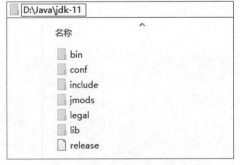

图 1.14　jdk-11 文件夹的所在位置

⑥ 弹出如图 1.12 所示的"环境变量"窗口后，在"系统变量"板块中，找到并单击 Path 变量，单击窗口下方的"编辑"按钮，具体操作步骤如图 1.15 所示。

⑦ 弹出如图 1.16 所示的"编辑环境变量"窗口后，单击窗口右侧的"新建"按钮。

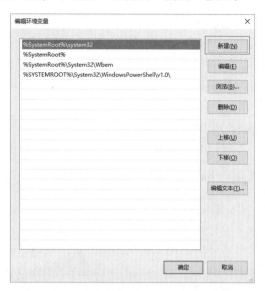

图 1.15 找到并单击 Path 变量后单击"编辑"按钮　　　图 1.16 单击窗口右侧的"新建"按钮

⑧ 单击"新建"按钮后，在列表中会增加一个空行。在空行中，填写"%JAVA_HOME%\bin"，如图 1.17 所示。

⑨ 填写完毕后，先单击"上移"按钮，将"%JAVA_HOME%\bin"上移至当前窗口的第一行；再单击"确定"按钮，操作步骤如图 1.18 所示。

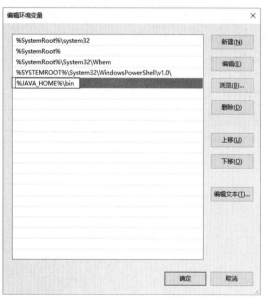
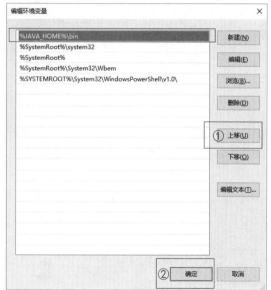

图 1.17 填写"%JAVA_HOME%\bin"　　　图 1.18 将"%JAVA_HOME%\bin"上移至当前窗口的第一行

通过上述步骤，即可成功配置 Java SE 11。最后，依次单击各个窗口下方的"确定"按钮，关闭各个窗口。

（3）测试 JDK

Java SE 11 配置完成后，需测试 Java SE 11 是否配置准确。测试 Java SE 11 的步骤如下。

① 在 Windows 10 系统下测试 JDK 环境，需要先单击桌面左下角的 "⊞" 图标，再直接键入 "cmd"，接着按下 "Enter" 键，启动命令提示符对话框，输入 "cmd" 后的效果图如图 1.19 所示。

② 在已经启动的命令提示符对话框中输入 "javac"，按 "Enter" 键，将输出如图 1.20 所示的 JDK 的编译器信息，其中包括修改命令的语法和参数选项等信息。这说明 JDK 环境搭建成功。

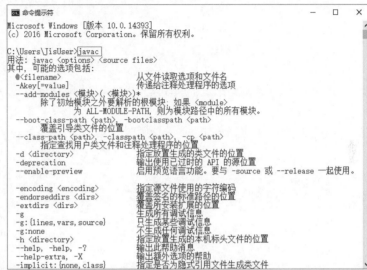

图 1.19　输入 "cmd" 后的效果图　　　图 1.20　JDK 的编译器信息

1.2.2　Eclipse 的下载与启动

Eclipse 是主流的 Java 开发工具之一，是由 IBM 公司开发的集成开发工具。本节对 Eclipse 的下载与启动予以讲解。

（1）下载 Eclipse

Eclipse 的下载步骤如下。

① 打开浏览器，首先在地址栏中输入 http://www.eclipse.org/downloads/ 后，按 "Enter" 键开始访问 Eclipse 的官网首页，然后单击如图 1.21 所示的 "Download Packages" 超链接。

② 单击 "Download Packages" 超链接后，进入 Eclipse IDE Downloads 页面。如图 1.22 所示，先在当前页面向下搜索 Eclipse IDE for Java Developers，再单击与其对应的 Windows 操作系统的 64 bit 超链接。

👑 说明：

① 为了匹配 64 位 Windows 操作系统的 Java SE 11，需要下载 64 位 Windows 操作系统的 Eclipse。

② Eclipse 的版本更新比较快，因此，读者下载 Eclipse 时，如果没有 64 位的 Eclipse 2021-03 版本，可以直接下载最新版本的 64 位的 Eclipse 进行使用。

③ 单击与 Eclipse IDE for Java Developers 对应的 Windows 操作系统的 64 bit 超链接后，Eclipse 服务器会根据客户端所在的地理位置，分配合理的下载镜像站点，读者只需单击 "Download" 按钮，即可下载 64 位 Windows 操作系统的 Eclipse。Eclipse 的下载镜像站点页面如图 1.23 所示。

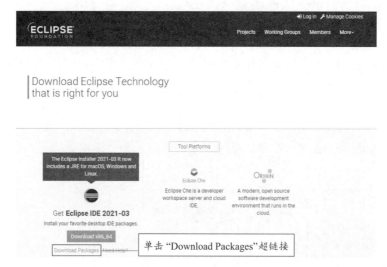

图 1.21 Eclipse 的官网首页

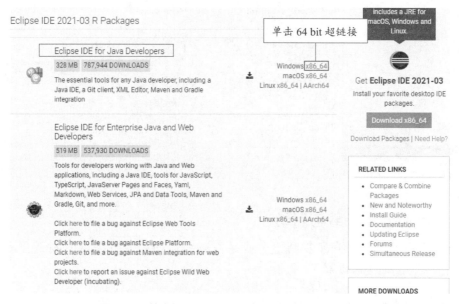

图 1.22 单击 Windows 操作系统的 64 bit 超链接

图 1.23 Eclipse 的下载镜像站点页面

（2）启动 Eclipse

将下载好的 Eclipse 压缩包解压后，就可以启动 Eclipse 了。启动 Eclipse 的步骤如下。

① 在 Eclipse 解压后的文件夹中，双击 eclipse.exe 文件；

② 在弹出的"Eclipse Launcher"对话框中，设置 Eclipse 的工作空间（工作空间用于保存 Eclipse 建立的程序项目和相关设置），即在"Eclipse Launcher"对话框的"Workspace"文本框中输入".\workspace"。

👑 说明：

".\workspace"指定的文件地址是 Eclipse 解压后的文件夹中的 workspace 文件夹。

③ 输入".\workspace"后，单击"Launch"按钮，即可进入 Eclipse 的工作台，"Eclipse IDE Launcher"对话框的效果如图 1.24 所示。

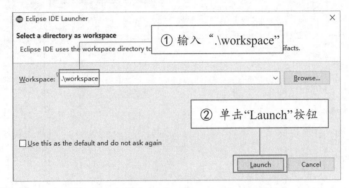

图 1.24 "Eclipse IDE Launcher"对话框

👑 注意：

如果选中"Use this as the default and do not ask again"复选框可以设置默认工作空间，那么启动 Eclipse 时就不会再询问工作空间的设置了。

首次启动 Eclipse 时，Eclipse 会呈现如图 1.25 所示的欢迎界面。

图 1.25 Eclipse 的欢迎界面

1.3 Eclipse 的窗口和菜单

关闭 Eclipse 的欢迎界面，即可进入 Eclipse 的工作台。Eclipse 的工作台是开发人员编写程序的主要场所。本节将介绍 Eclipse 工作台中的各个窗口和菜单。

1.3.1 Eclipse 的窗口说明

Eclipse 工作台主要包括标题栏、菜单栏、工具栏、编辑器、透视图和相关的视图等窗口，各个窗口的效果如图 1.26 所示。

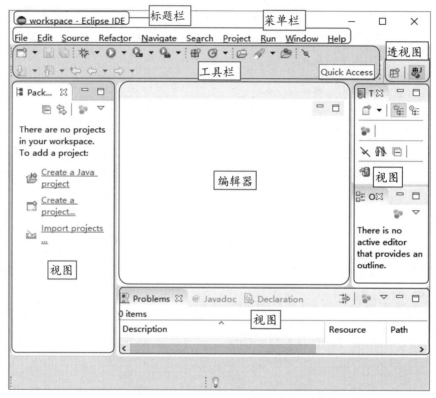

图 1.26 Eclipse 工作台中的各个窗口

1.3.2 Eclipse 的菜单说明

由图 1.26 可知，Eclipse 的菜单栏包含 "File" "Edit" "Source" "Refactor" "Navigate" "Search" "Project" "Run" "Window" 和 "Help"。Eclipse 的菜单栏中各个菜单的相关说明如表 1.1 所示。

表 1.1 Eclipse 的菜单栏中各个菜单的相关说明

菜单名称	菜单说明
File	File菜单可以打开文件，关闭编辑器，保存编辑的内容，重命名文件等。此外还可以向工作区导入内容和导出工作区的内容以及退出 Eclipse 等
Edit	Edit菜单有复制和粘贴等功能
Source	Source菜单关联了一些关于编辑Java源码的操作

续表

菜单名称	菜单说明
Refactor	Refactor菜单可以自动检测类的依赖关系并修改类名
Navigate	Navigate 菜单包含了一些快速定位到资源的操作
Search	Search菜单可以设置在指定工作区对指定字符的搜索
Project	Project菜单关联了一些新建项目的操作
Run	Run菜单包含了一些代码执行模式与调试模式的操作
Window	Window菜单允许同时打开多个窗口及关闭视图。Eclipse的参数设置也在该菜单下
Help	Help菜单包含显示帮助的窗口和Eclipse的描述信息。此外还可以在该菜单下安装插件

 本章知识思维导图

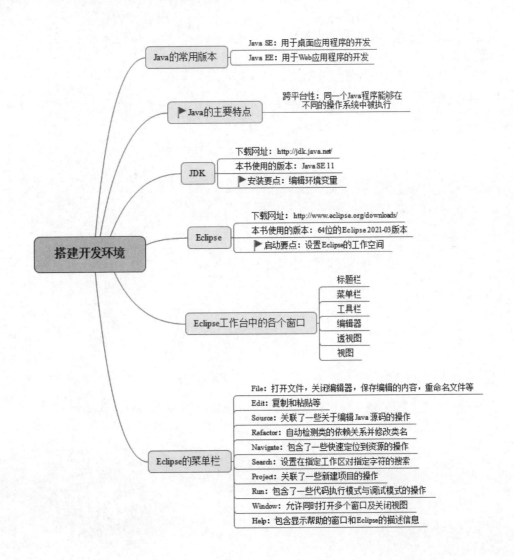

第 2 章

第一个 Java 程序

 本章学习目标

- 熟练掌握编写 Java 应用程序的 5 个步骤。
- 熟练掌握 Java 程序的组成部分。
- 熟练掌握标识符的命名规范。
- 明确 print() 方法和 println() 的区别。
- 熟练掌握编写 Java 程序的编码规范。

2.1 编写 Java 程序的 5 个步骤

编写一个 Java 应用程序需要经过如图 2.1 所示的 5 个步骤。

新建项目　　　　新建类　　　　编写代码　　　　保存代码　　　　运行程序

图 2.1　编写 Java 应用程序的 5 个步骤

2.1.1 第 1 步：新建 Java 项目

要编写一个 Java 应用程序，首先需要新建 Java 项目，在 Eclipse 中新建 Java 项目的步骤如下所示。

① 单击 "File"→选择 "New"→ 选择并单击 "Java Project"，打开 "New Java Project"（新建 Java 项目）对话框。打开 "New Java Project"（新建 Java 项目）对话框的步骤如图 2.2 所示。

图 2.2　打开 "New Java Project"（新建 Java 项目）对话框的步骤

② 打开 "New Java Project"（新建 Java 项目）对话框后，如图 2.3 所示，首先在 Project name（项目名）文本框中输入 "MyTest"，然后在 Project Layout（项目布局）栏中确认 "Create separate folder for sources and class files"（为源文件和类文件新建单独的文件夹）单选按钮被选中，最后单击 "Finish"（完成）按钮，完成项目的新建。

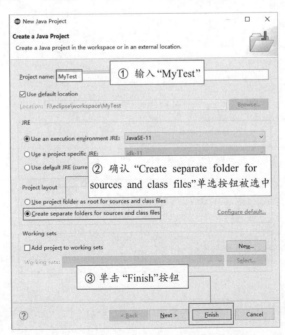

图 2.3　"New Java Project" 对话框

③ 单击 "Finish"（完成）按钮后，会弹出如图 2.4 所示的 "New module-info. Java"（新建模块化声明文件）对话框。模块化开发是 JDK9 新增的特性，但模块化开发过于复杂，新建的模块化声明文件也会影响 Java 项目的运行，因此需要单击新建模块化声明文件对话框中的 "Don't Create" 按钮。"Don't Create" 按钮被单击后，即可完成 Java 项目 MyTest 的新建。

图 2.4　不新建模块化声明文件

2.1.2　第 2 步：新建 Java 类

Java 类是存储 Java 代码的文件，扩展名是 .java，在 Eclipse 中新建 Java 类的步骤如下所示。

① 选中新建的 Java 项目 MyTest，单击右键，选择 "New" → "Class" 菜单项，如图 2.5 所示。

图 2.5　打开 "New Java Class"（新建 Java 类）对话框的步骤

② 打开 "New Java Class"（新建 Java 类）对话框后，首先在 Name 文本框中输入 "First"（Java 类的名称），表示第一个 Java 应用程序；然后，选中复选框 "public static void main(String[] args)"；最后，单击 "Finish"（完成）按钮。新建 Java 类的步骤如图 2.6 所示。

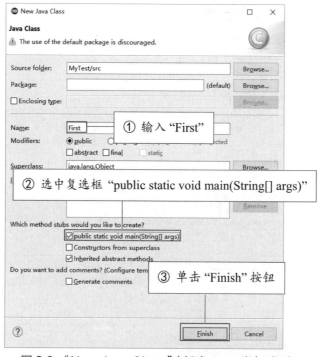

图 2.6　"New Java Class"（新建 Java 类）对话框

单击"Finish"(完成)按钮后，Eclipse 的效果图如图 2.7 所示。

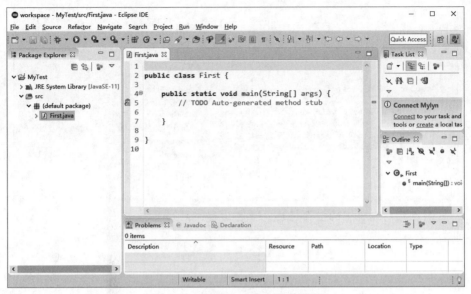

图 2.7　新建 First 类后的效果图

⚜ 注意：

如果 Eclipse 显示的代码字体比较小，那么针对 64 位的 Eclipse 2021-03 版本，用户可以直接按下快捷键 <Ctrl + =>，调大代码字体。

2.1.3　第 3 步：编写 Java 代码

新建 First 类后，就可以在 First 类中编写"输出金庸 14 部小说作品口诀"的代码，在图 2.7 的第 6 行，键入如下代码。

```
01    System.out.println(" 飞雪连天射白鹿，");
02    System.out.println(" 笑书神侠倚碧鸳。");
```

⚜ 注意：

① println 中的 1，不是数字 1，而是与大写字母 L 对应的小写字母 l。
② 在上述代码中，除了中文字符后的逗号、句号外，其他的括号、双引号和分号均为英文格式下的标点符号。

2.1.4　第 4 步：保存 Java 代码

编写完 Java 代码后，需要对其进行保存。保存 Java 代码有 3 种方式。
① 在 Eclipse 中，按下快捷键 <Ctrl +S>，保存当前的 .java 文件；
② 在菜单中选择并单击"File"→单击菜单项"Save"(保存当前的 .java 文件)或者"Save All"(保存全部的 .java 文件)；
③ 单击工具栏中 🖫（等价于 Save）按钮或者 🖫（等价于 Save All）按钮。

2.1.5　第 5 步：运行 Java 应用程序

在 .java 文件中单击右键→选择"Run As"→单击"1 Java Application"，即可运行 Java

应用程序。具体步骤如图 2.8 所示。

图 2.8　运行 Java 应用程序的具体步骤

上述代码的运行结果如图 2.9 所示。

图 2.9　First 类的运行结果图

2.2　Java 程序的组成部分

从图 2.8 中能够发现，用于编写代码的一部分单词被不同的颜色标记着，这些被标记的单词具有怎样的特殊含义呢？接下来就依次对它们进行解析。

2.2.1　类

类是 Java 程序的基本单位，是包含某些共同特征的实体的集合。如图 2.10 所示，在某影视网上，按照 "电影" → "科幻" → "中国大陆" → "2019" 的搜索方式，能够搜索到《流浪地球》《疯狂的外星人》《上海堡垒》《最后的日出》等影视作品。

换言之，《流浪地球》《疯狂的外星人》《上海堡垒》《最后的日出》等影视作品，可以被归纳为 2019 年在中国大陆上映的科幻电影类。

图 2.10　2019 年在中国大陆上映的科幻电影

使用 Java 语言创建类时，需要使用 class 关键字，创建类的语法格式如下所示：

```
[ 修饰符 ] class 类名称 {  }
```

在第一个 Java 程序中，用到的修饰符是 public，此时的 public 被称作公共类修饰符。如果一个类被 public 修饰，那么这个类被称作公共类，能够被其他类访问。

👑 注意：
① class 与类名称之间必须至少有一个空格，否则 Eclipse 会出现错误提示。
②"{"和"}"之间的内容叫作类体。
③ 类名称要与".java"文件的文件名保持一致，否则 Eclipse 会出现如图 2.11 所示的错误提示。

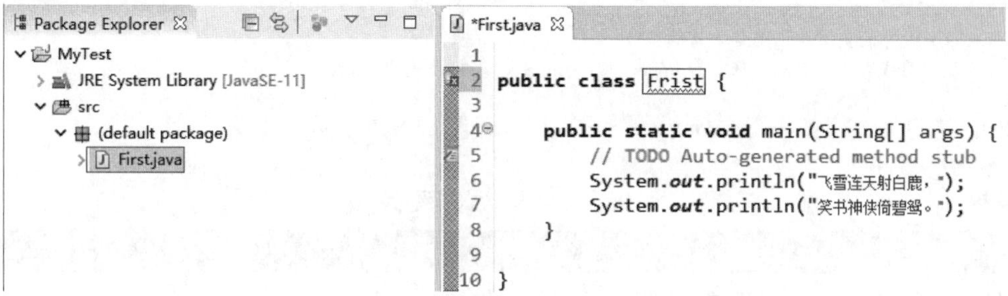

```
 1
 2  public class Frist {
 3
 4      public static void main(String[] args) {
 5          // TODO Auto-generated method stub
 6          System.out.println("飞雪连天射白鹿，");
 7          System.out.println("笑书神侠倚碧鸳。");
 8      }
 9
10  }
```

图 2.11　类名称与".java"文件的文件名不一致

2.2.2　主方法

主方法，即开篇实例中的 main 方法，是 Java 程序的入口，指定程序将从这里开始被执行。主方法的语法格式如下所示：

```
public static void main(String[] args){
    // 方法体
}
```

一起来了解下主方法的各个组成部分：

● public：当 public 修饰方法时，public 被称作公共访问控制符，能够被其他类访问。

● static：被译为"全局"或者"静态"。主方法被 static 修饰后，当 Java 程序被运行时，会被 JVM（Java 虚拟机）第一时间找到。

● void：指定主方法没有具体的返回值（什么也不返回）。如何理解返回值呢？如果把投篮看作一个方法，那么投篮方法将具有两个返回值：篮球被投进篮筐和篮球没有被投进篮筐。

● main：能够被 JVM（Java 虚拟机）识别且不可更改的一个特殊的单词。

● String[] args：主方法的参数类型，参数类型是一个字符串数组，该数组的元素是字符串。有关数组和字符串的相关知识，会在本书后面的内容中进行讲解。

2.2.3 关键字

在 Java 语言中，关键字是被赋予特定意义的一些单词，是 Java 程序中重要的组成部分。在 Eclipse 中，凡是显示为品红色粗体的单词，都是关键字。在编写代码时，既要严格遵守关键字的大小写，又要避免关键字的拼写错误；否则，Eclipse 将出现如图 2.12 和图 2.13 所示的错误提示。

图 2.12　大小写错误

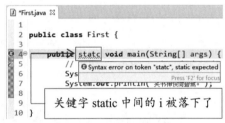

图 2.13　关键字的拼写错误

👑 注意：
① 表示关键字的英文单词都是小写的；
② 不要少写或者错写英文字母，如 import 写成 imprt，或 super 写成 supre。

Java 中的关键字如表 2.1 所示。

表 2.1　Java 关键字

关键字	说明
abstract	表明类或者成员方法具有抽象属性
assert	断言，用来进行程序调试
boolean	布尔类型
break	跳出语句，提前跳出一块代码
byte	字节类型
case	用在 switch 语句之中，表示其中的一个分支
catch	用在异常处理中，用来捕捉异常
char	字符类型
class	用于声明类
const	保留关键字，没有具体含义

关键字	说明
continue	回到一个块的开始处
default	默认，例如在 switch 语句中表示默认分支
do	do…while 循环结构使用的关键字
double	双精度浮点类型
else	用在条件语句中，表明当条件不成立时的分支
enum	用于声明枚举
extends	用于创建继承关系
final	用于声明不可改变的最终属性，例如常量
finally	声明异常处理语句中始终会被执行的代码块
float	单精度浮点类型
for	for 循环语句关键字
goto	保留关键字，没有具体含义
if	条件判断语句关键字
implements	用于创建类与接口的实现关系
import	导入语句
instanceof	判断两个类的继承关系
int	整数类型
interface	用于声明接口
long	长整数类型
native	用来声明一个方法是由与计算机相关的语言（如 C/C++/FORTRAN 语言）实现的
new	用来创建新实例对象
package	包语句
private	私有权限修饰符
protected	受保护权限修饰符
public	公有权限修饰符
return	返回方法结果
short	短整数类型
static	静态修饰符
strictfp	用来声明 FP_strict（单精度或双精度浮点数）表达式遵循 IEEE 754 算术规范
super	父类对象
switch	分支结构语句关键字
synchronized	线程同步关键字
this	本类对象
throw	抛出异常
throws	方法将异常处理抛向外部方法
transient	声明不用序列化的成员域
try	尝试监控可能抛出异常的代码块
var	声明局部变量
void	表明方法无返回值
volatile	表明两个或者多个变量必须同步地发生变化
while	while 循环语句关键字

第 1 篇　基础知识篇

21

👑 说明：
　　① Java 语言中的关键字不是一成不变的，而是随着新版本的发布而不断变化的；
　　② Java 语言中的关键字不需要专门记忆，随着编写代码越来越熟练，自然就记住了。

2.2.4　标识符

什么是标识符呢？先来看一个生活实例：乘坐地铁时，偶遇到了某位同事，随即喊出这位同事的名字，这个名字就是这位同事的"标识"。而在 Java 语言中，标识符是开发者在编写程序时，为类、方法等内容定义的名称。为了提高程序的可读性，在定义标识符时，要尽量遵循"见其名知其意"的原则。例如，当其他开发人员看到类名 First 时，就会知道这个类表示的是"第一个"。

Java 标识符的具体命名规则如下所示。

① 标识符由一个或多个字母、数字、下划线"_"和美元符号"$"组成，字符之间不能有空格。

例如，a、B、name、c18、$table、_column3 等。

② 一个标识符可以由几个单词连接而成，以提高标识符的可读性。

对于类名称，每个单词的首字母均为大写。例如，表示"第一个实例"的类名称是 FirstDemo。

对于变量或者方法名称，应采用驼峰式命名规则，即首个单词的首字母为小写，其余单词的首字母为大写。例如，表示"用户名"的变量名是 userName。

对于常量，每个单词的所有字母均为大写；单词之间不能有空格，但可以用英文格式的下划线"_"进行连接。例如，表示"一天的小时数"的常量名是 HOURSCOUNTS，也可写作 HOURS_COUNTS。

③ 标识符中的第一个字符不能为数字。例如，不能使用 24hMinutes 命名表示"24 个小时的分钟数"的变量。

④ 标识符不能是关键字。例如，不能使用 class 命名表示"班级"的变量。

2.2.5　注释

当遇到一个陌生的单词时，会借助英汉词典进行解惑，词典会给出这个单词的中文解释。Java 语言也具有如此"贴心"的功能，即"注释"。注释是一种对代码程序进行解释、说明的标注性文字，可以提高代码的可读性。在开篇代码中，"//"后面的内容就是注释，注释会被 Java 编译器忽略，不会参与程序的执行过程。

Java 提供了 3 种代码注释，分别为单行注释、多行注释和文档注释。

（1）单行注释

"//"为单行注释标记，从符号"//"开始直到换行为止的所有内容均作为注释而被编译器忽略。语法格式如下所示。

```
// 注释内容
```

例如，创建 First 类时，由于选中了添加主方法的复选框，使得 Eclipse 自动添加了一行如图 2.14 所示的单行注释。

（2）多行注释

"/* */" 为多行注释标记，符号 "/*" 与 "*/" 之间的所有内容均为注释内容。注释中的内容可以换行。多行注释标记的作用有两个：为 Java 代码添加必要信息和将一段代码注释为无效代码。多行注释标记的语法格式如下所示。

```
/*
    注释内容 1
    注释内容 2
    …
*/
```

例如，使用多行注释为 First 类添加实例说明和作者信息，效果如图 2.15 所示。

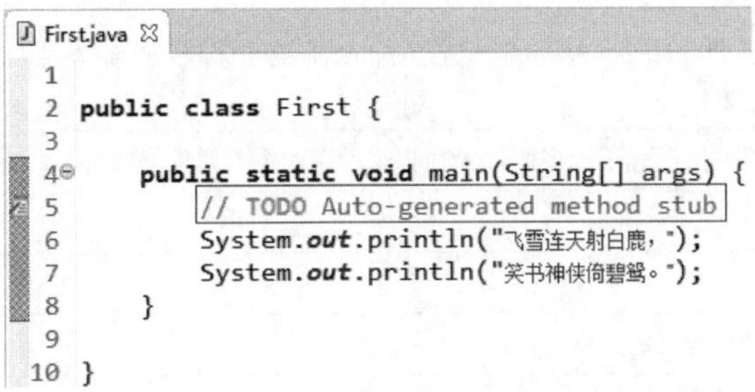

图 2.14　Eclipse 自动添加了一行单行注释 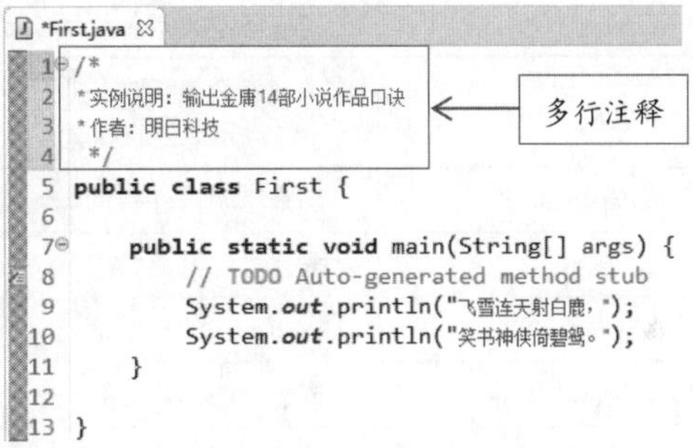　　图 2.15　利用多行注释添加实例说明和作者信息

例如，使用多行注释将 First 类中的一段代码注释为无效代码，效果如图 2.16 所示。

（3）文档注释

Java 语言还提供了一种借助 Javadoc 工具能够自动生成说明文档的注释，即文档注释。

👑 说明：

Javadoc 工具是由 Sun 公司提供的。待程序编写完成后，借助 Javadoc 就可以生成当前程序的说明文档。

"/**…*/" 为文档注释标记，符号 "/**" 与 "*/" 之间的内容为文档注释内容。不难看出，文档注释与一般注释的最大区别在于它的起始符号是 "/**" 而不是 "/*" 或 "//"。

例如，使用文档注释为开篇实例中的 main 方法添加注释，效果如图 2.17 所示。

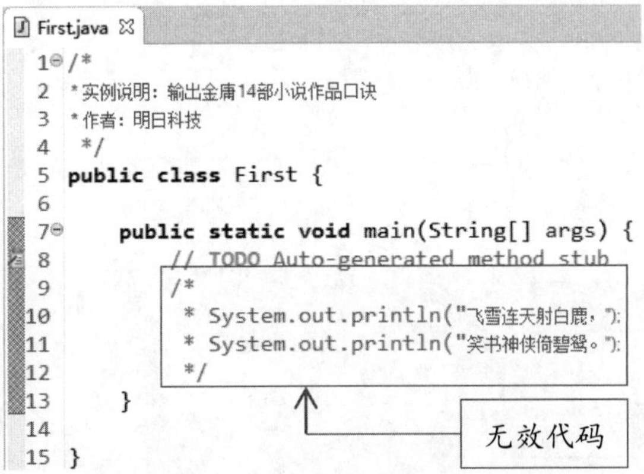

图 2.16　使用多行注释注释代码 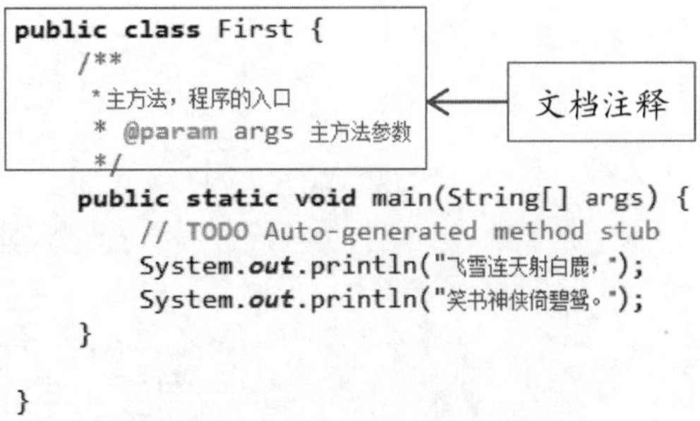　　　　图 2.17　为 main 方法添加文档注释

👑 说明：

一定要养成良好的编码习惯。软件编码规范中提到"可读性第一，效率第二"，所以程序员必须在程序中添加适量的注释来提高程序的可读性和可维护性。建议程序中的注释总量要占程序代码总量的 20%~50%。

表 2.2 提供了关于文档注释的标签语法。

表2.2　文档注释的标签语法

文档注释的标签	解释
@version	指定版本信息
@since	指定最早出现在哪个版本
@author	指定作者
@see	生成参考其他的说明文档的连接
@link	生成参考其他的说明文档，它和 @see 标记的区别在于，@link 标记能够嵌入注释语句中，为注释语句中的特殊词汇生成连接
@deprecated	用来注明被注释的类、变量或方法已经不提倡使用，在将来的版本中有可能被废弃
@param	描述方法的参数
@return	描述方法的返回值
@throws	描述方法抛出的异常，指明抛出异常的条件

👑 说明：

① 注释应该写在哪里？具体要求如下所示。

a. 单行注释应该写在被注释的代码的上方或右侧。

b. 多行注释的位置和单行注释相同，虽然多行注释可以写在代码之内，但不建议这样写，因为这样降低代码可读性。

c. 文档注释必须写在被注释代码的上方。

② 注释是代码的说明书，说明代码是做什么的或者使用代码时需要注意的问题等内容。既不要写代码中直观体现的内容，也不要写毫无说明意义的内容。

2.2.6　控制台的输出操作

生活中的输出设备有很多。输入到计算机中的数据信息经过计算机解码后，会在显示器、打印机、音响等设备进行输出显示。本节要讲解的内容是 Eclipse 的输出方式，即把数据信息输出在控制台上。所谓控制台，指的是如图 2.18 所示的 Console 窗口。

图 2.18　Eclipse 中的控制台窗口

控制台中输出字符的方法具体如下所示。

（1）不会自动换行的 print() 方法

使用 print() 方法的代码如下所示。

```
System.out.print("By falling we learn to go safely！");
```

控制台输出 "By falling we learn to go safely！" 后，光标会停留在这句话的末尾处，不会自动跳转到下一行的起始位置。

（2）可以自动换行的 println() 方法

println() 方法则在 print 后面加上了 "ln" 后缀（就是 line 的简写），使用 println() 方法的代码如下所示。

```
System.out.println("迷茫不可怕，只要你还在向前走！");
```

控制台输出 "迷茫不可怕，只要你还在向前走！" 后，光标会自动跳转到下一行的起始位置。

👑 注意：

使用这两个方法的时候还要注意以下两点。
① System.out.println（"\n"）；会打印两个空行。
② System.out.print()；无参数会报错。

2.3 编码规范

没有规矩，不成方圆。在编写代码的过程中，要严格遵守编码规范，这样不仅可以提升整个程序的美观性，还会给程序的日后维护提供很大方便。在此对编码规则做了以下总结，供读者朋友学习参考。

① 每条语句要单独占一行，一条命令要以分号结束。

👑 注意：

程序代码中的分号必须为英文状态下输入的，初学者经常会将 ";" 写成中文状态下的 " ； "，此时编译器会报出 illegal character（非法字符）这样的错误信息。

② 在声明变量时，尽量使每个变量的声明单独占一行，即使是相同的数据类型，也要将其放置在单独的一行上，这样有助于添加注释。对于局部变量应在声明的同时对其进行初始化。

③ 在 Java 代码中，关键字与关键字间如果有多个空格，这些空格均被视作一个。例如：

```
public   static   void    main(String args[])
```

等价于

```
public static void main(String args[])
```

多个空格没有任何意义，为了便于理解、阅读，应控制好空格的数量。

④ 为了方便日后的维护，不要使用技术性很高、难懂、易混淆判断的语句。由于程序

的开发与维护不能是同一个人，因此应尽量使用简单的技术完成程序需要的功能。

⑤ 对于关键的方法要多加注释，这样有助于阅读者了解代码结构。

 本章知识思维导图

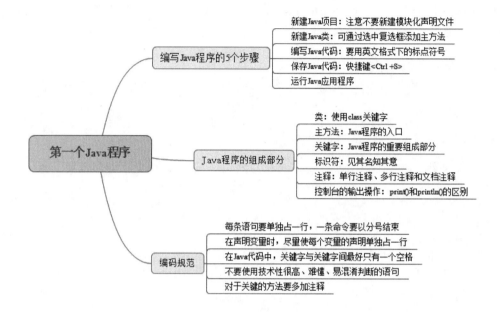

第 3 章
变量和基本数据类型

扫码领取
➤ 配套视频
➤ 配套素材
➤ 学习指导
➤ 交流社群

 本章学习目标

- 熟练掌握声明变量和常量的语法格式。
- 熟练掌握 Java 中的 8 种基本数据类型。
- 熟悉每种基本数据类型的取值范围。
- 明确整数类型、浮点类型、字符类型和布尔类型各自包含哪些基本数据类型。
- 熟练掌握自动类型转换和强制类型转换。
- 明确在使用强制类型转换时，不要超出指定数据类型的取值范围。

3.1 变量和常量

在程序执行的过程中，把能够被改变的量称作变量，把不能被改变的量称作常量。变量与常量的命名都必须使用合法的标识符。本节将介绍变量和常量的声明方法。

3.1.1 变量

变量就是可以改变值的量。如图 3.1 所示，可以把变量理解成一个"容器"，例如一个空烧杯，给变量赋值就相当于给烧杯倒水。变量可以不断更换值，就像烧杯可以反复使用一样。

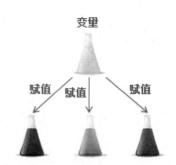

图 3.1 变量如同烧杯，所盛的液体是可以更换的

为什么要声明变量呢？简单地说，就是要告诉编译器这个变量属于哪一种数据类型，这样编译器才知道需要分配多少空间给它，以及它可以存放什么样的数据。简而言之，声明变量就是指定变量的变量名和数据类型。

在声明变量时，可以为变量赋值，也可以不为变量赋值。需要注意的是，未经声明的变量是不能在程序中使用的。在 Java 程序中，一条语句既可以声明一个变量，也可以同时声明多个变量。当用一条语句声明多个变量时，变量与变量之间要用英文格式下的逗号分隔开。声明变量的语法格式如下所示：

```
数据类型  变量名；                           // 声明一个变量
数据类型  变量名 1，变量名 2，…，变量名 n；        // 同时声明多个变量
```

例如，先声明一个 int 型变量 x，其值为 30；再声明一个 int 型变量 y，其初始值为 1，而后被更换为 25。代码如下所示：

```
01    int x = 30;                    // 声明 int 型变量 x，并赋值 30
02    int y;                         // 声明 int 型变量 y
03    y = 1;                         // 初始值为 1
04    y = 25;                        // 被更换为 25
```

编写程序的过程中，不能随意地为变量命名。当命名一个变量时，应遵循以下几条规则：

- 变量名必须是一个有效的标识符。
- 变量名不可以使用 Java 中的关键字。
- 变量名不能重复。
- 应选择有意义的单词作为变量名。

👑 说明：

在 Java 程序中允许使用汉字或其他语言文字作为变量名，如 "int 年龄 = 21"，在程序运行时不会出现错误，但建议读者尽量不要使用这些语言文字作为变量名。

3.1.2 常量

与变量不同，在程序运行过程中一直不会改变的量被称作常量。也就是说，常量在整个程序运行的过程中只能被赋值一次。

在 Java 程序中声明一个常量，除了要指定常量的数据类型外，还要使用 final 关键字对常量进行限定。声明常量的语法格式如下所示：

```
final 数据类型 常量名称 [ = 值 ]
```

例如，声明一个表示圆周率的 double 型常量 PI，并且为这个常量赋值为 3.1415926。代码如下所示：

```
final double PI = 3.1415926;        // 声明 double 型常量 PI 并赋值
```

👑 说明：
常量名通常使用大写字母，这样的命名规则可以清楚将常量与变量区分开。

3.2　基本数据类型

在 Java 语言中，有 8 种基本数据类型。这 8 种基本数据类型可以被分为 3 大类，即数值类型（6 种）、字符类型（1 种）和布尔类型（1 种）。其中，数值类型包含整数类型（4 种）和浮点类型（2 种）。Java 的基本数据类型的示意图如图 3.2 所示。

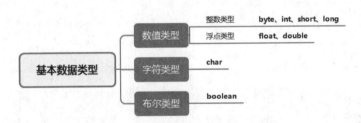

图 3.2　Java 的基本数据类型示意图

3.2.1　整数类型

整数类型被用于存储整数数值，这些整数数值既可以是正数，也可以是负数，还可以是零。例如，"截至 2019 年 5 月 21 日 7:11，您的话费余额为 0 元"，其中的 2019、5、21、7、11 和 0 等整数数值均属于整数类型。Java 语言提供 4 种整数类型，即 byte、short、int 和 long。这 4 种整数类型不仅占用的内存空间不同，取值范围也不同，具体如表 3.1 所示。

表 3.1　4 种整数类型占用的内存空间和取值范围

数据类型	内存分配空间		取值范围
	字节	长度	
byte	1 字节	8 位	−128 ～ 127
short	2 字节	16 位	−32768 ～ 32767
int	4 字节	32 位	−2147483648 ～ 2147483647
long	8 字节	64 位	−9223372036854775808 ～ 9223372036854775807

（1）byte 型

byte 型被称作字节型，是占用内存空间最少的整数类型，即 1 个字节；取值范围也是整数类型中最小的，即 −128 ～ 127。

当声明 byte 型变量时，一条语句既可以声明一个变量，也可以同时声明多个变量。当为变量赋值时，既可以先声明变量再赋值，也可以在声明变量时直接赋值。代码如下所示。

```
01   byte b;
02   b = 127;      }先声明变量，再赋值
03   byte c, d, e;
04   byte f = 19, g = −45;  ——▶声明变量时直接赋值
```

但是，如果把 128 赋值给 byte 型变量 b，那么 Eclipse 将会出现如图 3.3 所示的错误提示。

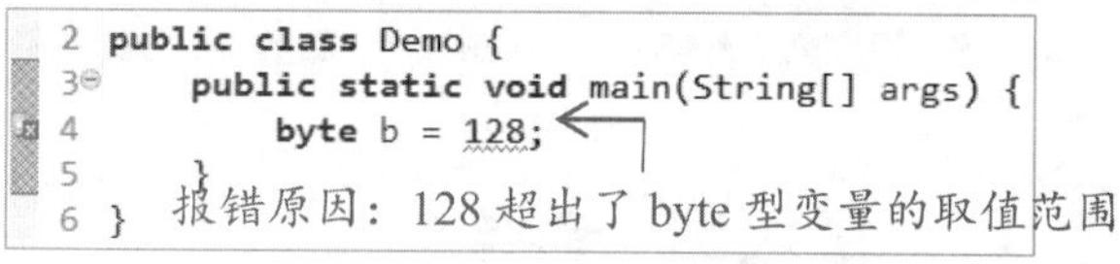

```
2  public class Demo {
3⊖     public static void main(String[] args) {
4          byte b = 128;  ←
5
6  }   报错原因：128 超出了 byte 型变量的取值范围
```

图 3.3　Eclipse 出现的错误提示

（2）short 型

short 型被称作短整型，占 2 个字节的内存空间。因此，short 型变量的取值范围要比 byte 型变量的大很多，即 −32768 ～ 32767。

例如，先声明 short 型变量 min（表示"最小值"）和 max（表示"最大值"），再分别为变量 min 和 max 赋值，值分别为 −32768 和 32767。代码如下所示。

```
01   short min;
02   min = −32768;
03   short max = 32767;
```

（3）int 型

int 型被称作整型，是 Java 语言中默认的整数类型。如何理解"默认的整数类型"呢？指的是如果一个整数不在 byte 型或 short 型的取值范围内，或者整数的格式不符合 long 型（后面将会介绍）的要求，那么当 Java 程序被编译时，这个整数会被当作 int 型。

int 型占 4 个字节的内存空间，其取值范围是 −2147483648 ～ 2147483647。虽然 int 型变量的取值范围较大，但使用时也要注意 int 型变量能取到的最大值和最小值，以免因数据溢出产生错误。

例如，把《零基础学 Java》的书号 9787569205688 赋值给一个 int 型变量 number 时，Eclipse 能够编译通过吗？ Eclipse 的效果图如图 3.4 所示。

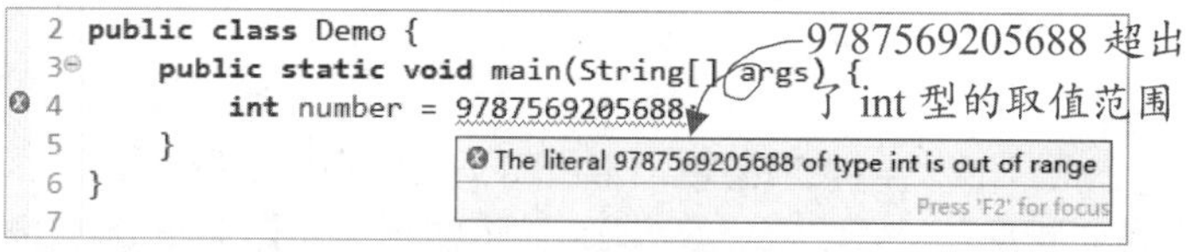

```
2  public class Demo {
3⊖     public static void main(String[] args) {         9787569205688 超出
⊗ 4        int number = 9787569205688;                   了 int 型的取值范围
5      }
6  }            ⊗ The literal 9787569205688 of type int is out of range
7                                                        Press 'F2' for focus
```

图 3.4　Eclipse 出现的错误提示

那么书号 9787569205688 要赋值给哪种整数类型的变量，Eclipse 才不会报错呢？ 答案就是马上要讲到的 long 型。

（4）long 型

long 型被称作长整型，占 8 个字节的内存空间，其取值范围是 −9223372036854775808 ～

9223372036854775807。

如果把图 3.4 中的 int 修改为 long，其中
的错误提示就会消失吗？修改后的 Eclipse 效
果图如图 3.5 所示。

```
2  public class Demo {
3⊖     public static void main(String[] args) {
4          byte b = 128;
5      }
6  }
```

图 3.5　修改后的 Eclipse 效果图

不难看出，图 3.5 中的错误提示依然存在
着。这是因为在为 long 型变量赋值时，Java 语言指定须在数值的结尾处加上 "L" 或者 "l"（小
写的 "L"），所以图 3.5 中的代码要修改为如下格式：

```
long number = 9787569205688L;
```

数值结尾处的 "L" 还可以被写作小写，即

```
long number = 9787569205688l;
```

这样图 3.5 所示的错误提示就会消失。

3.2.2　浮点类型

浮点类型被用于存储小数数值。例如，一把雨伞售价为 100.79 元，4 块蛋挞价格为 15.8
元，其中的 100.79、15.8 等小数数值均属于浮点类型。Java 语言把浮点类型分为单精度浮点类
型（float）和双精度浮点类型（double）。float 和 double 占用的内存空间和取值范围如表 3.2 所示。

表 3.2　float 和 double 占用的内存空间和取值范围

数据类型	内存分配空间		取值范围
	字节	长度	
float	4字节	32位	1.4E–45 ～ 3.4028235E38
double	8字节	64位	4.9E–324 ～ 1.7976931348623157E308

（1）float 型

float 型被称作单精度浮点型，占 4 个字节的内存空间，其取值范围为 $-3.4 \times 10^{38} \sim 3.4 \times 10^{38}$。需要注意的是，在为 float 型变量赋值时，必须在数值的结尾处加上 "F" 或者 "f"，
就如同前面介绍的为 long 型变量赋值的规则一样。

例如，定义一个表示身高，值为 1.72 的 float 型变量 height。代码如下所示：

```
float height = 1.72F;
```

数值结尾处的 "F" 还可以被写作小写，即

```
float height = 1.72f;
```

（2）double 型

double 型被称作双精度浮点型，是 Java 语言中默认的浮点类型，占 8 个字节的内存空
间，其取值范围为 $-1.8 \times 10^{308} \sim 1.8 \times 10^{308}$。因为 double 型是默认的浮点类型，所以在为
double 型变量赋值时，可以直接把小数数值写在等号的右边。

例如，定义一个表示体温、值为 36.8 的 double 型变量 temperature。代码如下所示：

```
double temperature = 36.8;
```

浮点值属于近似值，在系统中运算后的结果可能与实际有偏差。以下面的这个公式为例：

```
double a = 4.35 * 100;
```

4.35 × 100 的正确结果应该是 435，但控制台输出 a 的值却是 434.99999999999994，出现了 0.00000000000006 的误差。虽然这个误差极小，但没有被 Java 虚拟机忽略。

那么，如何避免这个极小的误差呢？需要借助 Java 提供的 Math 类中的 round() 方法进行四舍五入。关键代码如下所示：

```
double b = Math.round(a);
```

这样，控制台输出 b 的值就是正确的 435 了。

3.2.3　字符类型

char 型即字符类型，被用于存储单个字符，占 2 个字节的内存空间。定义 char 型变量时，char 型变量的值要用英文格式下的单引号 (') 括起来。char 型变量的值有 3 种表示方式。

（1）单个字符

char 型常被用于表示单个字符，char 型能够被用于存储任何国家的语言文字。例如，定义值为 a 的 char 型变量 letter，代码如下所示：

```
char letter = 'a'; // 把小写字母 a 赋值给了 char 型变量 letter
```

👑 注意：
① 单引号必须是英文格式的；
② 单引号中只能有一个英文字母或者一个汉字。

（2）转义字符

在字符类型中有一类特殊的字符，即以英文格式下的反斜线 "\" 开头，反斜线 "\" 后跟一个或多个字符，这类字符被称作转义字符。转义字符须由 char 型定义，它不再是字符原有的含义，而是具有了新的意义；例如，转义字符 "\n" 的意思是 "换行"。Java 语言中的转义字符如表 3.3 所示。

表 3.3　Java 语言中的转义字符及其含义

转义字符	含义
\ddd	1 ～ 3 位八进制数据所表示的字符，如 \456
\uxxxx	4 位十六进制所表示的字符，如 \u0052
\'	单引号字符
\"	双引号字符
\\	反斜杠字符
\t	垂直制表符，将光标移到下一个制表符的位置
\r	回车
\f	换页

例如，使用转义字符定义值为反斜杠字符的 char 型变量 cr，在控制台上输出 char 型变量 cr 的值。关键代码如下所示：

```
01    char cr = '\\';
02    System.out.println(" 输出反斜杠: " + cr);
```

上述代码的运行结果如下所示：

输出反斜杠: \

👑 说明：

如表 3.3 所示，转义字符 "\\" 表示的是反斜杠字符（即 "\"）。因此，使用输出语句输出转义字符 "\\" 的结果是反斜杠字符（即 "\"）。

（3）ASCII 码

char 型变量的值还可以使用 ASCII 码予以表示。ASCII 码是美国信息标准码，有 128 个字符被编码到计算机里，其中包括英文大、小写字母，数字和一些符号。这 128 个字符与十进制整数 0 ~ 127 一一对应，例如，大写字母 A 对应的 ASCII 码是 65，小写字母 a 对应的 ASCII 码是 97 等。

例如，分别定义值为 65 和 97 的 char 型变量 ch 和 cr，控制台上分别输出变量 ch 和 cr 的值。代码如下所示：

```
01    char ch = 65;
02    System.out.println(" 变量 ch 的值: " + ch);
03    char cr = 97;
04    System.out.println(" 变量 cr 的值: " + cr);
```

上述代码的运行结果如下所示：

变量 ch 的值: A
变量 cr 的值: a

为了提高开发的便利性，这里给出常用字符与 ASCII 码对照表，如图 3.6 所示。

ASCII 非打印字符						ASCII 打印字符											
十进制	字符	代码	十进制	字符	代码	十进制	字符	十进制	字符	十进制	字符	十进制	字符	十进制	字符	十进制	字符
0	BLANK NULL	NUL	16	►	DLE	32	(space	48	0	64	@	80	P	96	`	112	p
1	☺	SOH	17	◄	DC1	33	!	49	1	65	A	81	Q	97	a	113	q
2	●	STX	18	↕	DC2	34	"	50	2	66	B	82	R	98	b	114	r
3	♥	ETX	19	‼	DC3	35	#	51	3	67	C	83	S	99	c	115	s
4	♦	EOT	20	¶	DC4	36	$	52	4	68	D	84	T	100	d	116	t
5	♣	ENQ	21	§	NAK	37	%	53	5	69	E	85	U	101	e	117	u
6	♠	ACK	22	▬	SYN	38	&	54	6	70	F	86	V	102	f	118	v
7	•	BEL	23	↨	ETB	39	'	55	7	71	G	87	W	103	g	119	w
8	◘	BS	24	↑	CAN	40	(	56	8	72	H	88	X	104	h	120	x
9	○	TAB	25	↓	EM	41	)	57	9	73	I	89	Y	105	i	121	y
10	◙	LF	26	→	SUB	42	*	58	:	74	J	90	Z	106	j	122	z
11	♂	VT	27	←	ESC	43	+	59	;	75	K	91	[	107	k	123	{
12	♀	FF	28	∟	FS	44	,	60	<	76	L	92	\	108	l	124		
13	♪	CR	29	↔	GS	45	-	61	=	77	M	93	]	109	m	125	}
14	♫	SO	30	▲	RS	46	.	62	>	78	N	94	^	110	n	126	~
15	☼	SI	31	▼	US	47	/	63	?	79	O	95	_	111	o	127	(del)

图 3.6　常用字符与 ASCII 码对照表

（4）Unicode 码

Unicode 码包含数十种字符集，其写作格式是 "\uXXXX"（XXXX 代表一个十六进制的整数），其取值范围是 "\u0000" ~ "\uFFFF"（英文字母不区分大小写），一共包含 65536 个字符。其中，前 128 个字符和 ASCII 码中的字符完全相同。

例如，使用 Unicode 码和 char 型变量定义 "天道酬勤" 中的各个字符。代码如下所示：

```
01   char c1 = '\u5929';              // '\u5929' 表示 "天"
02   char c2 = '\u9053';              // '\u9053' 表示 "道"
03   char c3 = '\u916c';              // '\u916c' 表示 "酬"
04   char c4 = '\u52e4';              // '\u52e4' 表示 "勤"
05   System.out.print(c1);
06   System.out.print(c2);
07   System.out.print(c3);
08   System.out.print(c4);
```

上述代码的运行结果如下所示：

```
天道酬勤
```

3.2.4　布尔类型

boolean 型被称作布尔类型，boolean 型变量的值只能是 true 或 false，用于表示逻辑上的 "真" 或 "假"。声明 boolean 型变量的代码如下所示：

```
01   boolean yes = true;
02   boolean no = false;
```

3.3　类型转换

类型转换是将变量从一种数据类型更改为另一种数据类型的过程，就像开篇实例把 "秘密电文" 中每个汉字转换为数字一样。Java 语言提供了 2 种类型转换的方式：数据从占用内存空间较小的数据类型，转换为占用内存空间较大的数据类型的过程，被称作 "自动类型转换"（又被称作 "隐式类型转换"）；反之，被称作 "强制类型转换"（又被称作 "显示类型转换"）。

3.3.1　自动类型转换

Java 的基本数据类型可以进行混合运算，不同类型的数据在运算过程中，先被自动转换为同一类型，再进行运算。数据类型根据占用内存空间的大小被划分为高低不同的级别，占用内存空间小的级别低，占用内存空间大的级别高，自动类型转换遵循低级到高级的转换规则。也就是说，数据类型能够自动从占用内存空间小的向占用内存空间大的转换。

Java 的基本数据类型自动类型转换后的结果如表 3.4 所示。

表 3.4　Java 的基本数据类型自动类型转换后的结果

操作数 1 的数据类型	操作数 2 的数据类型	转换后的数据类型
byte、short、char	int	int
byte、short、char、int	long	long
byte、short、char、int、long	float	float
byte、short、char、int、long、float	double	double

例如，分别对 byte、int、float、char 和 double 型变量进行加减乘除运算后，为运算结果选择合适的数据类型。代码如下所示：

```
01    byte b = 127;
02    int i = 150;
03    float f = 452.12f;
04    //float 的级别比 byte 的高，因此 b + f 运算结果的数据类型要选择级别更高的 float
05    float result1 = b + f;
06    //int 的级别比 byte 的高，因此 b * i 运算结果的数据类型要选择级别更高的 int
07    int result2 = b * i;
```

Java 语言中，int 型是默认的整数类型，double 型是默认的浮点类型。如果一个公式里的数字都是整数，那么这个公式的计算结果的数据类型就会被默认为 int 型。

例如，给 long 类型赋值一个公式。代码如下所示：

```
long a = 123456789 * 987654321;
```

控制台输出 a 的值，其结果却是 −67153019。这是因为等号右边的 123456789 和 987654321 没有被指定数据类型，被默认当作 int 型进行计算，又因为计算后的结果超出了 int 型能取到的最大值，所以就得到了数据溢出的结果。

要想得到正确的计算结果，需要在计算之前给等号右边的数字后添加"L"或者"l"（小写的"L"），使得数字变成 long 型。上述代码有 3 种修改方式，具体如下所示：

```
01    long a = 123456789L * 987654321;      // 第 1 种修改方式：给第一个数添加 L 后缀
02    long a = 123456789 * 987654321L;      // 第 2 种修改方式：给第二个数添加 L 后缀
03    long a = 123456789L * 987654321L;     // 第 3 种修改方式：两个数都添加 L 后缀
```

这样就能够得到正确的 a 的值，即 121932631112635269。

再例如，计算 5 除以 2 的结果。代码如下所示：

```
double b = 5 / 2;
```

控制台输出 b 的值，其结果却是 2.0，而非 2.5。得到这种错误结果的原因与上述 long 型问题一样，即等号右边的 5 和 2 被默认当作 int 型进行计算，使得计算结果的数据类型也被默认为 int 型，即 2。而等号左边变量 b 的数据类型为 double，为了让等号左右两端的数据类型保持一致，等号右边 int 型的 2 自动转换为 double 型的 2.0。

为了得到正确的结算结果，就要在计算之前使得等号右边的数字变成 double 型。上述代码有 3 种修改方式，具体如下所示：

```
01    double b = 5.0 / 2;       // 第 1 种修改方式：第一个数改为 double 型
02    double b = 5 / 2.0;       // 第 2 种修改方式：第二个数改为 double 型
03    double b = 5.0 / 2.0;     // 第 3 种修改方式：两个数字都改为 double 型
```

这样就能够得到正确的 b 的值，即 2.5。

3.3.2　强制类型转换

当数据类型从占用内存空间大的向占用内存空间小的转换时，则必须使用强制类型转换（又被称作显式类型转换）。

当把一个整数赋值给一个 byte、short、int 或 long 型变量时，不可以超出这些数据类型的取值范围，否则数据就会溢出。

例如，定义一个值为 258 的 int 型变量 i，把 int 型变量 i 强制转换为 byte 型，控制台输出强制转换后的结果。代码如下所示：

```
01    int i = 258;
02    byte b = (byte)i;
03    System.out.println("b的值: " + b);
```

上述代码的运行结果如下所示：

```
b 的值: 2
```

由于 byte 型变量的取值范围是 −128 ～ 127，而 258 超过了这个范围，导致数据溢出。因此，在使用强制类型转换时，一定要加倍小心，不要超出指定数据类型的取值范围。

 注意：
boolean 类型的值不能被转换为其他基本数据类型的值，其他基本数据类型的值也不能被转换为 boolean 类型的值。

本章知识思维导图

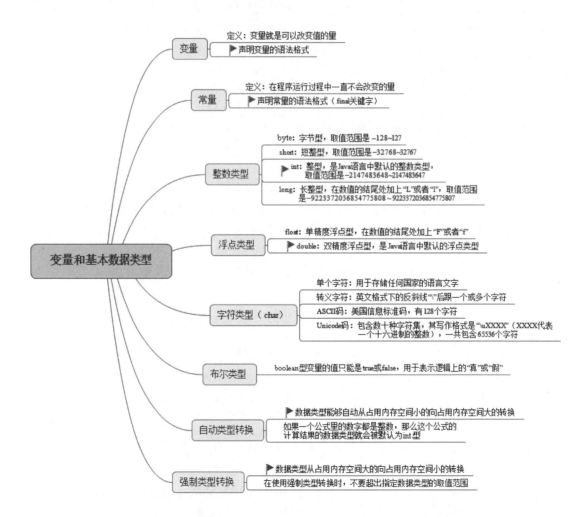

第 4 章
运算符

 本章学习目标

● 掌握使用赋值运算符调换两个变量的值。
● 掌握算术运算符的使用方法。
● 掌握自增、自减运算符的计算顺序。
● 掌握关系运算符的使用方法。
● 掌握逻辑运算符的运算结果。
● 熟悉位运算符和移位运算符的使用方法。
● 掌握复合赋值运算符的等价效果。
● 掌握三元运算符的运算规则。
● 掌握如何使用圆括号提高表达式中计算过程的优先级。
● 掌握各种运算符的优先级顺序。

4.1 赋值运算符

赋值运算符以符号"="表示，它是一个二元运算符（对两个操作数作处理），其功能是将右边操作数的值赋给左边的操作数。"="左边的操作数必须是一个变量（或 final 常量、类属性、数组等），而右边的操作数则可以是变量、常量、表达式、类属性、方法或者数组等。

👑 说明：

有关类属性、方法和数组的内容，将会在本书后面的章节进行讲解。

当"="右边是常量时，例如将数字 100 赋值给变量 a，代码如下所示：

```
int a = 100;
```

当"="右边是变量时，例如将变量 a 的值赋值给变量 b，代码如下所示：

```
int b = a;
```

当"="右边是表达式时，例如将 15 与 30 相加的和赋值给变量 a，代码如下所示：

```
int a = 15 + 30;
```

当"="右边是类属性时，例如将 Math 数学类的 PI 属性的值赋值给变量 b，代码如下所示：

```
double b = Math.PI;
```

当"="右边是方法时，例如调用 System 类的方法获取当前系统时间的毫秒数，代码如下所示：

```
long t = System.currentTimeMillis();
```

当"="右边是数组时，例如创建一个 int 类型的数组，并给数组赋初始值，代码如下所示：

```
int a[] = {15, 56, 21};
```

此外，Java 允许连续使用多个"="为多个变量同时赋值。例如，把 15 同时赋值给 3 个 int 型变量 a、b 和 c，代码如下：

```
01   int a, b, c
02   a = b = c = 15;
```

上述代码会从右向左依次赋值，因此上述代码等同于：

```
01   c = 15;
02   b = c;
03   a = b;
```

👑 说明：

"a = b = c = 15;"这种编码方式虽然可以执行，但是容易误读，是不规范的。因此，不推荐这种写法。

赋值运算符还有一个重要用途：调换两个变量的值。想要使用赋值运算符"="来调换两个变量的值，需要引入一个临时变量。如图 4.1 所示，变量 a 的值为 4，变量 b 的值为 9，变量 temp 表示被引入的临时变量。首先，变量 a 把 4 赋给临时变量 temp，使得临时变量 temp 的值为 4，而变量 b 的值没有发生变化，仍为 9；然后，变量 b 把 9 赋给变量 a，变量 a 的值由 4 被修改为 9；最后，临时变量 temp 把 4 赋给变量 b，变量 b 的值由 9 被修改为 4。这样，就实现了调换变量 a 和 b 的值。

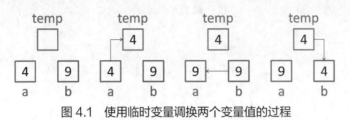

图 4.1　使用临时变量调换两个变量值的过程

如何使用代码描述图 4.1 所示的调换过程？代码如下所示：

```
01    int a = 4;
02    int b = 9;
03    int temp = 0; // 需要给临时变量一个初始值，初始值不影响计算过程
04    temp = a;
05    a = b;
06    b = temp;
```

4.2　算术运算符

Java 中的算术运算符主要有 +（加号）、−（减号）、*（乘号）、/（除号）和 %（求余），这些都是二元运算符。Java 中算术运算符的功能及使用方式如表 4.1 所示。

表 4.1　算术运算符

运算符	说明	实例	结果
+	加	11 + 15	26
−	减	4.56 − 0.16	4.4
*	乘	5 * 30	150
/	除	7 / 2	3
%	取余	12 % 10	2

👑 说明：
① "+" 和 "−" 运算符还可以作为数据的正负符号，如 +5、−7。
② "+" 运算符也有拼接字符串的功能，例如，代码 String a = "Hello" + "Java" 执行后，字符串 a 被赋予的值为 "HelloJava"。

 [实例 4.1]　　　　　　　　　　　　　　　　　　　　　　（源码位置：资源包 \Code\04\01）

计算两个数字的和、差、积、商和余数

创建 ArithmeticOperator 类，用户输入两个数字后，分别用 +、−、*、/ 和 % 这五种运算符对这两个数字进行运算，代码如下所示：

```
01    import java.util.Scanner;
02    public class ArithmeticOperator {
03        public static void main(String[] args) {
04            Scanner sc = new Scanner(System.in); // 创建扫描器，获取控制台输入的值
05            System.out.println(" 请输入两个数字，用空格隔开(num1 num2)："); // 输出提示
06            double num1 = sc.nextDouble(); // 记录输入的第一个数字
07            double num2 = sc.nextDouble(); // 记录输入的第二个数字
08            System.out.println("num1+num2 的和为: " + (num1 + num2));   // 计算和
09            System.out.println("num1-num2 的差为: " + (num1 - num2));   // 计算差
10            System.out.println("num1*num2 的积为: " + (num1 * num2));   // 计算积
11            System.out.println("num1/num2 的商为: " + (num1 / num2));   // 计算商
12            System.out.println("num1%num2 的余数为: " + (num1 % num2)); // 计算余数
13            sc.close();                                                 // 关闭扫描器
14        }
15    }
```

运行结果如图 4.2 所示。

在实用算术运算符的过程中有两点要注意：

① 在进行除法和取余运算时，0 不能做除数。

例如，对整数做的除法或取余运算时，将分母写为 0，代码如下所示：

```
01    int a = 5 / 0;
02    int b = 5 % 0;
```

这两行代码都会引发 "java.lang.ArithmeticException: / by zero" 算数异常。

对浮点数做的除法或取余运算时，将分母写为 0，代码如下所示：

```
01    double a = 5.0 / 0.0;
02    double b = 5.0 % 0.0;
```

运行之后的代码虽然不会发生异常，但 a 的值为 Infinity，表示无穷大；b 的值为 NaN，表示非数字。这两个结果是无法继续参与数学运算的，因此无意义。

② 整数相除得整数，浮点数相除得浮点数。

对于初学者来说，在使用运算符的过程中最容易出现的错误就是搞混数据类型。例如，下面这行代码运行后，b 的值应该是多少？

```
double b = 5 / 2;
```

b 的类型是 double，属于浮点数，可以有小数点，难道 b 的值不就应该是 5/2 = 2.5 吗？真实的结果可能会让你大跌眼镜，如图 4.3 所示。

产生这个结果的原因是 "5 / 2" 这个表达式是两个整型数字在相除，其结果是一个整型数字，也就是如图 4.4 所示的商。Java 虚拟机将这个商赋值给变量 b，2 这个整数数字会自动转为 double 类型的浮点数，就变成结果中的 2.0 了。

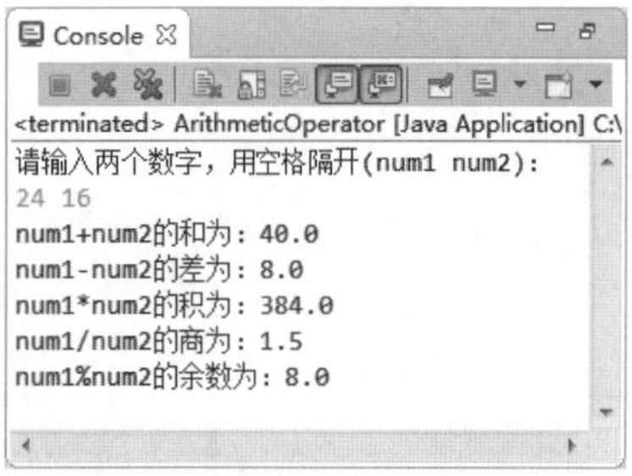

图 4.2　算术运算符的使用

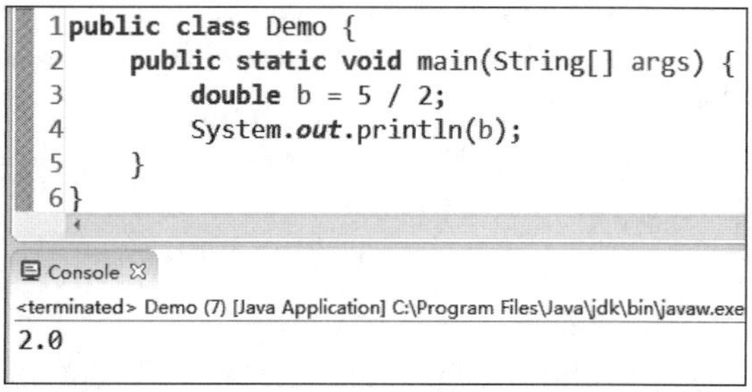

图 4.3　"double b = 5 / 2;" 的运行结果

想要解决这个计算不准确的问题，办法很简单——将"整数在做运算"的场景改成"浮点数在做运算"的场景就好了，Java 虚拟机会自动按照浮点数的类型计算结果。

将刚才的代码改成下面任意一种形式均可以得出正确结果。

```
01    double b1 = 5.0 / 2;
02    double b2 = 5 / 2.0;
03    double b3 = 5.0 / 2.0;
```

运行效果如图 4.5 所示，这样就可以得到 2.5 这个正确结果了。

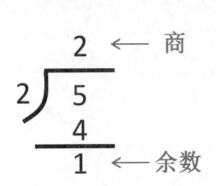

图 4.4 5 / 2 的计算过程

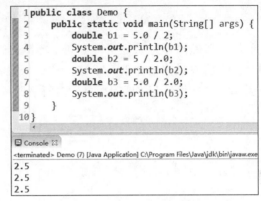

图 4.5 有浮点数参与的计算结果

4.3 自增和自减运算符

自增、自减运算符是单目运算符，可以放在变量之前，也可以放在变量之后。自增、自减运算符的作用是使变量的值增 1 或减 1。以 int 型变量 a 为例，自增、自减运算符的语法格式如下所示：

```
a++;   // 先输出 a 的原值，后做 +1 运算
++a;   // 先做 +1 运算，再输出 a 计算之后的值
a--;   // 先输出 a 的原值，后做 -1 运算
--a;   // 先做 -1 运算，再输出 a 计算之后的值
```

[实例 4.2]

（源码位置：资源包 \Code\04\02）

计算两个数字的和、差、积、商和余数

创建 AutoIncrementDecreasing 类，对一个 int 变量 a 先做自增运算，再做自减运算，代码如下所示：

```
01    public class AutoIncrementDecreasing {
02        public static void main(String[] args) {
03            int a = 1;                          // 创建整型变量 a，初始值为 1
04            System.out.println("a = " + a);     // 输出此时 a 的值
05            a++; // a = a + 1
06            System.out.println("a++ = " + a);   // 输出此时 a 的值
07            a++; // a = a + 1
08            System.out.println("a++ = " + a);   // 输出此时 a 的值
09            a++; // a = a + 1
10            System.out.println("a++ = " + a);   // 输出此时 a 的值
```

```
11              a--; // a = a - 1
12              System.out.println("a-- = " + a);      // 输出此时 a 的值
13          }
14      }
```

运行结果如下所示:

```
a = 1
a++ = 2
a++ = 3
a++ = 4
a- = 3
```

自增、自减运算符摆放位置不同,增减的操作顺序也会随之不同。前置的自增、自减运算符会先将变量的值加 1 (减 1) ,再让该变量参与表达式的运算。后置的自增、自减运算符会先让变量参与表达式的运算,再将该变量加 1 (减 1) 。如图 4.6 所示。

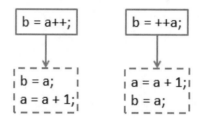

图 4.6　自增运算符放在不同位置时的运算顺序

4.4　关系运算符

关系运算符属于二元运算符,用来判断一个操作数与另外一个操作数之间的关系。关系运算符的计算结果都是布尔类型的,如表 4.2 所示。

表 4.2　关系运算符

运算符	说明	实例	结果
==	等于	2 == 3	false
<	小于	2 < 3	true
>	大于	2 > 3	false
<=	小于等于	5 <= 6	true
>=	大于等于	7 >= 7	true
!=	不等于	2 != 3	true

[实例 4.3]

（源码位置: 资源包 \Code\04\03 ）

比较两个数字的关系

创建 RelationalOperator 类,记录用户输入的两个数字,分别使用表 4.2 中的关系运算符判断这两个数字之间的关系,代码如下所示:

```
01    import java.util.Scanner;
02    public class RelationalOperator {
03        public static void main(String[] args) {
04            Scanner sc = new Scanner(System.in); // 创建扫描器，获取控制台输入的值
05            System.out.println(" 请输入两个整数，用空格隔开 (num1 num2) : "); // 输出提示
06            int num1 = sc.nextInt(); // 记录输入的第一个数字
07            int num2 = sc.nextInt(); // 记录输入的第二个数字
08            System.out.println("num1<num2 的结果: " + (num1 < num2));// 输出 " 小于 " 的结果
09            System.out.println("num1>num2 的结果: " + (num1 > num2));// 输出 " 大于 " 的结果
10            System.out.println("num1==num2 的结果: " + (num1 == num2));// 输出 " 等于 " 的结果
11            // 输出 " 不等于 " 的结果
12            System.out.println("num1!=num2 的结果: " + (num1 != num2));
13            // 输出 " 小于等于 " 的结果
14            System.out.println("num1<=num2 的结果: " + (num1 <= num2));
15            // 输出 " 大于等于 " 的结果
16            System.out.println("num1>=num2 的结果: " + (num1 >= num2));
17            sc.close(); // 关闭扫描器
18        }
19    }
```

运行结果如图 4.7 所示。

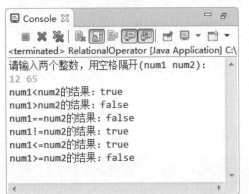

图 4.7　关系运算符比较两个数字的结果

4.5　逻辑运算符

假定某面包店在每周二的下午 7 点至 8 点和每周六的下午 5 点至 6 点，对生日蛋糕商品进行折扣让利促销活动，那么想参加折扣活动的顾客，就要在时间上满足这样的条件：周二并且 7:00 PM ～ 8:00 PM 或者周六并且 5:00 PM ～ 6:00 PM，这里就用到了逻辑关系。

逻辑运算符是对真和假这两种逻辑值进行运算，运算后的结果仍是一个逻辑值。逻辑运算符包括 &&（逻辑与）、||（逻辑或）和 !（逻辑非）。逻辑运算符计算的值必须是 boolean 型数据。在逻辑运算符中，除了 " ! " 是一元运算符之外，其他都是二元运算符。Java 中的逻辑运算符如表 4.3 所示。

表 4.3　逻辑运算符

运算符	含义	举例	结果
&&	逻辑与	$A \&\& B$	（对）与（错）= 错
||	逻辑或	$A \| B$	（对）或（错）= 对
!	逻辑非	$!A$	不（对）= 错

为了方便大家理解，表格中将"真""假"以"对""错"的方式展示出来。

逻辑运算符的运算结果如表 4.4 所示。

表 4.4　逻辑运算符的运算结果

A	B	A&&B	A||B	! A
true	true	true	true	false
true	false	false	true	false
false	true	false	true	true
false	false	false	false	true

逻辑运算符与关系运算符同时使用，可以完成复杂的逻辑运算。

 [实例 4.4]　　（源码位置：资源包 \Code\04\04）

判断逻辑表达式的是与非

创建 LogicalAndRelational 类，先利用关系运算符计算出布尔结果，再用逻辑运算符做二次计算，代码如下所示：

```
01    public class LogicalAndRelational {
02        public static void main(String[] args) {
03            int a = 2; // 声明 int 型变量 a
04            int b = 5; // 声明 int 型变量 b
05            // 声明 boolean 型变量，用于保存应用逻辑运算符 "&&" 后的返回值
06            boolean result = ((a > b) && (a != b));
07            // 声明 boolean 型变量，用于保存应用逻辑运算符 "||" 后的返回值
08            boolean result2 = ((a > b) || (a != b));
09            System.out.println(result); // 将变量 result 输出
10            System.out.println(result2); // 将变量 result2 输出
11        }
12    }
```

运行结果如下所示。

```
false
true
```

4.6　位运算符

位运算符是用来做二进制运算的，可以说是最难的运算符，令无数初学者挠头。不过不用担心，位运算符在实际开发中用得并不多，只有在一些比较特殊的算法中会使用到，所以大家对位运算符所有了解即可。

位运算的操作数类型是整型。位运算符可以分为两大类：位逻辑运算符和移位运算符，如表 4.5 所示。

第
1
篇

基
础
知
识
篇

表 4.5　位运算符

运算符	含义
&	与
|	或
~	取反
^	异或
<<	左移位
>>	右移位
>>>	无符号右移位

4.6.1　位逻辑运算符

位逻辑运算符包括"&""|""^"和"～"，前三个是双目运算符（有两个操作数），"～"是单目运算符（只有一个操作数）。这四个运算符的运算结果如表 4.6 所示。

表 4.6　位逻辑运算符计算二进制的结果

A	B	$A\&B$	$A\|B$	$A\wedge B$	$\sim A$
0	0	0	0	0	1
1	0	0	1	1	0
0	1	0	1	1	1
1	1	1	1	0	0

"&"运算符实际上是将操作数转换成二进制数，然后将两个二进制操作数的最低位对齐（右对齐），上下每一位都做"与"运算。若同一位的上下两个值都为 1，则对应位的结果为 1，否则对应位的结果为 0。总结起来就是"同时为 1 才是 1，其他都是 0"。例如，12 和 8 经过"&"运算后得到的结果是 8。

```
   0000 0000 0000 1100              （十进制 12 的二进制数）
 & 0000 0000 0000 1000              （十进制 8 的二进制数）
   0000 0000 0000 1000              （十进制 8 的二进制数）
```

"|"运算符将操作数的二进制数对齐后，每一位都做"或"运算。若同一位的上下两个值都为 0，则对应位的结果为 0，否则结果中对应位为 1。总结起来就是"同时为 0 才是 0，其他都是 1"。例如，4 和 8 经过"|"运算后的结果是 12。

```
   0000 0000 0000 0100              （十进制 4 的二进制数）
 | 0000 0000 0000 1000              （十进制 8 的二进制数）
   0000 0000 0000 1100              （十进制 12 的二进制数）
```

"^"运算符将操作数的二进制数对齐后，每一位都做"异或"运算。若同一位的上下两个值相同，则对应位的结果为 0；若同一位的上下两个值不同，则对应位的结果就为 1。总结起来就是"相同为 0，不同为 1"。例如，31 和 22 经过"^"运算得到的结果是 9。

```
   0000 0000 0001 1111              （十进制 31 的二进制数）
 ^ 0000 0000 0001 0110              （十进制 22 的二进制数）
   0000 0000 0000 1001              （十进制 9 的二进制数）
```

"～"运算符就是取相反值，只能作用在一个操作数上。操作数的二进制数的每一位都取相反值。总结起来就是"1 变 0，0 变 1"。例如，123 取反运算后得到的结果是 −124。

```
~ 0000 0000 0111 1011                    （十进制 123 的二进制数）
  1111 1111 1000 0100                    （十进制 −124 的二进制数）
```

位逻辑运算符可以用于逻辑运算，运算的结果如表 4.7 所示，该结果同样适用于上述总结的口诀，只不过是把 1 变成 true，把 0 变成 false。

表 4.7　位逻辑运算符计算布尔值的结果

A	B	A&B	A|B	A^B
true	true	true	true	false
true	false	false	true	true
false	true	false	true	true
false	false	false	false	false

 [实例 4.5]　　　　　　　　　　　　　　　　　　　　　（源码位置：资源包 \Code\04\05）

判断位逻辑表达式的是与非

创建 LogicalOperator 类，先对整型变量进行取反运算，再对位逻辑表达式进行判断，查看计算的结果，代码如下所示：

```
01    public class LogicalOperator  {
02        public static void main(String[] args) {
03            short x = ~123; // 创建 short 变量 x，等于 123 取反的值
04            System.out.println("12 与 8 的结果为: " + (12 & 8));      // 位逻辑与计算整数的结果
05            System.out.println("4 或 8 的结果为: " + (4 | 8));       // 位逻辑或计算整数的结果
06            System.out.println("31 异或 22 的结果为: " + (31 ^ 22));// 位逻辑异或计算整数的结果
07            System.out.println("123 取反的结果为: " + x);            // 位逻辑取反计算整数的结果
08            // 位逻辑与计算布尔值的结果
09            System.out.println("2>3 与 4!=7 的与结果: " + (2 > 3 & 4 != 7));
10            // 位逻辑或计算布尔值的结果
11            System.out.println("2>3 与 4!=7 的或结果: " + (2 > 3 | 4 != 7));
12            // 位逻辑异或计算布尔值的结果
13            System.out.println("2<3 与 4!=7 的与异或结果: " + (2 < 3 ^ 4 != 7));
14        }
15    }
```

运行结果如下所示：

```
12 与 8 的结果为: 8
4 或 8 的结果为: 12
31 异或 22 的结果为: 9
123 取反的结果为: −124
2>3 与 4!=7 的与结果: false
2>3 与 4!=7 的或结果: true
2<3 与 4!=7 的与异或结果: false
```

4.6.2　移位运算符

移位运算符有三个，分别是左移 <<、右移 >> 和无符号右移 >>>，这三个运算符都属于双目运算符。

① 左移是将一个二进制操作数对象按指定的移动位数向左移，左边（高位端）溢出的位被丢弃，右边（低位端）的空位用 0 补充。$a << n$ 的计算结果等同于 $a \times 2^n$ 的结果，如图 4.8 所示。

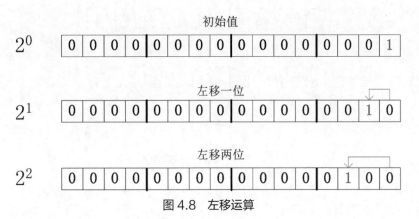

图 4.8　左移运算

例如，short 型整数 9115 的二进制是 0010 0011 1001 1011，左移一位变成 18230，左移两位变成 −29076，如图 4.9 所示。

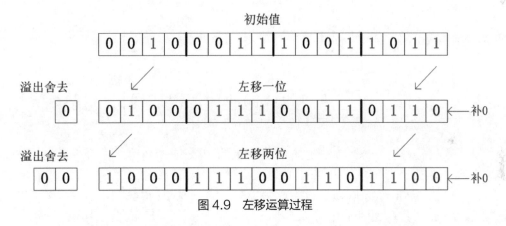

图 4.9　左移运算过程

② 右移是将一个二进制的数按指定的位数向右移动，右边（低位端）溢出的位被丢弃，左边（高位端）用符号位补充，正数的符号位为 0，负数的符号为 1。$a >> n$ 的计算结果等同于 $a / 2^n$ 的结果，如图 4.10 所示。

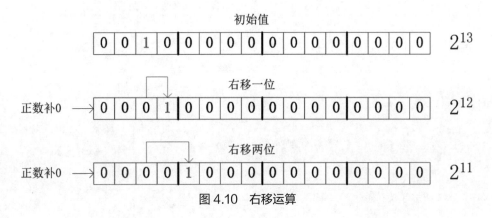

图 4.10　右移运算

例如，short 型整数 9115 的二进制是 0010 0011 1001 1011，右移一位变成 4557，右移两位变成 2278，运行过程如图 4.11 所示。

图 4.11　正数右移运算过程

short 型整数 –32766 的二进制是 0010 0011 1001 1011，右移一位变成 –16383，右移两位变成 –8192，运行过程如图 4.12 所示。

图 4.12　负数右移运算过程

③ 无符号右移是将一个二进制的数按指定的位数向右移动，右边（低位端）溢出的位被丢弃，左边（高位端）一律用 0 填充。例如 int 型整数 –32766 的二进制是 1111 1111 1111 1111 1000 0000 0000 0010，右移一位变成 2147467265，右移两位变成 1073733632，运行过程如图 4.13 所示。

图 4.13　无符号右移运算过程

例如，使用移位运算符对变量进行移位运算，代码如下所示：

```
01    int a = 24;
02    System.out.println(a + " 右移两位的结果是: " + (a >> 2));
03    int b = -16;
04    System.out.println(b + " 左移三位的结果是: " + (b << 3));
05    int c = -256;
06    System.out.println(c + " 无符号右移两位的结果是: " + (c >>> 2));
```

上述代码的运行结果如下所示：

```
24 右移两位的结果是：6
-16 左移三位的结果是：-128
-256 无符号右移两位的结果是：1073741760
```

👑 说明：

byte、short 类型做 >>> 操作可能发生数据溢出，结果仍为负数。所以 byte、short 类型不适用于 >>> 操作。

👑 注意：

"<<" 运算符右边的数字不能超出一字节。计算 $x \ll n$ 时，n 的取值范围不能超过一字节，也就是 -128~127，超出（或者叫移出）的部分会被忽略。例如 $x \ll 129$ 实际上等于 $x \ll (129 - 128)$。因为移动太多的位数会导致所有二进制数字 1 都移动到取值区间之外，取值区间只剩下的数字 0，导致任何数字最终的移位计算结果都是 0，这种结果是无意义的。

4.7　复合赋值运算符

和其他主流编程语言一样，Java 中也有复合赋值运算符。所谓的复合赋值运算符，就是将赋值运算符与其他运算符合并成一个运算符来使用，从而同时实现两种运算符的效果。Java 中的复合运算符如表 4.8 所示。

表 4.8　复合赋值运算符

运算符	说明	举例	等价效果
+=	相加结果赋予左侧	a += b;	a = a + b;
-=	相减结果赋予左侧	a -= b;	a = a - b;
*=	相乘结果赋予左侧	a *= b;	a = a * b;
/=	相除结果赋予左侧	a /= b;	a = a / b;
%=	取余结果赋予左侧	a %= b;	a = a % b;
&=	与结果赋予左侧	a &= b;	a = a & b;
|=	或结果赋予左侧	a |= b;	a = a | b;
^=	异或结果赋予左侧	a ^= b;	a = a ^ b;
<<=	左移结果赋予左侧	a <<= b;	a = a << b;
>>=	右移结果赋予左侧	a >>= b;	a = a >> b;
>>>=	无符号右移结果赋予左侧	a >>>= b;	a = a >>> b;

以 "+=" 为例，虽然 "a += 1" 与 "a = a + 1" 两者最后的计算结果是相同的，但是在不同的场景下，两种运算符都有各自的优势和劣势。

① 低精度类型自增。在 Java 中，整数的默认类型为 int 型，所以这样的赋值语句会报错：

```
01   byte a = 1; // 创建 byte 型变量 a
02   a = a + 1;  // 让 a 的值 +1，错误提示：无法将 int 型转换成 byte 型
```

在没有进行强制转换的条件下，a+1 的结果是一个 int 值，无法直接赋给一个 byte 变量。

但是如果使用"+="实现递增计算，就不会出现这个问题。

```
01    byte a = 1; // 创建 byte 型变量 a
02    a += 1;      // 让 a 的值 +1
```

② 不规则的多值相加。"+="虽然简洁、强大，但是有些时候是不好用的，比如下面这条语句：

```
a = (2 + 3 - 4) * 92 / 6;
```

这条语句如果改成复合赋值运算符就变得非常烦琐。

```
01    a += 2;
02    a += 3;
03    a -= 4;
04    a *= 92;
05    a /= 6;
```

👑 注意：

a. 不要把"<<="">>="与"<="">="搞混。

b. 复合运算符中两个符号之间没有空格，不要写成"a + = 1;"这样错误的格式。

4.8　三元运算符

三元运算符的语法格式如下所示：

```
条件式 ? 值 1 : 值 2
```

三元运算符的运算规则：若条件式的值为 true，则整个表达式取"值 1"，否则取"值 2"。例如下面这条语句：

```
boolean b = 20 < 45 ? true : false;
```

如上例所示，表达式"20<45"的运算结果返回真，那么 boolean 型变量 b 取值为 true；相反，表达式如果"20<45"返回为假，则 boolean 型变量 b 取值 false。

三元运算符等价于 if…else 语句。

等价于三元运算符的 if…else 语句，代码如下所示：

```
01    boolean a; // 声明 boolean 型变量
02        if (20 < 45) // 将 20<45 作为判断条件
03            a = true; // 条件成立将 true 赋值给 a
04        else
05            a = false; // 条件不成立将 false 赋值给 a
```

4.9　圆括号

圆括号可以提高表达式中计算过程的优先级，在编写程序的过程中非常常用。如图 4.14 所示，使用圆括号更改运算的优先级，可以得到不同的结果。

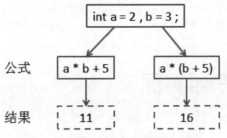

图 4.14　圆括号更改运算的优先级

圆括号还有调整代码格式、增强阅读性的功能。比如下面的公式：

```
a = 7 >> 5 * 6 ^ 9 / 3 * 5 + 4;
```

这样的计算公式复杂且难读，如果稍有疏忽就会估错计算结果，影响后续代码的设计。但要是把刚才的计算公式加上括号，且不改变任何运算的优先级，就是这样：

```
a = (7 >> (5 * 6)) ^ ((9 / 3 * 5) + 4);
```

这行代码的运算结果没有发生任何改变，但运算逻辑却显得非常清晰。

4.10　运算符优先级

　　Java 中的表达式就是使用运算符连接起来的符合 Java 规则的式子。运算符的优先级决定了表达式中运算执行的先后顺序。通常优先级由高到低的顺序依次是：自增和自减运算、算术运算、比较运算、逻辑运算以及赋值运算。

　　如果两个运算有相同的优先级，那么左边的表达式要比右边的表达式先被处理。表 4.9 显示了在 Java 中众多运算符特定的优先级。

表 4.9　运算符的优先级

优先级	描述	运算符
1	括号	()
2	正负号	+、−
3	一元运算符	++、−−、!
4	乘除	*、/、%
5	加减	+、−
6	移位运算	>>、>>>、<<
7	比较大小	<、>、>=、<=
8	比较是否相等	==、! =
9	按位与运算	&
10	按位异或运算	^
11	按位或运算	|
12	逻辑与运算	&&
13	逻辑或运算	||
14	三元运算符	? :
15	赋值运算符	=

说明：

在编写程序时尽量使用括号"( )"运算符来限定运算次序，以免产生错误的运算顺序。

本章知识思维导图

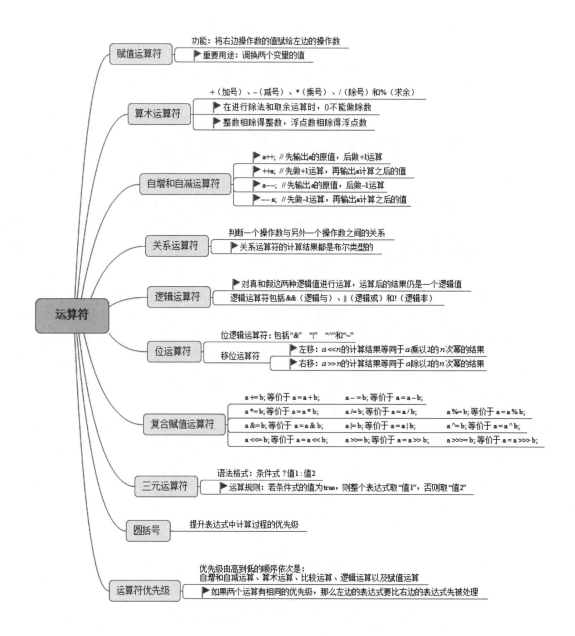

第 5 章

流程控制语句

 本章学习目标

- 掌握 if 语句的语法格式，明确布尔表达式的正确写法。
- 掌握 if…else 语句的语法格式，明确它适用于"非 A 即 B"的各个场景。
- 明确 if…else if 多分支语句用于处理某一事件的多种情况。
- 掌握判断语句嵌套的语法格式。
- 掌握用于实现"多选一"的 switch 多分支语句。
- 掌握通过一个条件判断是否要继续反复执行某段语句的 while 循环语句。
- 掌握先执行一次循环后，再判断条件是否成立的 do…while 循环语句。
- 掌握 for 循环语句的语法格式，明确其中的各个表达式的意义和作用。
- 掌握 foreach 语句的语法格式。
- 明确 while、do…while 和 for 循环语句可以相互嵌套，掌握各种嵌套的语法格式。
- 掌握如何使用 break 和 continue 关键字控制程序在循环结构中的执行流程。

5.1 分支结构

所谓分支结构，指的是程序根据不同的条件执行不同的语句。如果把一个正在运行的程序比作一个小孩乘坐公交车，那么这个程序将有两个分支：一个分支是如果这个小孩的身高高于 1.2m，那么他需要购票；另一个分支是如果这个小孩的身高低于或等于 1.2m，那么他可以免费乘车。在 Java 语言中，分支结构包含 if 语句和 switch 语句。下面先从 if 语句说起。

5.1.1 if 语句

if 语句只有一个分支，即满足条件时执行 if 语句后 {} 中的语句序列；否则，不执行 if 语句后 {} 中的语句序列。if 语句的语法格式如下所示：

```
if（布尔表达式）{
    语句；
}
```

● 布尔表达式：必要参数，它最后返回的结果必须是一个布尔值。它可以是一个单纯的布尔变量或常量，也可以是关系表达式。

● 语句：可以是一条或多条语句，当布尔表达式的值为 true 时执行这些语句。若语句序列中仅有一条语句，则可以省略条件语句中的"{ }"。

if 语句的执行流程如图 5.1 所示。

例如，判断一个 int 型变量 a 的值是不是 100，代码如下所示：

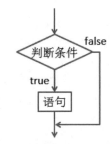

图 5.1 if 条件语句的执行流程

```
01    int a = 100;
02    if (a == 100)                                    // 没有大括号，直接跟在 if 语句之后
03        System.out.print("a 的值是 100");
```

👑 说明：

因为 if 后面只有一条语句，所以省略"{ }"没有语法错误。但是为了增强程序的可读性，最好不要省略"{ }"。

布尔表达式的不规范写法：使用"=="判断布尔值，虽然没有语法错误，但是容易漏写一个等号而产生错误。

```
01    boolean flag1 = false;                           // 创建一个布尔值变量 flag1，值为 false
02    if (flag1 == true) {                             // 如果变量的值与 true 是相等的，则执行输出
03        System.out.println("flag1 的值是 true");      // 此行语句不会输出
04    }
```

布尔表达式的错误写法：在布尔表达式中，直接使用"="给布尔变量赋值，这样不仅会导致布尔变量的值发生改变，还会导致 if 语句做出错误的判断。

```
01    boolean flag2 = false; // 创建一个布尔值变量 flag2，值为 false
02    if (flag2 = true) { // 首先将 flag2 的值赋成 true，然后判断 flag2 的值
03        System.out.println("flag2 的值是 true"); // 此行语句会输出，因为 flag2 的值被改成 true 了
04    }
```

布尔表达式的正确写法：既然是布尔值，直接在 if 语句中进行判断即可。

```
01    boolean flag3 = false;                          // 创建一个布尔值变量 flag3，值为 false
02    if (flag3) {                                    // 判断 flag3 的值
03        System.out.println("flag2 的值是 true");     // 此行语句不会输出
04    }
```

[实例 5.1]

（源码位置：资源包 \Code\05\01）

模拟拨打电话场景

创建 TakePhone 类，如果输入的电话号码不是 84972266，则提示拨打的号码不存在。
代码如下所示：

```
01    import java.util.Scanner;
02    public class TakePhone {
03        public static void main(String[] args) {
04            Scanner in = new Scanner(System.in);           // 创建 Scanner 对象，用于进行输入
05            System.out.println(" 请输入要拨打的电话号码: "); // 输出提示
06            int phoneNumber = in.nextInt();                // 创建变量，保存电话号码
07            if (phoneNumber != 84972266)                   // 判断此电话号码是否是 84972266
08                // 如果不是 84972266 号码，则提示号码不存在
09                System.out.println(" 对不起，您拨打的号码不存在！ ");
10        }
11    }
```

👑 说明：

上面代码中用到了 Scanner 类，它的英文直译是扫描仪，它的作用和名字一样，就是一个可以解析基本数据类型和字符串的文本扫描器，前面代码中用到的 nextInt() 方法用来扫描一个值并返回 int 类型。

运行结果如图 5.2 所示。

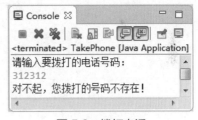

图 5.2　拨打电话

5.1.2　if…else 语句

if…else 语句有两个分支，即满足条件时，执行一个语句序列；否则，执行另一个语句序列。也就是说，if…else 语句适用于"非 A 即 B"的各个场景。if…else 语句的语法格式如下所示：

```
if ( 条件表达式 ) {
    语句组一
} else {
    语句组二
}
```

👑 说明：

如果条件表达式的返回值是 true，那么程序先执行语句组一。如果条件表达式的返回值是 false，那么程序先执行语句组二。

if…else 语句的执行流程如图 5.3 所示。

下面先使用两个 if 语句分别描述以下两种情况：当工资不超过 5000 元时，只扣除"五险一金"；当工资超过 5000 元时，除扣除"五险一金"外，还要缴纳个人所得税。代码如下所示。

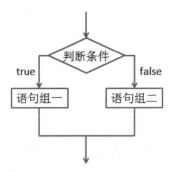

图 5.3 if⋯else 语句的执行流程

```
01    if (salary <= 5000) {                    // 如果输入的工资不超过 5000 元
02        System.out.println(" 只扣除 " 五险一金 "");
03    }
04    if (salary > 5000) {                      // 如果输入的工资超过 5000 元
05        System.out.println(" 除扣除 " 五险一金 " 外，还要缴纳个人所得税 ");
06    }
```

再使用 if⋯else 语句改写上述代码，这样修改的好处是将程序从进行两次判断改进为仅进行一次判断。代码如下所示：

```
01    if (salary <= 5000) {                    // 如果输入的工资不超过 5000 元
02        System.out.println(" 只扣除 " 五险一金 "");
03    } else {                                  // 如果输入的工资超过 5000 元
04        System.out.println(" 除扣除 " 五险一金 " 外，还要缴纳个人所得税 ");
05    }
```

使用 if⋯else 语句判断两个浮点值是否相等时，要注意浮点值属于近似值，运算后的结果可能与实际有偏差。编写一个程序，使用 "==" 运算符判断 "$2 - 0.1 - 0.1 - 0.1 - 0.1 - 0.1$" 的值是否是 1.5。代码如下所示：

```
01    double d = 2 - 0.1 - 0.1 - 0.1 - 0.1 - 0.1;
02    if (d == 1.5) {
03        System.out.println("d 的值是 1.5");
04    } else {
05        System.out.println("d 的值不是 1.5");
06    }
```

上述代码的运行结果如下所示：

```
d 的值不是 1.5
```

因此，使用 if⋯else 语句判断两个浮点值是否相等并不可靠，建议读者朋友不要使用。

5.1.3　if⋯else if 多分支语句

if⋯else if 多分支语句用于处理某一事件的多种情况。通常表现为 "如果满足某一个条件，就采用与该条件对应的处理方式；如果满足另一个条件，则采用与另一个条件对应的处理方式"。语法格式如下所示：

```
if ( 表达式 1) {
    语句 1
} else if( 表达式 2) {
    语句 2
```

```
    } …
    } else if( 表达式 n) {
        语句 n
    }
```

● 表达式 1～表达式 n：必要参数。可以由多个表达式组成，但最后返回的结果一定要为 boolean 类型。

● 语句 1～语句 n：可以是一条或多条语句，当表达式 1 的值为 true 时，执行语句 1；当表达式 2 的值为 true 时，执行语句 2，以此类推。

if…else if 多分支语句的执行流程如图 5.4 所示。

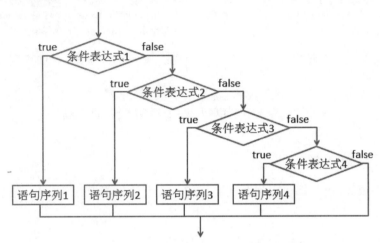

图 5.4　if…else if 多分支语句执行流程

（源码位置：资源包 \Code\05\02）

[实例 5.2]

根据用餐人数入座

创建 Restaurant 类，声明整型变量 count 表示用餐人数，根据人数安排客人到 4 人桌、8 人桌或包厢用餐，代码如下所示：

```
01    import java.util.Scanner;                              // 引入 Scanner 类
02    public class Restaurant {
03        public static void main(String args[]) {
04            Scanner sc = new Scanner(System.in);           // 创建扫描器，获取控制台输入的值
05            System.out.println(" 欢迎光临，请问有多少人用餐？ ");  // 输出问题提示
06            int count = sc.nextInt();                      // 记录用户输入的用餐人数
07            if (count <= 4) {                              // 如果人数小于 4 人
08                System.out.println(" 客人请到大厅 4 人桌用餐 ");  // 请到 4 人桌
09            } else if (count > 4 && count <= 8) {          // 如果人数在 4～8 人之间
10                System.out.println(" 客人请到大厅 8 人桌用餐 ");  // 请到 4 人桌
11            } else if (count > 8 && count <= 16) {         // 如果人数在 8～16 人之间
12                System.out.println(" 客人请到楼上包厢用餐 ");   // 请到包厢
13            } else { // 当以上条件都不成立时，执行的该语句块
14                System.out.println(" 抱歉，我们店暂时没有这么大的包厢！ "); // 输出信息
15            }
16            sc.close(); // 关闭扫描器
17        }
18    }
```

运行结果如图 5.5 所示。

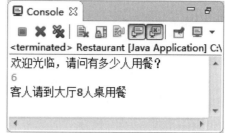

图 5.5 根据不同的用餐人数，程序会给出不同的答复

5.1.4 判断语句嵌套

if 语句和 if…else 语句都可以嵌套判断语句。在 if 语句中嵌套 if…else 语句。语法格式如下所示：

```
if ( 表达式 1) {
    if ( 表达式 2)
        语句 1;
    else
        语句 2;
}
```

在 if…else 语句中嵌套 if…else 语句。语法格式如下所示：

```
if ( 表达式 1) {
    if ( 表达式 2)
        语句 1;
    else
        语句 2;
} else {
    if ( 表达式 2)
        语句 1;
    else
        语句 2;
}
```

判断语句可以有多种嵌套方式，可以根据具体需要进行设计，但一定要注意逻辑关系的正确处理。

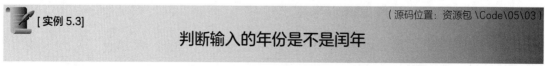

[实例 5.3]

（源码位置：资源包 \Code\05\03 ）

判断输入的年份是不是闰年

使用嵌套的判断语句，判断控制台输入的年份是否是闰年。代码如下所示：

```
01    import java.util.Scanner;
02    public class JudgeLeapYear {
03        public static void main(String[] args) {
04            int iYear;                            // 创建整型变量，保存输入的年份
05            Scanner sc = new Scanner(System.in); // 创建扫描器
06            System.out.println(" 请输入任意年份: ");
07            iYear = sc.nextInt();                // 控制台输入一个数字
08            if (iYear % 4 == 0) {                // 如果能被 4 整除
09                if (iYear % 100 == 0) {          // 如果能被 100 整除
10                    if (iYear % 400 == 0)        // 如果能被 400 整除
11                        System.out.println(" 恭喜! 这是闰年。");        // 是闰年
12                    else
13                        System.out.println(" 抱歉! 这不是闰年。");      // 不是闰年
14                } else
15                    System.out.println(" 恭喜! 这是闰年。");            // 是闰年
16            } else
17                System.out.println(" 抱歉! 这不是闰年。");              // 不是闰年
18        }
19    }
```

👑 说明:

判断闰年的方法是，能被 4 整除且不能被 100 整除，或者能被 400 整除。

程序使用判断语句对这 3 个条件逐一判断，先判断年份能否被 4 整除 (iYear%4==0)，如果不能整除，输出字符串"抱歉! 这不是闰年。"；如果能整除，继续判断能否被 100 整除 (iYear%100==0)，如果不能整除，输出字符串"恭喜! 这是闰年。"；如果能整除，继续判断能否被 400 整除 (iYear%400==0)，如果能整除，输出字符串"恭喜! 这是闰年。"；如果不能整除，输出字符串"抱歉! 这不是闰年。"。

当在控制台上输入 2020 时，运行结果如图 5.6 所示。

当在控制台上输入 2010 时，运行结果如图 5.7 所示。

图 5.6　判断 2020 年是否是闰年

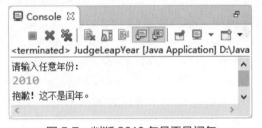

图 5.7　判断 2010 年是否是闰年

5.1.5　switch 多分支语句

北京奥运会时，每个国家的参赛队都有指定的休息区，例如"美国代表队请到 A4-14 休息区等候""法国代表队请到 F9-03 休息区等候"等。本次奥运会一共有 204 个国家参与，如果用计算机来分配休息区，难道要写 204 个 if 语句?

这是编程中一个常见的问题，就是检测一个变量是否符合某个条件，如果不符合，再用另一个值来检测，以此类推。例如，给各个国家一个编号，然后判断某个代表队的国家编号是不是美国的。如果不是美国的，那是不是法国的? 是不是德国的? 是不是新加坡的? 当然，这种问题可以使用 if 条件语句完成。

例如，使用 if 语句检测变量是否符合某个条件，关键代码如下所示:

```
01    int country = 001;
02    if (country == 001) {
03        System.out.println(" 美国代表队请到 A4-14 休息区等候 ");
04    }
05    if (country == 026) {
06        System.out.println(" 法国代表队请到 F9-03 休息区等候 ");
07    }
08    if (country == 103) {
09        System.out.println(" 新加坡代表请到 S2-08 休息区等候 ");
10    }
11    ......    /* 此处省略其他 201 个国家的代表队 */
```

这个程序显得比较笨重，程序员需要测试不同的值来给出输出语句。在 Java 中，可以用 switch 多分支语句将动作组织起来，以一个较简单明了的方式来实现 "多选一" 的选择。语法格式如下所示：

```
switch ( 用于判断的参数 ) {
case 常量表达式 1: 语句 1; [break;]
case 常量表达式 2: 语句 2; [break;]
......
case 常量表达式 n: 语句 n; [break;]
default : 语句 n+1; [break;]
}
```

switch 多分支语句中参数必须是整型、字符型、枚举类型或字符串类型，常量值 1 ～ n 必须是与参数兼容的数据类型。

switch 多分支语句首先计算参数的值，如果参数的值和某个 case 后面的常量表达式相同，则执行该 case 语句后的若干个语句，直到遇到 break 语句为止。此时如果该 case 语句中没有 break 语句，将继续执行后面 case 中的若干个语句，直到遇到 break 语句为止。若没有任何一个常量表达式与参数的值相同，则执行 default 后面的语句。

break 的作用是跳出整个 switch 多分支语句。

default 语句是可以不写的，如果它不存在，而且 switch 多分支语句中表达式的值不与任何 case 的常量值相同，switch 则不做任何处理。

switch 多分支语句的执行流程如图 5.8 所示。

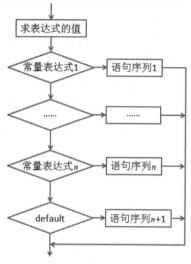

图 5.8　switch 多分支语句的执行流程

[实例 5.4]

（源码位置：资源包 \Code\05\04）

判断输入的分数属于哪类成绩

创建成绩类，使用 Scanner 类在控制台输入分数，然后用 switch 多分支语句判断输入的分数属于哪类成绩。10 分和 9 分属于优，8 分属于良，7 分和 6 分属于中，5 分、4 分、3 分、2 分、1 分以及 0 分均为差，代码如下所示：

```
01    import java.util.Scanner; // 引入 Scanner 类
02    public class Grade {
03        public static void main(String[] args) {
04            Scanner sc = new Scanner(System.in); // 创建扫描器，接收控制台输入内容
```

```
05              System.out.print(" 请输入成绩: ");       // 输出字符串
06              int grade = sc.nextInt();              // 获取控制台输入的数字
07              switch (grade) {                       // 使用 switch 判断数字
08              case 10:                               // 如果等于 10，则继续执行下一行代码
09              case 9:                                // 如果等于 9
10                  System.out.println(" 成绩为优 ");    // 输出成绩为优
11                  break;                             // 结束判断
12              case 8:                                // 如果等于 8
13                  System.out.println(" 成绩为良 ");    // 输出成绩为良
14                  break;                             // 结束判断
15              case 7:                                // 如果等于 7，则继续执行下一行代码
16              case 6:                                // 如果等于 6
17                  System.out.println(" 成绩为中 ");    // 输出成绩为中
18                  break;                             // 结束判断
19              case 5:                                // 如果等于 5，则继续执行下一行代码
20              case 4:                                // 如果等于 4，则继续执行下一行代码
21              case 3:                                // 如果等于 3，则继续执行下一行代码
22              case 2:                                // 如果等于 2，则继续执行下一行代码
23              case 1:                                // 如果等于 1，则继续执行下一行代码
24              case 0:                                // 如果等于 0
25                  System.out.println(" 成绩为差 ");    // 输出成绩为差
26                  break;                             // 结束判断
27              default:                               // 如果不符合以上任何一个结果
28                  System.out.println(" 成绩无效 ");    // 输出成绩无效
29              }
30              sc.close();                            // 关闭扫描器
31          }
32      }
```

运行结果如图 5.9 所示。

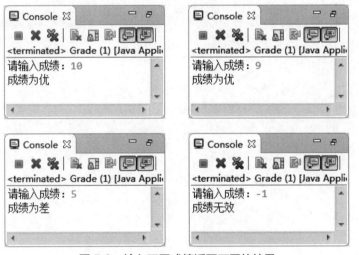

图 5.9　输入不同成绩返回不同的结果

从这个结果发现，当成绩为 9 时，switch 判断之后执行了 "case 9 :" 后面的语句，输出了 "成绩为优"；当成绩为 5 时，"case 5 :" 要后面是没有任何处理语句的，这时候 switch 会自动跳转到 "case 4 :"，但 "case 4 :" 后面也没有任何处理代码，这样就会继续往下找，直到在 "case 0 :" 中找到了找到处理代码，于是输出了 "成绩为差" 的结果，然后执行 break，结束了 switch 多分支语句；当成绩为 12 时，switch 直接进入了 default，执行完后退出。

注意:

① 同一个 switch 多分支语句, case 的常量值必须互不相同。

② 在 switch 多分支语句中, case 语句后常量表达式的值可以为 int、short、char、byte、String 以及 enum (枚举类型)。

5.2 循环结构

循环结构可以简单地被理解为让程序重复地执行一个语句序列, 其中, 语句序列被重复执行的次数是可控的。就像电子表读秒一样, 每一分钟都是从 0 读到了 59。Java 提供了 3 种循环结构: while 循环, do…while 循环和 for 循环。下面先从 while 循环语句说起。

5.2.1 while 循环语句

while 循环语句的循环方式是通过一个条件来控制是否要继续反复执行这个语句。语法格式如下所示:

```
while ( 条件表达式 ) {
    执行语句
}
```

当条件表达式的返回值为真时, 执行 "{}" 中的语句, 当执行完 "{}" 中的语句后, 重新判断条件表达式的返回值, 直到表达式返回的结果为假时, 退出循环。while 循环语句的执行流程如图 5.10 所示。

[实例 5.5]   （源码位置: 资源包 \Code\05\05）

使用 while 循环语句将 1 ~ 10 相加

创建类 GetSum, 在类的主方法中使用 while 循环语句, 先将整数 1 ~ 10 相加, 再将结果输出。代码如下所示:

```
01   public class GetSum {                         // 创建类
02       public static void main(String args[]) {  // 主方法
03           int x = 1;                            // 定义 int 型变量 x, 并赋给初值
04           int sum = 0;                          // 定义变量用于保存相加后的结果
05           while (x <= 10) {
06               sum = sum + x; // while 循环语句, 当变量满足条件表达式时执行循环体语句
07               x++;                              // x 的值自增
08           }
09           System.out.println("sum = " + sum);   // 将变量 sum 输出
10       }
11   }
```

运行结果如图 5.11 所示。

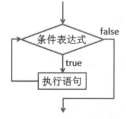

图 5.10   while 循环语句的执行流程

图 5.11   计算 1~10 的和

5.2.2 do…while 循环语句

do…while 循环语句与 while 循环语句类似,它们之间的区别是 while 语句为先判断条件是否成立再执行循环体,而 do…while 循环语句则先执行一次循环后,再判断条件是否成立。也就是说 do…while 循环语句中"{}"中的程序段至少要被执行一次。语法格式如下所示:

```
do {
        执行语句
} while( 条件表达式 );
```

do…while 语句与 while 语句的一个明显区别是,do…while 语句在结尾处多了一个分号。根据 do…while 循环语句的语法特点总结出的 do…while 循环语句的执行流程如图 5.12 所示。

 [实例 5.6]

（源码位置: 资源包 \Code\05\06 ）

判断用户输入的密码是否正确

创建 LoginService 类,首先提示用户输入 6 位密码,然后使用 Scanner 扫描器类获取用户输入密码,最后进入 do…while 循环进行判断,如果用户输入的密码不是"651472",则让用户反复输入,直到输入正确密码为止,代码如下所示:

```
01    import java.util.Scanner;                      // 引入 Scanner 类
02    public class LoginService {
03        public static void main(String[] args) {
04            Scanner sc = new Scanner(System.in); // 创建扫描器,获取控制台输入的值
05            String password;                       // 创建字符串变量,用来保存用户输入的密码
06            do {
07                System.out.println(" 请输入 6 位数字密码 :");     // 输出提示
08                password = sc.nextLine();          // 将用户在控制台输入的密码记录下来
09            // 如果用户输入的密码不是 "651472" 则继续执行循环
10            } while (!"651472".equals(password));
11            System.out.println(" 登录成功 ");        // 提示循环已结束
12            sc.close(); // 关闭扫描器
13        }
14    }
```

运行结果如图 5.13 所示。

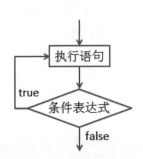

图 5.12　do…while 循环语句的执行流程

图 5.13　用户反复输入密码,直到输入正确密码为止的效果

5.2.3 for 循环语句

for 循环语句是 Java 程序设计中最有用的循环语句之一。一个 for 循环可以用来重复执

行某条语句，直到某个条件得到满足。for 语句语法格式如下所示：

```
for（表达式 1；表达式 2；表达式 3) {
    语句
}
```

● 表达式 1：该表达式通常是一个赋值表达式，负责设置循环的起始值，也就是给控制循环的变量赋初值。

● 表达式 2：该表达式通常是一个关系表达式，用控制循环的变量和循环变量允许的范围值进行比较。

● 表达式 3：该表达式通常是一个赋值表达式，对控制循环的变量进行增大或减小。

● 语句：语句仍然是复合语句。

for 循环语句的执行流程如下所示：

① 先执行表达式 1。

② 判断表达式 2，若其值为真，则执行 for 语句中指定的内嵌语句，然后执行③。若表达式 2 值为假，则结束循环，转到⑤。

③ 执行表达式 3。

④ 返回②继续执行。

⑤ 循环结束，执行 for 语句之外的语句。

上面的 5 个步骤也可以用图 5.14 表示。

[实例 5.7]

（源码位置：资源包 \Code\05\07）

使用 for 循环完成 1 ～ 100 相加的运算

创建 AdditiveFor 类，在类的主方法中使用 for 循环完成 1 ～ 100 相加的运算。代码如下所示：

```
01  public class AdditiveFor {
02      public static void main(String[] args) {
03          int sum = 0;                              // 创建用户求和的变量
04          int i;                                    // 创建用于循环判断的变量
05          for (i = 1; i <= 100; i++) {              // for 循环语句
06              sum += i;                             // 循环体内执行的代码
07          }
08          System.out.println("the result :" + sum); // 在循环外输出最后相加的结果
09      }
10  }
```

运行结果如图 5.15 所示。

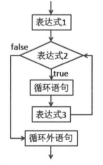

图 5.14　for 循环执行流程

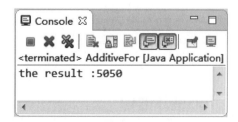

图 5.15　使用 for 循环完成 1~100 的相加运算

程序中"for(i=1;i<=100;i++) sum+=i;"就是一个循环语句,"sum+=i;"是循环体语句,其中 i 就是控制循环的变量,i=1 是表达式 1,i<=100 是表达式 2,i++ 是表达式 3,"sum +=i;"是语句;表达式 1 将循环控制变量 i 赋初始值为 1,表达式 2 中 100 是循环变量允许的范围,也就是说 i 不能大于 100,大于 100 时将不执行语句"sum +=i;"。语句"sum +=i;"是使用了带运算的赋值语句,它等同于语句"sum = sum +i;"。"sum +=i;"语句一共执行了 100 次,i 的值是从 1 ~ 100 变化。

👑 说明:

使用 for 循环时,可以在表达式 1 中直接声明变量。代码如下所示。

```
01    int sum = 0;
02    for (int i = 1; i <= 100; i++){  // 在 for 循环中定义循环变量 i
03        sum += i;
04    }
05    System.out.println("the result :" + sum);
```

5.2.4 foreach 语句

foreach 语句是 for 语句的特殊简化版本,但是 foreach 语句并不能完全取代 for 语句,然而任何 foreach 语句都可以改写为 for 语句版本。foreach 并不是一个关键字,习惯上将这种特殊的 for 语句格式称为 foreach 语句。foreach 语句在遍历数组等方面为程序员提供了很大的方便。语法格式如下所示:

```
for (循环变量 x : 遍历对象 obj) {
        引用了 x 的 java 语句 ;
}
```

● 遍历对象 obj:依次去读 obj 中元素的值。
● 循环变量 x:将 obj 遍历读取出的值赋给 x。

👑 说明:

遍历,在数据结构中是指沿着某条路线,依次对树中每个节点均做一次且仅做一次访问。也可以简单地理解为"对数组或集合中的所有元素逐一访问"。数组就是相同数据类型的元素按一定顺序排列的集合。

foreach 语句中的元素变量 x,不必对其进行初始化。

 [实例 5.8]　　　　　　　　　　　　　　　　　　（源码位置: 资源包 \Code\05\08）

使用 foreach 语句遍历数组

在项目中创建类 Repetition,在类的主方法中先定义一维整型数组,再使用 foreach 语句遍历该数组。代码如下所示:

```
01    public class Repetition {
02        public static void main(String args[]) {            // 主方法
03            int arr[] = { 7, 10, 1 };                        // 声明一维数组
04            System.out.println(" 一维数组中的元素分别为: ");   // 输出信息
05            // foreach 语句, int x 引用的变量, arr 指定要循环遍历的数组, 最后将 x 输出
06            for (int x : arr) {
07                System.out.println(x);
08            }
09        }
10    }
```

运行结果如图 5.16 所示。

图 5.16　使用 foreach 语句遍历数组

5.2.5　循环语句的嵌套

循环有 3 种，即 while、do…while 和 for，这 3 种循环可以相互嵌套。例如，在 for 循环中套用 for 循环代码如下所示：

```
for (...) {
    for (...) {
        ...
    }
}
```

在 while 循环中套用 while 循环的代码如下所示：

```
while (...) {
    while (...) {
        ...
    }
}
```

在 while 循环中套用 for 循环的代码如下所示：

```
while (...) {
    for (...) {
        ...
    }
}
```

[实例 5.9]　　　　　　　　　　　　　　　　　　　　　　（源码位置：资源包 \Code\05\09）

打印乘法口诀表

创建 Multiplication 类，使用两层 for 循环实现在控制台打印乘法口诀表，代码如下所示：

```
01    public class Multiplication {
02        public static void main(String[] args) {
03            int i, j;                           // i 代表行，j 代表列
04            for (i = 1; i < 10; i++) {          // 输出 9 行
05                for (j = 1; j < i + 1; j++) {   // 输出与行数相等的列
06                    System.out.print(j + "*" + i + "=" + i * j + "\t");// 打印拼接的字符串
07                }
08                System.out.println();           // 换行
09            }
10        }
11    }
```

运行结果如图 5.17 所示。

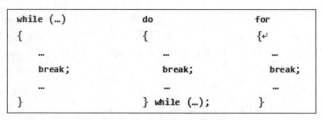

图 5.17　使用嵌套 for 循环输出乘法口诀表

这个结果是如何得出来的呢？最外层的循环控制输出的行数，i 从 1 到 9，当 i = 1 的时候，输出第一行，然后进入内层循环，这里的 j 是循环变量，循环的次数与 i 的值相同，所以使用 "j < i+1" 来控制，内层循环的次数决定本行有几列，所以先输出 j 的值，然后输出 "*" 号，再输出 i 的值，最后输出 j * i 的结果。内层循环全部执行完毕后，输出换行，然后开始下一行的循环。

5.3　控制循环结构

Java 提供了用于控制程序在循环结构中的执行流程的 break 和 continue 关键字。因此，开发人员运用这些关键字，能够让程序设计更方便、更简洁。

5.3.1　break 语句

在 while、do…while 和 for 这 3 种循环结构中，合理地运用 break 语句，能够使程序中断当前循环。break 语句在上述 3 种循环结构中的使用形式如图 5.18 所示。此外，使用 break 语句还能够使程序跳出 switch 多分支语句。

```
while (…)          do                 for
{                  {                   {↵

    …                  …                   …

    break;             break;              break;

    …                  …                   …

}                  } while (…);        }
```

图 5.18　break 语句的使用形式

[实例 5.10]
（源码位置：资源包 \Code\05\10 ）

打印 1 ～ 20 中的偶数

创建 BreakTest 类，使用 for 循环输出 1 ～ 20 的整数值；当遇到第一个偶数时，控制台输出这个偶数值，并使用 break 语句中断循环。代码如下所示：

```
01   public class BreakTest {
02       public static void main(String[] args) {
03           for (int i = 1; i < 20; i++) {          // 如果 i 是偶数
```

```
04                    if (i % 2 == 0) {              // 如果 i 是偶数
05                        System.out.println(i);     // 输出 i 的值
06                        break;                       // 跳到下一循环
07                    }
08                }
09                System.out.println("---end---");    // 结束时输出一行文字
10            }
11        }
```

运行结果如图 5.19 所示。

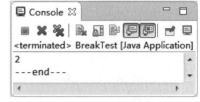

👑 注意：

    如果遇到循环嵌套的情况，break 语句将只会使程序流程跳出包含它的最内层的循环结构，只跳出一层循环。

如果想要让 break 跳出外层循环，Java 提供了"标签"的功能，语法格式如下所示：

图 5.19　使用 break 跳出循环

```
标签名 ：循环体 {
    break 标签名；
}
```

- 标签名：任意标识符。
- 循环体：任意循环语句。
- break 标签名：break 跳出指定的循环体，此循环体的标签名必须与 break 的标签名一致。

带有标签的 break 可以指定跳出的循环，这个循环可以是内层循环，也可以是外层循环。

[实例 5.11]　〔源码位置：资源包 \Code\05\11 〕

控制内层循环的循环次数

创建 BreakOutsideNested 类，在主方法中编写两层 for 循环，并给外层循环添加标签。当内层循环语句循环 4 次时，结束所有循环。代码如下所示：

```
01    public class BreakOutsideNested {
02        public static void main(String[] args) {
03            Loop: for (int i = 0; i < 3; i++) {          // 在 for 循环前用标签标记
04                for (int j = 0; j < 6; j++) {
05                    if (j == 4) {                         // 如果 j = 4 时，就结束外层循环
06                        break Loop;                       // 跳出 Loop 标签标记的循环体
07                    }
08                    System.out.println("i=" + i + " j=" + j);  // 输出 i 和 j 的值
09                }
10            }
11        }
12    }
```

运行结果如图 5.20 所示。

从这个结果可以看出，当 j = 4 时，i 的值没有继续增加，直接结束外层循环。

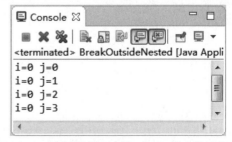

5.3.2　continue 语句

continue 语句是针对 break 语句的补充。continue 不是立即跳出循环体，而是跳过本次

图 5.20　使用带有标签的 break 跳出外层循环

循环结束前的语句，回到循环的条件测试部分，重新开始执行循环。在 for 循环语句中遇到 continue 后，首先执行循环的增量部分，然后进行条件测试。在 while 和 do…while 循环中，continue 语句使控制直接回到条件测试部分。

在 3 种循环语句中使用 continue 语句的形式如图 5.21 所示。

```
while (…)            do                  for
{                   {                   {
    …                   …                   …
    continue;           continue;           continue;
    …                   …                   …
}                   } while (…);        }
```

图 5.21　continue 语句的使用形式

 [实例 5.12]　　　　　　　　　　　　　　　　　　　　（源码位置：资源包 \Code\05\12）

打印 1 ～ 20 中的偶数

创建 ContinueTest 类，使用 for 循环输出 1 ～ 20 之间所有的值，如果输出的值是奇数，则使用 continue 语句跳过本次循环，代码如下所示：

```
01    public class ContinueTest {
02        public static void main(String[] args) {
03            for (int i = 1; i < 20; i++) {          // 创建 for 循环
04                if (i % 2 != 0) {                   // 如果 i 不是偶数
05                    continue;                       // 跳到下一循环
06                }
07                System.out.println(i);              // 输出 i 的值
08            }
09        }
10    }
```

运行结果如图 5.22 所示。

图 5.22　使用 continue 跳出循环

与 break 语句一样，continue 也支持标签功能，语法格式如下所示：

```
标签名 : 循环体 {
    continue 标签名 ;
}
```

● 标签名：任意标识符。

● 循环体：任意循环语句。

● continue 标签名：continue 跳出指定的循环体，此循环体的标签名必须与 continue 的标签名一致。

 本章知识思维导图

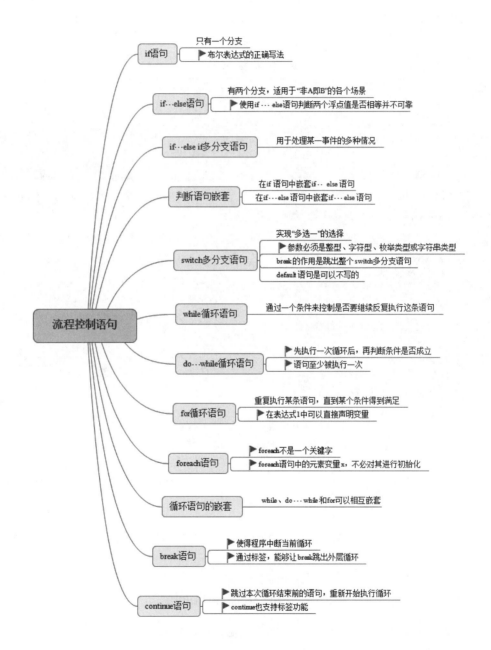

第 6 章

数组

扫码领取
- ► 配套视频
- ► 配套素材
- ► 学习指导
- ► 交流社群

 本章学习目标

- 明确什么是数组的长度和数组中元素的下标。
- 掌握在声明数组的同时指定数组的长度。
- 掌握给一维数组赋值的 3 种方式。
- 掌握如何使用 length 属性获取数组的长度。
- 明确什么是遍历一维数组和遍历一维数组时的两个要求。
- 明确二维数组中的元素需要借助行和列的下标进行访问。
- 掌握给二维数组赋值的 3 种方式。
- 明确使用嵌套 for 循环遍历二维数组。
- 掌握如何遍历不规则数组。

6.1　数组概述

变量可以理解为一个"容器"，用于保存可以变化的值。虽然变量的值不固定，但变量一次却只能保存一个值。开发程序时，通常会使用非常多的变量，如果一个一个地创建变量，不仅工作量大，而且严重影响效率，于是 Java 创建了数组这个概念。所谓数组，即具有相同数据类型的数据的集合。也就是说，一个数组可以同时保存多个相同数据类型的值。

Java 数组有两个重要的概念：数组的长度和数组中元素的下标。数组的长度，即数组能够存储的元素个数。如果把一辆限员 52 人的巴士车看作一个数组，那么这个数组的长度就是 52。也就是说，这个数组能够存储的元素个数也为 52，如图 6.1 所示。

图 6.1　把巴士车看作数组

👑 说明：
下标也叫作索引，英文名字叫"index"。

数组中的元素是用于访问和操作的，为此 Java 提供了元素的下标予以实现。也就是说，通过元素的下标即可访问和操作数组中的元素。因为数组中的元素是连续摆放的，所以元素的下标也是连续的。但是，数组中第 1 个元素的下标为 0，不是 1！示意图如图 6.2 所示。

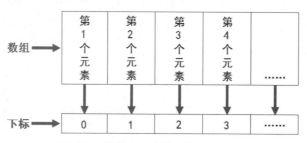

图 6.2　数组中元素的下标从 0 开始

6.2　一维数组

一维数组有两种常见的理解方式：其一，如果把内存看作一张 Excel 表格，那么一维数组中的元素将被存储在这张 Excel 表格的某一行；其二，一维数组可以被看作一个存储指定个数的、具有相同数据类型的变量的集合。下面先从如何创建一维数组说起。

👑 说明：
集合是指多个具有某种相同性质的、具体的或抽象的对象所构成的集体。

6.2.1 创建一维数组

一维数组实质上是一组相同类型数据的线性集合，例如学校中学生们排列的一字长队就是一个数组，每一位学生都是数组中的一个元素。再比如把一家快捷酒店看作一个一维数组，那么酒店里的每个房间都是这个数组中的元素。

数组元素类型决定了数组的数据类型。它可以是 Java 中任意的数据类型，包括基本数据类型和其他引用类型。数组名字为一个合法的标识符，符号"[ ]"指明该变量是一个数组类型变量。单个"[ ]"表示要创建的数组是一个一维数组。

声明一维数组有如下两种语法格式：

```
数组元素类型 数组名字 [];
数组元素类型 [] 数组名字 ;
```

例如，使用声明一维数组的两种方式分别声明 int 型和 double 型的一维数组。代码如下所示：

```
01   int arr[];           // 声明 int 型数组，数组中的每个元素都是 int 型数值
02   double[] dou;        // 声明 double 型数组，数组中的每个元素都是 double 型数值
```

声明数组后，还不能访问它的任何元素，因为声明数组只是给出了数组名字和元素的数据类型，要想真正使用数组，还要为它分配内存空间。在为数组分配内存空间时必须指明数组的长度。为数组分配内存空间的语法格式如下所示：

```
数组名字 = new 数组元素类型 [ 数组元素的个数 ];
```

● 数组名字：被连接到数组变量的名称。
● 数组元素个数：指定数组中变量的个数，即数组的长度。

例如，上文已声明 int 型的一维数组 arr，现指定一维数组 arr 的长度为 5。代码如下所示：

```
arr = new int[5];        // 数组长度为 5
```

一维数组 arr 的长度为 5 表示一维数组 arr 中有 5 个元素，其中，arr 被称作引用变量，用于引用这个数组。示意图如图 6.3 所示。

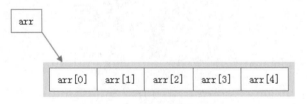

图 6.3　一维数组的内存模式

👑 说明：

　　arr 为数组名称，"[ ]"中的数值被称作数组的下标（也被称作"索引"）。数组通过下标来区分不同的元素，也就是说，数组中的元素都可以通过下标来访问。此外，数组的下标是从 0 开始的。例如，一维数组 arr 中有 5 个元素，其下标为 0~4。

在声明数组的同时也可以指定数组的长度，语法如下所示：

```
数组元素类型 数组名 = new 数组元素类型 [ 数组元素的个数 ];
```

例如，创建一个长度为 12 的 int 型一维数组 month。代码如下所示：

```
int month[] = new int[12];
```

👑 说明：

"在声明数组的同时也可以指定数组的长度"这种方法是编写 Java 程序过程中的常用方法。

6.2.2 给一维数组赋值

一维数组与基本数据类型一样，都能够被赋值，即依次对一维数组中的元素赋值。给一维数组赋值，有如下 3 种方式：

```
01  int a[] = { 1, 2, 3 };                  // 第一种方式
02
03  int b[] = new int[] { 4, 5, 6 };         // 第二种方式
04
05  int c[] = new int[3];                    // 第三种方式
06  c[0] = 7;                                // 给第一个元素赋值
07  c[1] = 8;                                // 给第二个元素赋值
08  c[2] = 9;                                // 给第三个元素赋值
```

👑 注意：

大括号之内的各个元素用英文格式下的逗号","分隔开。

例如，letters 是已经被创建的、char 型的、长度为 26 的一维数组，用于存储 26 个大写的英文字母。下面将为 letters 中的元素赋值。代码如下所示：

```
01  letters[0] = 'A';
02  letters[1] = 'B';
03  letters[2] = 'C';
04  ......
05  letters[7] = 'H';
06  letters[8] = 'I';
07  letters[9] = 'J';
08  ......
09  letters[14] = 'O';
10  letters[15] = 'P';
11  letters[16] = 'Q';
12  ......
13  letters[23] = 'X';
14  letters[24] = 'Y';
15  letters[25] = 'Z';
```

在为 letters 中的元素赋值的过程中，需要编写 26 行几乎完全相同的代码，这样不仅占篇幅，而且使得程序看起来很笨重。那么，应该如何优化这 26 行几乎完全相同的代码呢？答案就是使用 for 循环。代码如下所示：

```
01  /* i：元素的下标。第一个元素的下标为 0，最后一个元素的下标为 (letters.length - 1);
02   * 其中，"letters.length" 表示的是一维数组 letters 的长度。
03   * j：在 ASCII 表中，大写字母 A 对应的 int 型值为 65
04   */
05  for (int i = 0, j = 65; i < letters.length; i++, j++) {
06      letters[i] = (char) j; // letters 是 char 型数组，因此，要把 int 型的 j 强制转换为 char
07  }
```

6.2.3 获取数组长度

给一维数组赋值的时候会在内存中为其分配内存空间，内存空间的大小决定了一维数组能够存储多少个元素，也就是数组长度。如果不知道数组是如何分配内存空间的，该如何获取数组长度呢？可以使用数组对象自带的 length 属性，语法如下所示：

```
arr.length
```

● arr：数组名。
● length：数组长度属性，返回 int 值。

 [实例 6.1]　　　　　　　　　　　　　　　　　　（源码位置：资源包 \Code\06\01）

调用 length 属性获取班级总人数

创建 GetArrayLength 类，将某班级所有的人名都存储在一个字符串型数组，调用该数组的 length 属性获取班级总人数。代码如下所示：

```
01    public class GetArrayLength {
02        public static void main(String[] args) {
03            String class1[] = { "张三", "李四", "王五", "赵六" };   // 创建数组，记录1班人名
04            System.out.println("此班级共有" + class1.length + "人"); // 输出1班人数
05        }
06    }
```

运行结果如图 6.4 所示。

6.2.4 遍历一维数组

在 Java 中，一维数组是最常用的一种数据结构。遍历一维数组指的是把一维数组中的所有元素全部访问一遍。遍历一维数组时有两个要求：其一，所有元素必须都被访问一遍；其二，元素被访问时不能被修改。遍历一维数组需要借助 for 循环，其原理是通过元素的下标依次访问一维数组中的所有元素。

图 6.4　使用 length 属性获取数组长度

 [实例 6.2]　　　　　　　　　　　　　　　　　　（源码位置：资源包 \Code\06\02）

打印 1～12 月份各个月份的天数

在项目中创建类 GetDay，在主方法中创建一个用于存储 1～12 月份各个月份天数的 int 型数组 day，控制台输出 int 型数组 day 中的各个元素。代码如下所示：

```
01    public class GetDay {
02        public static void main(String[] args) {
03            // 创建并给一维数组赋值
04            int day[] = new int[] { 31, 28, 31, 30, 31, 30, 31, 31, 30, 31, 30, 31 };
05            for (int i = 0; i < 12; i++) { // 利用循环将信息输出
06                System.out.println((i + 1) + "月有" + day[i] + "天"); // 输出的信息
07            }
08        }
09    }
```

运行结果如图 6.5 所示。

使用一维数组最常见的错误就是数组下标越界，例如：

```
01  public class ArrayIndexOut {
02      public static void main(String[] args) {
03          int a[] = new int[3];                  // 最大下标为 2
04          System.out.println(a[3]);              // 下标越界!
05      }
06  }
```

这段代码运行时就会抛出数组下标越界的异常，如图 6.6 所示。

图 6.5　输出各月的天数

图 6.6　数组下标越界异常日志

6.3　二维数组

电影院是当今人们休闲娱乐的好去处，当人们迈进电影院的放映厅时，每个人都会根据电影票上的座位号入座。因为放映厅里每一排的座位号都是从 1 号开始，所以每一排都会有重复的座位号。为了让人们更快地找到自己的座位，避免不必要的纠纷，电影票上的座位号由排和号两部分组成。例如 4 排 4 号、8 排 9 号等，这就形成了二维表结构。使用二维表结构表示放映厅里座位号如图 6.7 所示。

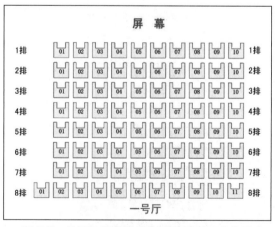

图 6.7　使用二维表结构表示放映厅里座位号

Java 使用二维数组表示二维表结构，因为二维表结构由行和列组成，所以二维数组中的元素借助行和列的下标来访问。那么，如何声明并创建二维数组？如何初始化二维数组？又如何遍历二维数组中的元素？

6.3.1 创建二维数组

快捷酒店每一个楼层都有很多房间，这些房间都可以构成一维数组，如果这个酒店有 500 个房间，并且所有房间都在同一个楼层里，那么拿到 499 号房钥匙的旅客可能就不高兴了，从 1 号房走到 499 号房要花好长时间，因此每个酒店都不会只有一个楼层，而是有很多楼层，每个楼层都会有很多房间，形成一个立体的结构，把大量的房间均摊到每个楼层，这种结构就是二维表结构。在计算机中，二维表结构可以使用二维数组来表示。使用二维表结构表示快捷酒店每一个楼层的房间号的效果如图 6.8 所示。

楼层	房间号						
一楼	1101	1102	1103	1104	1105	1106	1107
二楼	2101	2102	2103	2104	2105	2106	2107
三楼	3101	3102	3103	3104	3105	3106	3107
四楼	4101	4102	4103	4104	4105	4106	4107
五楼	5101	5102	5103	5104	5105	5106	5107
六楼	6101	6102	6103	6104	6105	6106	6107
七楼	7101	7102	7103	7104	7105	7106	7107

图 6.8 二维表结构的楼层房间号

二维数组常用于表示二维表，表中的信息以行和列的形式表示，第一个下标代表当前元素所在的行，第二个下标代表当前元素所在的列。

二维数组可以看作特殊的一维数组，因此，二维数组有如下两种声明方式：

```
数组元素类型 数组名字 [][];
数组元素类型 [][] 数组名字;
```

例如，使用二维数组的两种声明方式分别声明 int 型、char 型二维数组。代码如下所示：

```
01    int tdarr1[][];
02    char[][] tdarr2;
```

同一维数组一样，二维数组在声明时也没有分配内存空间，同样要使用关键字 new 来分配内存，然后才可以访问每个元素。

为二维数组分配内存有两种方式：直接分配行列和先分配行再分配列。以 int 型二维数组为例，代码如下所示：

```
01    int a[][];
02    a = new int[2][4];                    // 直接分配行列
03
04    int b[][];
05    b = new int[2][];                      // 先分配行，不分配列
06    b[0] = new int[2];                     // 给第一行分配列
07    b[1] = new int[2];                     // 给第二行分配列
```

👑 注意：

为二维数组分配内存时，如果不声明"行"数量的话，就是错误的写法。例如：

```
01    int b[][] = new int[][];               // 错误写法!
02    int c[][] = new int[][2];              // 错误写法!
```

6.3.2　给二维数组赋值

给二维数组赋值的方法与给一维数组赋值的方法类似，也有 3 种方式。但不同的是，二维数组有两个索引（即下标），这两个索引会形成一个如图 6.9 所示的矩阵。

图 6.9　由二维数组的索引形成的矩阵

 [实例 6.3]　（源码位置：资源包 \Code\06\03）

使用 3 种方法分别为 3 个二维数组赋值

创建 InitTDArray 类，在主方法中使用 3 种方法分别给二维数组 tdarr1、tdarr2 和 tdarr3 赋值。代码如下所示：

```
01   public class InitTDArray {
02       public static void main(String[] args) {
03           /* 第一种方式 */
04           int tdarr1[][] = { { 1, 3, 5 }, { 5, 9, 10 } };
05           /* 第二种方式 */
06           int tdarr2[][] = new int[][] { { 65, 55, 12 }, { 92, 7, 22 } };
07           /* 第三种方式 */
08           int tdarr3[][] = new int[2][3];              // 先给数组分配内存空间
09           tdarr3[0] = new int[] { 6, 54, 71 };  // 给第一行分配一个一维数组
10           tdarr3[1][0] = 63;                          // 给第二行第一列赋值为 63
11           tdarr3[1][1] = 10;                          // 给第二行第二列赋值为 10
12           tdarr3[1][2] = 7;                           // 给第二行第三列赋值为 7
13       }
14   }
```

从这个例子可以看出，二维数组的元素是一个一维数组，因此对于第一种和第二种赋值方式，大括号内还有大括号。第三种方法比较特殊，在分配内存空间之后，还有两种赋值的方式：给某一行直接赋值一个一维数组；或者依次给某一行的元素赋值。开发者可以根据使用习惯和程序要求灵活地选择其中一种赋值方法。

👑 说明：

比一维数组维数更高的数组被称作多维数组，理论上二维数组也属于多维数组。创建三维、四维等多维数组的方法与创建二维数组类似。例如：

```
01   int a[][][] = new int[3][4][5];                        // 创建三维数组
02   char b[][][][] = new char[6][7][8][9];                 // 创建四维数组
03   double c[][][][][] = new double[10][11][12][13][14];   // 创建五维数组
```

👑 注意：

多维的数组在 Java 中是可以使用的，但因为其结构关系太过于复杂，容易出错，所以不推荐在程序中使用比二维数组更高维的数组。

6.3.3　遍历二维数组

使用 for 循环，能够遍历一维数组。那么，遍历二维数组的方法又会是什么呢？答案就是嵌套 for 循环。下面就通过一个实例演示使用嵌套 for 循环是如何遍历二维数组的。

[实例 6.4]

（源码位置：资源包 \Code\06\04）

分别用横版和竖版两种方式输出古诗

创建 Poetry 类，创建一个 char 型二维数组，先将古诗《春晓》的内容赋值于二维数组，再分别用横版和竖版两种方式输出。代码如下所示：

```java
01  public class Poetry {
02      public static void main(String[] args) {
03          char arr[][] = new char[4][];          // 创建一个 4 行的二维数组
04          arr[0] = new char[] { '春', '眠', '不', '觉', '晓' }; // 为每一行赋值
05          arr[1] = new char[] { '处', '处', '闻', '啼', '鸟' };
06          arr[2] = new char[] { '夜', '来', '风', '语', '声' };
07          arr[3] = new char[] { '花', '落', '知', '多', '少' };
08          /* 横版输出 */
09          System.out.println("----- 横版 -----");
10          for (int i = 0; i < 4; i++) {          // 循环 4 行
11              for (int j = 0; j < 5; j++) {      // 循环 5 列
12                  System.out.print(arr[i][j]); // 输出数组中的元素
13              }
14              if (i % 2 == 0) {
15                  System.out.println("，");       // 如果是一、三句，输出逗号
16              } else {
17                  System.out.println("。");       // 如果是二、四句，输出句号
18              }
19          }
20          /* 竖版输出 */
21          System.out.println("\n----- 竖版 -----");
22          for (int j = 0; j < 5; j++) {          // 列变行
23              for (int i = 3; i >= 0; i--) {     // 行变列，反序输出
24                  System.out.print(arr[i][j]); // 输出数组中的元素
25              }
26              System.out.println();              // 换行
27          }
28          System.out.println("。，。，");              // 输出最后的标点
29      }
30  }
```

运行结果如图 6.10 所示。

图 6.10　使用二维数组输出古诗《春晓》

6.4 不规则数组

Java 除支持行列固定的、可形成矩形方阵的多维数组外，还支持不规则的多维数组。以二维数组为例，对于该二维数组的不同行，其元素个数完全不同。关键代码如下所示：

```
01    int a[][] = new int[3][];              // 创建二维数组，指定行数，不指定列数
02    a[0] = new int[5];                     // 第一行分配 5 个元素
03    a[1] = new int[3];                     // 第二行分配 3 个元素
04    a[2] = new int[4];                     // 第三行分配 4 个元素
```

[实例 6.5]　　　　　　　　　　　　　　　　　　　　　　　（源码位置：资源包 \Code\06\05）

不规则二维数组每行的元素个数和各元素的值

创建 IrregularArray 类，创建一个不规则二维数组，输出该数组每行的元素个数和各元素的值。代码如下所示：

```
01    public class IrregularArray {
02        public static void main(String[] args) {
03            int a[][] = new int[3][];                      // 创建二维数组，指定行数，不指定列数
04            a[0] = new int[] { 52, 64, 85, 12, 3, 64 };    // 第一行分配 5 个元素
05            a[1] = new int[] { 41, 99, 2 };                // 第二行分配 3 个元素
06            a[2] = new int[] { 285, 61, 278, 2 };          // 第三行分配 4 个元素
07            for (int i = 0; i < a.length; i++) {
08                System.out.print("a[" + i + "]中有" + a[i].length + "个元素，分别是: ");
09                for (int tmp : a[i]) {                      // foreach 循环输出数字中元素
10                    System.out.print(tmp + " ");
11                }
12                System.out.println();
13            }
14        }
15    }
```

运行结果如图 6.11 所示。

图 6.11　不规则二维数组的使用

本章知识思维导图

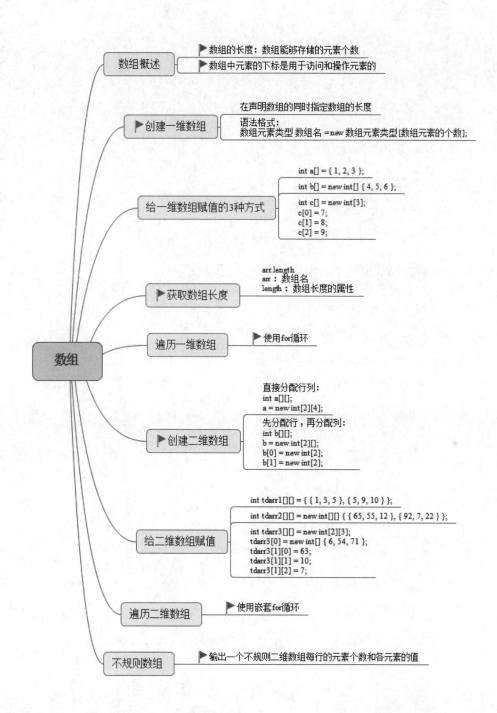

第 7 章

方法

扫码领取
➤ 配套视频
➤ 配套素材
➤ 学习指导
➤ 交流社群

 本章学习目标

- 掌握定义方法时的语法格式及其各个参数的作用。
- 掌握方法有返回值和没有返回值这两类情况的处理方式。
- 掌握当方法的参数是值参数、引用参数或者不定长参数时的使用方法。
- 明确什么是方法的重载及其使用方法。
- 掌握递归的使用方法，明确递归的优、劣势。

7.1 定义方法

Java 定义的方法，被用于执行某个功能。例如，在输出语句"System.out.println();"中，println() 就是一个方法。Java 定义的方法由修饰符、返回值类型、方法名、参数类型、参数名、异常和方法体组成。Java 定义方法的语法格式如下所示：

```
[修饰符][返回值类型]方法名([参数类型 参数名])[throws 异常名]{
    .../ 方法体
    return 返回值;
}
```

● 修饰符用来描述方法的使用权限和状态，可以被省略。

● 如果方法有返回值，那么返回值类型指的是返回值的数据类型，其既可以是基本数据类型，也可以是引用类型；如果方法没有返回值，也就不具备返回值的数据类型，那么须使用 void 关键字替代返回值类型。

● 一个方法既可以有参数，也可以没有参数；参数类型指的是参数的数据类型，其既可以是基本数据类型，也可以是引用类型。

● 返回值代表方法运行结束后产生的结果，这个结果既可以是常量，也可以是变量，还可以是表达式。return 后的返回值可有可无，如果 return 后没有返回值，那么这个方法执行到 return 时将被结束，return 后的其他代码将被忽略掉，不予执行。

● return 用于修饰方法的返回值，需要注意的是，return 修饰的返回值类型必须与定义方法时的返回值类型相同或兼容。例如，方法的返回值为 Object 类型，那么 return 的结果可以是一个 Object 对象（类型相同），也可以是一个字符串对象（父类兼容子类）。

例如，如果定义了一个返回值类型为 int 的方法，那么就必须使用 return 返回一个 int 类型的值。代码如下所示：

```
01    public int showGoods() {
02        System.out.println("商品库存数量: ");
03        return 7;
04    }
```

上面代码中，如果将"return 7;"删除，将会出现如图 7.1 所示的错误提示，提示表示该方法必须有一个 int 类型的返回值。

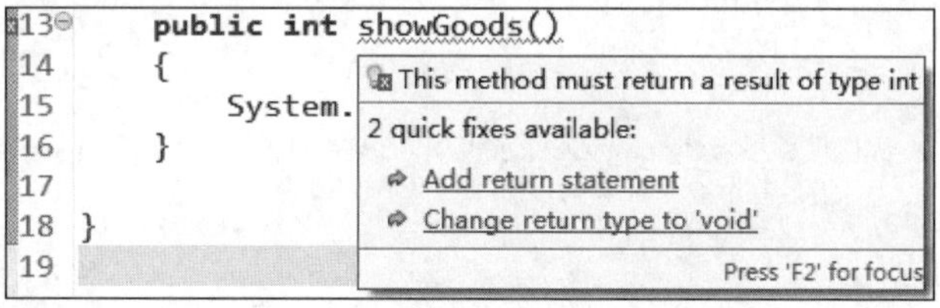

图 7.1　方法无返回值的错误提示

7.2 返回值

返回值代表方法运行结束之后产生的结果。方法可以返回任意类型的数据，也可以不返回任何数据。Java 语言中，除了类的构造方法以外，任何其他方法都必须写明返回值类型。

return 关键字修饰的就是方法的返回值，return 可以修饰常量、变量或表达式，return 修饰的值类型必须与方法定义的返回值类型相同或兼容。return 语句除了有返回结果的意思以外，也代表方法的结束。当方法执行了 return 语句之后会立即结束并返回结果，return 语句之后的代码会被忽略掉。

7.2.1　返回值类型

方法可以返回任意数据类型的数据。下面将分别介绍方法的返回值类型为基本数据类型和引用类型这两种情况。

（1）返回值类型为基本数据类型

所有基本数据类型都可以作为方法的返回值类型。

例如，定义一个返回值类型为 double 型、名称为 add 的方法。在方法中，先计算 3.14 + 76.25 的结果，再将计算结果交给 return 返回。代码如下所示：

```
01    double add() {
02        double result = 3.14 + 76.25;
03        return result;
04    }
```

return 后也可以直接写表达式，即先计算表达式的结果，再将结果交给 return 返回。因此，上述代码可以改写为：

```
01    double add() {
02        return 3.14 + 76.25;
03    }
```

如果定义方法时的返回值类型是高精度类型，而 return 后的数值类型是低精度类型，那么低精度类型将自动转化为高精度类型。

例如，定义一个返回值类型为 double 型、名称为 add 的方法。先将 12+5 的结果赋值给一个 int 型变量，再将这个 int 型变量交给 return 返回。代码如下所示：

```
01    double add() {
02        int result = 12 + 5;
03        return result;
04    }
```

👑 注意：

返回值类型虽然可以由低精度类型自动转化为高精度类型，但无法由高精度类型自动转化为低精度类型。除非在将返回值交给 return 返回之前，通过强制类型转换，将高精度类型转化为低精度类型。例如：

```
01    int add() {
02        double result = 12.2 + 5.6;
03        return (int)result;
04    }
```

（2）返回值类型为引用类型

引用类型包括数组类型和所有类的类型（Class Types），当把引用类型的结果交给 return 返回时，通常包含多个值。

当方法的返回值类型为数组类型时，不仅 return 后的结果类型要与方法的返回值类型相同，而且数组维度也要相同。例如：

```
01   int[] get() {                          // get 方法的返回值类型是 int 型的一维数组
02       int a[] = {31, 52, 3};
03       return a;                          // a 的数据类型也是 int 型的一维数组
04   }
```

当方法的返回值类型为类类型时，return 后的结果类型要遵循类与类之间的继承关系。return 后的结果既可以是本类对象，也可以是本类的子类对象。

由于 Object 类是所有类的父类，因此，当方法的返回值类型为 Object 时，return 后的结果类型可以是除数组类型外的任何类型。例如：

```
01   Object method() {
02       Object obj = new Object();
03       return obj;
04   }
```

当方法的返回值类型为 Object 时，return 后的结果类型为数值类型的写法如下所示：

```
01   Object method() {
02       return 12;
03   }
```

当方法的返回值类型为 Object 时，return 后的结果类型为字符串类型的写法如下所示：

```
01   Object method() {
02       return "Hello";
03   }
```

7.2.2 无返回值

在实际开发过程中，不是所有的方法都必须返回一个结果。例如，程序结束前用于释放资源的方法。本节将介绍无返回值方法的一些特性。

（1）void 关键字

void 关键字是方法的一个返回值类型，表示方法结束后不会返回任何结果。被 void 修饰的方法无法转化为 Object 类型，不可以放在 "=" 的右侧。例如：

```
01   void method(){ ...... }
02   Object obj = method();        // 此处会发生错误，void 类型无法转化为 Object 类型
```

无返回值的方法可以不写 return 语句，方法体中所有代码依次被执行后，方法会被自动结束。例如：

```
01   void method() {
02       int a = 90;
03       int b = a * 100 + 9541;
04   }
```

（2）return 后没有返回值

无返回值的方法可以使用 return 关键字，但 return 右侧不能有任何值，只能接分号，语法格式如下所示：

```
void method() {
    return;
}
```

当方法执行到return关键字后，方法就会立即结束，return之后的其他代码将被忽略掉，不予执行。

 [实例 7.1]

（源码位置：资源包 \Code\07\01）

使用 return 语句结束循环语句

使用 return 语句结束方法体中的循环语句。代码如下所示：

```
01    public class VoidDemo {
02        void method() {                            // 类中编写的无返回值方法
03            for (int i = 0; i < 10; i++) {          // 循环 10 次
04                if (i == 3) {                        // 当 i 的值是 3 时
05                    return;                          // 结束方法，循环也会停止
06                }
07                System.out.println("i=" + i);       // 打印 i 的值
08            }
09        }
10
11        public static void main(String[] args) { // 主方法
12            VoidDemo v = new VoidDemo();            // 创建测试类对象
13            v.method();                             // 调用测试类的无返回值方法
14            System.out.println(" 程序结束 ");
15        }
16    }
```

运行结果如下所示：

```
i=0
i=1
i=2
程序结束
```

从这个结果可以看出，当 i 等于 3 的时候，循环就停止了；造成循环停止的原因就是return 语句结束了方法。

7.3 参数

当方法被调用时，传递给方法的值被称作"实参"；实参既可以是一个，又可以是多个。在方法内部，接收实参的变量被称作"形参"。形参与实参在代码中的位置如图 7.2 所示。

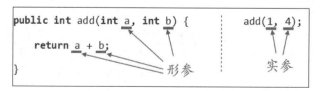

图 7.2　形参与实参的位置

虽然形参的声明语法与变量的声明语法相同，但是形参只在方法内部有效。在 Java 中，方法的参数有 3 种，即值参数、引用参数和不定长参数。下面将分别对其进行讲解。

第1篇 基础知识篇

7.3.1 值参数

所谓值参数，即在给方法传递参数时，参数的数据类型是数值类型。需要注意的是，在方法中，形参的值被修改后，实参的值不受影响。

 [实例 7.2]

（源码位置：资源包 \Code\07\02 ）

计算两个数之和的 add() 方法

定义一个 add() 方法，用来计算两个数的和。在该方法中，有两个形参 x 和 y，先对形参 x 执行加 y 操作，再把操作结果返回给 x；在 main 方法中调用该方法，为该方法传入实参 30 和 40；控制台分别输出调用 add() 方法后 x 的值和实参 x 的值。代码如下所示：

```
01    public class Book {
02        public static void main(String[] args) {
03            Book book = new Book();
04            int x = 30;                        // 实参 x 的值为 30
05            int y = 40;                        // 实参 y 的值为 40
06            // 调用 add() 方法，传递实参的值，输出调用 add() 方法后 x 的值
07            System.out.println(" 运算结果: " + book.add(x, y));
08            System.out.println(" 实参 x 的值: " + x); // 输出实参 x 的值
09        }
10
11        private int add(int x, int y) {        // 计算两个数的和
12            x = x + y;                          // 对 x 进行加 y 操作
13            return x;                           // 把操作结果返回给 x
14        }
15    }
```

程序运行结果如下所示。

```
运算结果: 70
实参 x 的值: 30
```

从这个结果可以看出，通过 add() 方法，虽然修改了该方法中形参 x 的值，但是实参 x 的值没有被改变。

7.3.2 引用参数

所谓引用参数，即在给方法传递参数时，参数的数据类型是数组或者其他引用类型。

 [实例 7.3]

（源码位置：资源包 \Code\07\03 ）

修改一维数组中各个元素的值

定义一个 change 方法，该方法有一个 int 型一维数组的形参；在 change 方法中，改变数组中索引为 0、1、2 这 3 个元素的值；在 main 方法中，先初始化一个 int 型一维数组，再将该数组作为参数传递给 change 方法，接着控制台输出一维数组的元素。代码如下所示：

```
01    public class RefTest {
02        public static void main(String[] args) {
03            RefTest refTest = new RefTest();
04            int[] i = { 0, 1, 2 }; // int 型一维数组 i 中有 3 个元素，其元素值分别为 0、1 和 2
05            System.out.print(" 原始数据: ");
06            for (int j = 0; j < i.length; j++) { // 输出一维数组 i 中的各个元素的值
07                System.out.print(i[j] + " ");
```

```
08              }
09              refTest.change(i); // 把 int 型一维数组 i 作为参数传递给 change 方法
10              System.out.print("\n 修改后的数据: ");
11              for (int j = 0; j < i.length; j++) { // 输出一维数组 i 中的各个元素被修改后的值
12                  System.out.print(i[j] + " ");
13              }
14          }
15
16          public void change(int[] i) { // 修改一维数组 i 中的各个元素的值
17              i[0] = 100;
18              i[1] = 200;
19              i[2] = 300;
20          }
21      }
```

程序运行结果如下所示。

```
原始数据: 0 1 2
修改后的数据: 100 200 300
```

7.3.3 不定长参数

如果方法中有若干个相同数据类型的参数，那么这些参数被称作不定长参数。声明含有不定长参数的语法格式如下所示:

```
访问控制符 返回值类型 方法名 ( 参数类型 ... 参数名 )
```

👑 注意:

参数类型和参数名之间是三个点，而不是其他数量个点或省略号。

 [实例 7.4]

（源码位置: 资源包 \Code\07\04 ）

求多个 int 型值之和

先定义一个 int 型不定长参数的 add() 方法，再在 main 方法中调用 add() 方法并传入多个 int 型值进行相加操作，接着控制台输出结果。代码如下所示:

```
01  public class MultiTest {
02      public static void main(String[] args) {
03          MultiTest multi = new MultiTest();
04          // 调用 add() 方法并传入多个 int 型值
05          System.out.print(" 运算结果: " + multi.add(20, 30, 40, 50, 60));
06      }
07
08      int add(int... x) {                      // int 型不定长参数的 add() 方法
09          int result = 0;                      // 相加后的结果初始为 0
10          for (int i = 0; i < x.length; i++) { // 对传入 add() 方法的 int 型值执行相加操作
11              result += x[i];
12          }
13          return result;                       // 返回相加后的结果
14      }
15  }
```

程序运行结果如下所示。

```
运算结果: 200
```

👑 注意:

　　如果开发人员不知道方法被调用时会传入多少个参数，那么建议使用不定长参数。在使用过程中，不定长参数必须是方法中的最后一个参数，任何其他常规参数必须在它前面。

7.4　重载

　　方法的重载指的是在同一个类中，允许同时存在多个同名方法，只要这些方法的参数的个数或数据类型不同即可。这些方法虽然同名，但相互之间是独立存在的。

 [实例 7.5]　　　　　　　　　　　　　　　　　　　　　（ 源码位置：资源包 \Code\07\05 ）

编写 add() 方法的多个重载形式

　　在 OverLoadTest 类中，先编写 add() 方法的多个重载形式，再在主方法中分别输出这些重载方法的返回值。代码如下所示：

```
01  public class OverLoadTest {
02      public static int add(int a) {
03          return a;
04      }
05
06      public static int add(int a, int b) {
07          return a + b;
08      }
09
10      public static double add(double a, double b) {
11          return a + b;
12      }
13
14      public static int add(int a, double b) {
15          return (int) (a + b);
16      }
17
18      public static int add(double a, int b) {
19          return (int) (a + b);
20      }
21
22      public static int add(int... a) {
23          int s = 0;
24          for (int i = 0; i < a.length; i++) {
25              s += a[i];// 将每个参数的值相加
26          }
27          return s;
28      }
29
30      public static void main(String args[]) {
31          System.out.println(" 调用 add(int) 方法: " + add(1));
32          System.out.println(" 调用 add(int,int) 方法: " + add(1, 2));
33          System.out.println(" 调用 add(double,double) 方法: " + add(2.1, 3.3));
34          System.out.println(" 调用 add(int a, double b) 方法: " + add(1, 3.3));
35          System.out.println(" 调用 add(double a, int b) 方法: " + add(2.1, 3));
36          System.out.println(" 调用 add(int... a) 不定长参数方法: " +
37              add(1, 2, 3, 4, 5, 6, 7, 8, 9));
38          System.out.println(" 调用 add(int... a) 不定长参数方法: " + add(2, 3, 4));
39      }
40  }
```

程序运行结果如下所示。

```
调用 add(int) 方法: 1
调用 add(int,int) 方法: 3
调用 add(double,double) 方法: 5.4
调用 add(int a, double b) 方法: 4
调用 add(double a, int b) 方法: 5
调用 add(int... a) 不定长参数方法: 45
调用 add(int... a) 不定长参数方法: 9
```

7.5　递归

小时候经常能听到一个永远都讲不完的故事：从前有座山，山里有座庙，庙里有个老和尚给小和尚讲故事，讲的是从前有座山，山里有座庙，庙里有个老和尚给小和尚讲故事……

这个故事最大的特点就是：故事中套着故事，而且每个故事讲的都是同一件事。在计算机语言中也有个与之类似的编程技巧，被称作递归。

递归是方法在方法体中调用自身的一种特性，可以抽象地理解为"我的里面还有一个我"或者"我让我帮我办事"。如果把这种递归的效果具象化，就类似于如图 7.3 所示的摄影作品。

如果方法 A 调用方法 B，方法 B 再调用方法 A，那么这种情况不是递归；如果在方法 A 中，方法 A 直接调用方法 A，那么这种情况就是递归。

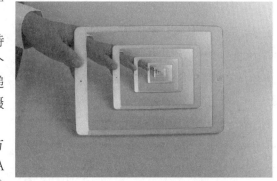

图 7.3　照片中的递归效果

例如，使用递归实现一个 int 型值无限加 1 的效果。代码如下所示：

```
01    int method(int a) {
02        int result = method(a + 1); // 参数 a 加 1
03        return result;
04    }
```

上述代码中的 result 是一个无限加 1 的正整数，而 int 型的最大值是 2^{31} - 1，因此，这个方法最终会因 result 超过 int 型的最大值而引发错误。为了避免让方法永远递归下去，须定义一个让方法停止递归的条件。

例如，将上面的代码优化一下：当 a 的值递归到 100 时，停止递归。代码如下所示：

```
01    int method(int a) {
02        if (a == 100) { // 如果 a 的值递归到 100
03            return a; // 返回 100
04        }
05        int result = method(a + 1); // 参数 a 加 1
06        return result;
07    }
```

上述代码最终返回的值是 100。

递归的优点是问题描述清楚、代码可读性强、结构清晰，代码量比使用非递归的方法少。缺点是递归的运行效率比较低，无论是从时间角度还是从空间角度都比非递归程序差。对于时间复杂度和空间复杂度要求较高的程序，要慎重使用递归方法。

 # 本章知识思维导图

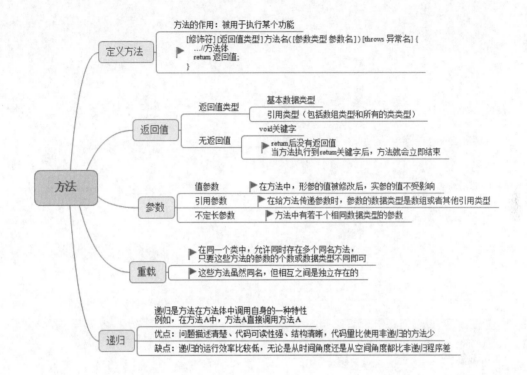

Java

从零开始学 Java

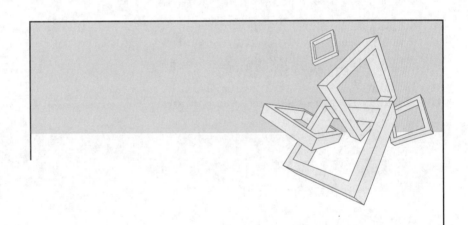

第2篇
面向对象编程篇

第 8 章

面向对象编程

 本章学习目标

- 掌握什么是对象、什么是类和面向对象程序设计的特点。
- 明确成员变量、成员方法和构造方法的使用方式和注意事项。
- 掌握如何使用 this 关键字调用成员变量和构造方法。
- 掌握如何定义和使用 3 个静态成员（静态变量、静态方法和静态代码块）。
- 熟练掌握类的继承、类的多态、抽象类和接口的相关知识点。
- 掌握如何使用 final 关键字修饰类、方法和变量。
- 掌握成员内部类的语法格式和使用方法。
- 了解静态内部类和局部内部类的使用原则。

8.1 面向对象概述

面向对象思想是人类最自然的一种思考方式，它先将所有预处理的问题都抽象为对象，再了解这些对象具有哪些相同的属性和行为，接着解决这些对象面临的一些实际问题。在程序开发过程中，面向对象设计实质上就是对现实世界的对象进行建模操作。

8.1.1 对象

对象，是一个抽象概念，英文称作"Object"，表示任意存在的事物。世间万物皆对象！现实世界中，随处可见的一种事物就是对象，对象是事物存在的实体，例如一个人，如图 8.1 所示。

图 8.1 对象人的示意图　　　　图 8.2 静态属性"性别"的　　图 8.3 动态属性"行走"的
　　　　　　　　　　　　　　　　　　　示意图　　　　　　　　　　示意图

对象被划分为两个部分，即静态部分与动态部分。
静态部分指的是对象的属性，即对象具备的特征，例如人的性别，如图 8.2 所示。
动态部分指的是对象的行为，即对象执行的动作，例如人可以行走，如图 8.3 所示。

8.1.2 类

类是封装对象的属性和行为的载体，反过来说具有相同属性和行为的一类实体被称为类。例如，把雁群比作大雁类，那么大雁类就具备了喙、翅膀和爪等属性，觅食、飞行和睡觉等行为，而一只要从北方飞往南方的大雁则被视为大雁类的一个对象。大雁类和大雁对象的关系如图 8.4 所示。

图 8.4 大雁类和大雁对象的关系图

以图 8.4 为例，在 Java 语言中，大雁类包括大雁对象的属性和行为。其中，大雁对象的属性是以成员变量的形式定义的；大雁对象的行为是以方法的形式定义的。

8.1.3　面向对象程序设计的特点

面向对象程序设计具有以下特点：封装性、继承性、多态性。下面将分别予以介绍。

（1）封装

封装是面向对象编程的核心思想。为了将对象的属性和行为封装起来，需要一个载体，这个载体就是类。封装的目的就是对客户隐藏对象的属性和行为（使用 private 修饰符修饰对象的属性和行为）。例如，用户使用计算机时，只需要敲击键盘就可以实现一些功能，无须知道计算机内部是如何工作的。

采用封装的思想保证了类内部数据结构的完整性，避免了外部操作对类内部数据的影响，从而提高了程序的可维护性。

使用类实现封装特性如图 8.5 所示。

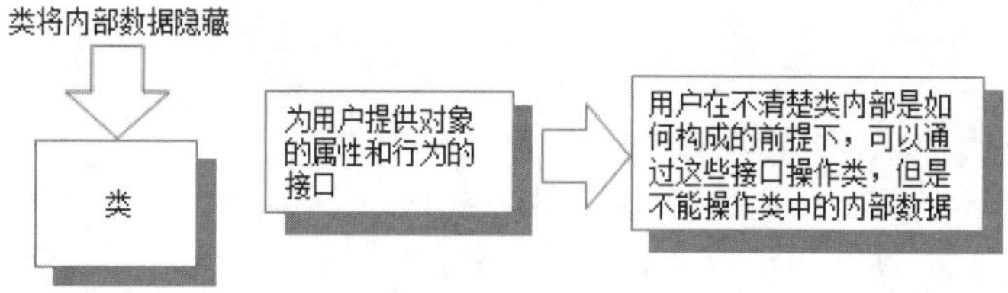

图 8.5　封装特性示意图

（2）继承

继承就是使得子类不仅具备与父类相同的属性和行为，还具备其特有的属性和行为。

以平行四边形为例，平行四边形可以看作四边形的一种延伸。平行四边形不仅具备了四边形的属性和行为，还具备了其自身特有的属性和行为。例如，平行四边形的对边平行且相等。如果创建了四边形类和平行四边形类，那么平行四边形类就是四边形类的子类。

值得注意的是，在 Java 语言中，可以说子类的实例都是父类的实例，但不能说父类的实例都是子类的实例。例如，在阐述平行四边形和四边形的关系时，可以说平行四边形是四边形，但不能说四边形是平行四边形。因为四边形不止平行四边形一种，还有矩形、菱形、梯形等，如图 8.6 所示。

图 8.6　四边形不止平行四边形一种

（3）多态

从字面意思上，可以把多态理解为一种事物的多种形态。例如，人可以分为男人和女人。在 Java 语言中，多态指的是父类类型的对象能够引用子类类型的对象，即子类类型的对象能够赋值给父类类型的对象。

8.2　面向对象基础

在 Java 语言中，定义类时须使用关键字 class。例如，创建一个表示人类的 People 类，代码如下所示：

```
01    class People {
02        // 类的成员变量，表示对象的属性
03        // 类的成员方法，表示对象的方法
04    }
```

对象是根据类创建的。为了创建某个类的对象，需借助关键字 new 予以实现。

例如，现有一个表示人类的 People 类，使用关键字 new 创建一个 People 类的对象 tom，代码如下所示：

```
People tom = new People();
```

这行代码包含了丰富的内容：既有类，又有对象，仅 People 这个单词就出现了两次。那么，在上述代码中，哪个是类，哪个是对象，tom 又是什么呢？

如图 8.7 所示，"=" 左端的 People 表示的是 People 类，"=" 右端的 new People() 表示的是 People 类的一个对象；而 tom 是一个引用变量，简单来说，tom 是 new People() 这个对象的代名词，就像张三、李四、王五等人名一样。

图 8.7　代码中各单词实现的功能

明确了如何创建类和如何创建对象后，接下来要讲解的是类的成员变量、类的成员方法、构造方法和 this 关键字。

8.2.1　成员变量

定义成员变量的方法与定义普通变量的一样，语法格式如下所示：

```
数据类型 变量名称 [ = 值 ] ;
```

其中，[= 值] 表示可选内容，即：定义变量时，既可以为其赋值，也可以不为其赋值。

例如，定义一个鸟类（Bird 类），在 Bird 类中定义 4 个成员变量，即 wing、claw、beak 和 feather。这 4 个成员变量分别对应于鸟类的翅膀、爪子、喙和羽毛。代码如下所示：

```
01    public class Bird {
02        String wing;                      // 翅膀
03        String claw;                      // 爪子
04        String beak;                      // 喙
05        String feather;                   // 羽毛
06    }
```

8.2.2　成员方法

定义成员方法的方式方法与定义普通方法的一样，语法格式如下所示：

```
[ 权限修饰符 ] [ 返回值类型 ] 方法名（[ 参数类型 参数名 ]）[throws 异常类型] {
    ...// 方法体
    return 返回值 ;
}
```

● 访问控制符既可以是 private、public、protected 中的任意一个，也可以被省略，其作用是控制方法的访问权限。

● 如果方法有返回值，那么返回值类型指的是返回值的数据类型，其既可以是基本数据类型，也可以是引用类型；如果方法没有返回值，也就不具备返回值的数据类型，那么须使用 void 关键字替代返回值类型。

● 一个方法既可以有参数，也可以没有参数；参数类型指的是参数的数据类型，其既可以是基本数据类型，也可以是引用类型。

● 返回值代表方法运行结束后产生的结果，这个结果既可以是常量，也可以是变量，还可以是表达式。return 后的返回值可有可无，如果 return 后没有返回值，那么这个方法执行到 return 时将被结束，return 后的其他代码将被忽略掉，不予执行。

● return 用于修饰方法的返回值，需要注意的是，return 修饰的返回值类型必须与定义方法时的返回值类型相同或兼容。例如，方法的返回值为 Object 类型，那么 return 的结果可以是一个 Object 对象（类型相同），也可以是一个字符串对象（父类兼容子类）。

8.2.3　构造方法

在类中，除了成员方法外，还存在一种特殊的方法，即构造方法。构造方法是一个与类同名的方法，每当创建类的对象时，都会自动调用这个类的构造方法。

构造方法的特点如下所示：

● 构造方法没有返回值类型，也不能定义为 void；

● 构造方法的名称要与本类的名称相同；

● 构造方法的主要作用是创建本类的对象，它能够把创建对象时所需的参数传递给对象成员。

👑 说明：

　　在定义构造方法时，构造方法没有返回值，但这与普通没有返回值的方法不同，普通没有返回值的方法使用 public void methodEx() 这种形式进行定义，但构造方法并不需要使用 void 关键字进行修饰。

例如，先定义 Book 类，再定义 Book 类的构造方法。代码如下所示：

```
01    class Book {
02        public Book() { // Book 类的构造方法
03        }
04    }
```

此外，还可以为 Book 类的构造方法添加一个或者多个参数，这样的构造方法称作有参构造方法。

例如，在 Book 类的构造方法中，有一个 int 型变量 price，用于表示图书的价格。代码如下所示：

```
01    class Book {
02        public Book(int price) {
03        }
04    }
```

👑 注意：

　　如果在类中定义的构造方法都是有参构造方法，则编译器不会为类自动生成一个默认的无参构造方法，当试图调用无参构造方法创建一个对象时，编译器会报错。

例如，在 Book 类中，先定义一个参数为 String 型变量 name、用于表示书名的有参构造方法，再在主方法中创建一个无参的 Book 类对象。此时，Eclipse 报错，报错原因是没有定义 Book 类的无参构造方法。Eclipse 的报错效果如图 8.8 所示。

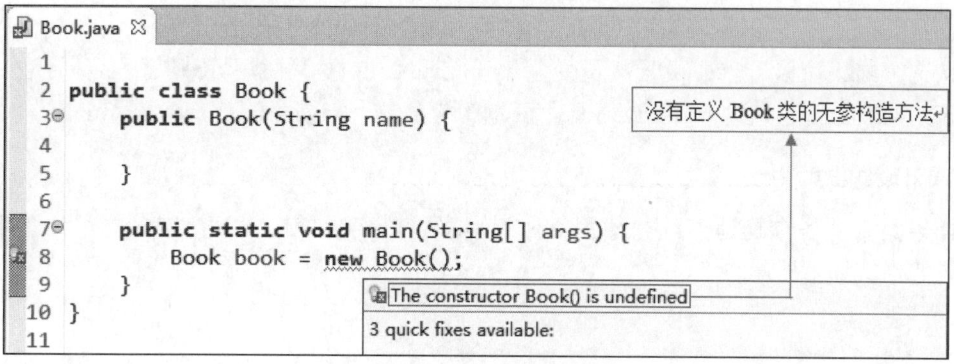

```
Book.java ⊠
 1
 2  public class Book {
 3⊖     public Book(String name) {
 4
 5      }
 6
 7⊖     public static void main(String[] args) {
 8          Book book = new Book();
 9      }
10  }
11
```

没有定义 Book 类的无参构造方法

The constructor Book() is undefined

3 quick fixes available:

图 8.8　Eclipse 的报错效果

8.2.4　this 关键字

this 关键字用于表示本类当前的对象，当前对象不是某个 new 出来的实体对象，而是当前正在编辑的类。this 关键字只能在本类中使用。下面介绍下 this 关键字的使用场景。

（1）调用成员变量

使用 this 关键字调用本类成员变量的语法格式如下所示：

```
this. 成员变量
```

这种语法只能在本类中使用，可以有效地避免"名称冲突"问题：如果构造方法中的参数与本类成员变量具有相同的名称，当把参数的值赋给成员变量时，那么成员变量前须使用 this 关键字。

 [实例 8.1]

（源码位置：资源包 \Code\08\01 ）

打印参数的值

下面这个实例演示了使用 this 关键字和不使用 this 关键字对赋值结果产生的影响。代码如下所示：

```
01  public class Demo {
02      String primitiveName;
03      String nickname;
04
05      public Demo(String primitiveName, String nickname) {
06          primitiveName = primitiveName;
07          this.nickname = nickname;
08      }
09
10      public static void main(String[] args) {
11          Demo somebody = new Demo("golden", " 狗蛋儿");
12          System.out.println("primitiveName = " + somebody.primitiveName);
13          System.out.println("nickname = " + somebody.nickname);
14      }
15  }
```

运行结果如下所示。

```
primitiveName = null
nickname = 狗蛋儿
```

从这个结果可以看出，由于成员变量 primitiveName 没有使用 this 关键字，导致赋值失败。因为构造方法只认为 primitiveName 表示的是参数，与同名的成员变量无关。

（2）调用构造方法

如果类中有多个构造方法，使用 this 关键字可以在一个构造方法中调用另一个构造方法。语法格式如下所示：

```
public Demo(){
    this( [参数] );
}
```

如果 this() 中没有参数，则表示调用本类的无参构造方法；如果 this() 中有参数，则表示调用对应参数的构造方法。

例如，在 Demo 类中，定义一个有参构造方法和一个无参构造方法；在无参构造方法中，使用 this 关键字调用有参构造方法。代码如下所示：

```
01    public class Demo {
02        public Demo() {                         // 无参构造方法
03            this(128);                          // 调用有参构造方法
04        }
05
06        public Demo(int a) {                    // 有参构造方法
07
08        }
09    }
```

当在无参构造方法中，使用 this 关键字调用有参构造方法时，this() 上方不可以有其他代码，否则会产生如图 8.9 所示的编译错误。

```
3⊖      public Demo() { // 无参构造方法
4           int a = 128;
⊗ 5         this(a); // 调用有参构造方法
6       }
⊗ Constructor call must be the first statement in a constructor
                                            Press 'F2' for focus
7
8
```

图 8.9　this() 上方不可以有其他代码

 [实例 8.2]　　　　　　　　　　　　　　　　　　　（源码位置：资源包 \Code\08\02）

购买鸡蛋灌饼时加几个蛋

当顾客购买鸡蛋灌饼时，如果要求加 2 个蛋，店家就给饼加 2 个蛋；不要求时，店家只就给饼加 1 个蛋。创建鸡蛋灌饼类 EggCake，使用 this 关键字，在无参构造方法中调用有参构造方法，实现上述加蛋过程。代码如下所示：

```
01    public class EggCake {
02        int eggCount;                           // 鸡蛋灌饼里蛋的个数
03
```

```
04        public EggCake(int eggCount) {          // 参数为鸡蛋灌饼里蛋的个数的构造方法
05            this.eggCount = eggCount;           // 将参数 eggCount 的值付给属性 eggCount
06        }
07
08        public EggCake() {                       // 无参数构造方法，默认给饼加一个蛋
09            // 调用参数为鸡蛋灌饼里蛋的个数的构造方法，并设置鸡蛋灌饼里蛋的个数为 1
10            this(1);
11        }
12
13        public void require() {
14            if (this.eggCount > 1) {
15                System.out.println(" 顾客要求加 " + this.eggCount + " 个蛋，店家就给饼加 " +
16                    this.eggCount + " 个蛋。");
17            } else {
18                System.out.println(" 顾客不要求加蛋的数量，店家只就给饼加 1 个蛋。");
19            }
20        }
21
22        public static void main(String[] args) {
23            EggCake cake1 = new EggCake();
24            cake1.require();
25            EggCake cake2 = new EggCake(2);
26            cake2.require();
27        }
28    }
```

运行结果如下所示。

> 顾客不要求加蛋的数量，店家只就给饼加 1 个蛋。
> 顾客要求加 2 个蛋，店家就给饼加 2 个蛋。

8.3　static 关键字

由 static 修饰的变量、常量和方法分别被称作静态变量、静态常量和静态方法，也被称作类的静态成员。

8.3.1　静态变量

如果一个类的成员变量被 static 修饰，那么这个成员变量称作静态成员变量，也称作静态变量。

静态成员变量属于类，能够被该类的所有对象共享。如果该类的某一个对象修改了静态成员变量的值，那么其他对象共享的都是静态成员变量被修改后的值。

[实例 8.3]
（源码位置：资源包 \Code\08\03 ）

修改静态成员变量的值

Test 类中有一个 int 型、初始值为 7 的静态成员变量 number ；如果 Test 类的一个对象 t1 将静态成员变量 number 的值修改为 11，那么 Test 类的另一个对象 t2 将共享静态成员变量 number 被修改后的值。代码如下所示：

```
01    public class Test {
02        static int number = 7;
03
```

第 2 篇　面向对象编程篇

```
04        public static void main(String args[]) {
05            Test t1 = new Test();
06            System.out.println("静态成员变量 number 的初始值: number = " + t1.number);
07            t1.number = 11; // 静态成员变量 number 的值被修改为 11
08            System.out.println("静态成员变量 number 被对象 t1 修改后的值: number = " +
09                t1.number);
10            Test t2 = new Test();
11            System.out.println("静态成员变量 number 被对象 t2 共享的值: number = " +
12                t2.number);
13        }
14    }
```

上述代码的运行结果如下所示。

```
静态成员变量 number 的初始值: number = 7
静态成员变量 number 被对象 t1 修改后的值: number = 11
静态成员变量 number 被对象 t2 共享的值: number = 11
```

调用静态成员变量除"对象.静态成员变量"这种方式外，还可以直接通过类名进行调用。直接通过类名调用静态成员变量的语法格式如下所示:

```
类名.静态成员变量
```

使用"类名.静态成员变量"这种方式，修改上述实例。代码如下所示:

```
01    … // 省略部分代码
02        public static void main(String args[]) {
03            System.out.println("静态成员变量 number 的初始值: " + Test.number);
04            Test t1 = new Test();
05            t1.number = 11; // 静态成员变量 number 的值被修改为 11
06            System.out.print("静态成员变量 number 被对象 t1 修改后的值: ");
07            t1.print();
08            Test t2 = new Test();
09            System.out.print("静态成员变量 number 被对象 t2 共享的值: ");
10            t2.print();
11        }
12    }
```

👑 说明:

　　调用静态成员变量有两种方式，即"对象.静态成员变量"和"类名.静态成员变量"。上述实例之所以使用了 print() 方法，是为了更好地体现"静态成员变量属于类"和"如果该类的某一个对象修改了静态成员变量的值，那么其他对象共享的都是静态成员变量被修改后的值"这两个特点。

8.3.2　静态方法

　　static 除可以修饰类的成员变量外，还可以修饰类的成员方法。在类中，被 static 修饰的成员方法称作静态成员方法，也称作静态方法。

　　Java 在调用某个类的成员方法之前，需要先创建这个类的对象。但是，对于某个类的静态方法，可以在没有创建这个类的对象的前提下，直接通过类名进行调用。调用静态方法的语法格式如下所示:

```
类名.静态方法;
```

[实例 8.4]　　　　　　　　　　　　　　　　　　　　（源码位置: 资源包 \Code\08\04）

打印衬衫、牛仔裤和皮鞋的产地

　　使用"类名.静态方法"在控制台上分别输出衬衫、牛仔裤和皮鞋的产地为"Made in

China"。代码如下所示:

```
01  public class Region {
02      static void print(String str) {
03          System.out.println(str + "的产地: Made in China");
04      }
05
06      public static void main(String args[]) {
07          Region.print("衬衫");
08          Region.print("牛仔裤");
09          Region.print("皮鞋");
10      }
11  }
```

上述代码的运行结果如下所示。

```
衬衫的产地: Made in China
牛仔裤的产地: Made in China
皮鞋的产地: Made in China
```

从上述实例不难看出,静态方法 print() 不依赖于 Region 类的任何对象就可以被 Region 类调用。

8.3.3 静态代码块

在 Java 类中,被 static 修饰的代码块称作静态代码块。静态代码块用于完成类的初始化操作,在类加载的时只会被执行一次,达到优化程序性能的目的。静态代码块的语法格式如下所示:

```
public class StaticTest {
    static {
        // 语句序列
    }
}
```

[实例 8.5]

（源码位置: 资源包 \Code\08\05）

类成员的执行顺序

下面将通过一个实例来验证静态代码块、非静态代码块、构造方法和成员方法在类加载时的执行顺序。代码如下所示:

```
01  public class StaticTest {
02      static String name;
03      static {
04          System.out.println(name + "静态代码块");   // 静态代码块
05      }
06
07      {
08          System.out.println(name + "非静态代码块"); // 非静态代码块
09      }
10
11      public StaticTest(String a) {
12          name = a;
13          System.out.println(name + "构造方法");
14      }
15
```

```
16          public void method() {
17              System.out.println(name + " 成员方法 ");
18          }
19
20          public static void main(String[] args) {
21              StaticTest s1;                        // 声明的时候就已经运行静态代码块了
22              StaticTest s2 = new StaticTest("s2");  // new 的时候才会运行构造方法
23              StaticTest s3 = new StaticTest("s3");
24              s3.method();                          // 只有调用的时候才会运行
25          }
26      }
```

上述代码的运行结果如下所示。

```
null 静态代码块
null 非静态代码块
s2 构造方法
s2 非静态代码块
s3 构造方法
s3 成员方法
```

从这个运行结果可以看出：

① 静态代码块由始至终只被执行一次；

② 非静态代码块，每次创建对象后，会在构造方法之前被执行，因此，读取成员变量 name 时，只能获取到 String 类型的默认值 "null"；

③ 构造方法只有在使用 new 关键字创建对象时才会被执行；

④ 成员方法只有在被对象调用时才会被执行；

⑤ 因为 name 是静态变量，在创建对象 s2 时，把字符串 "s2" 赋给了 name，所以创建对象 s3 时，程序重新调用了类的非静态代码块，但 name 的值还没有被对象 s3 改变，所以在控制台上输出了 "s2 非静态代码块"。

👑 注意：

静态代码块不仅在类中可以有多个，而且可以置于类中的任何位置。如果类中有多个静态代码块，那么在类被加载时，每一个静态代码块会依次被执行，并且只会执行一次。

8.4 类的继承

在 Java 语言中，继承的基本思想是子类既可以继承父类原有的属性和方法，又可以增加父类不具备的属性和方法，还可以重写父类原有的方法。

8.4.1 extends 关键字

在 Java 语言中，一个类继承另一个类需要使用关键字 extends。例如，表示子类的 Child 类继承表示父类的 Parent 类，代码如下所示：

```
class Child extends Parent {}
```

因为 Java 只支持单继承，即一个类只能有一个父类，所以类似下面的代码是错误的：

```
class Child extends Parent1, Parents2 {}
```

子类在继承父类之后，创建子类对象的同时也会调用父类的构造方法。当父类和子类各自有一个无参的构造方法时，创建子类对象后，程序将优先执行父类的构造方法，再执行子类的构造方法。

 [实例 8.6]

（源码位置：资源包 \Code\08\06）

父、子类中的构造方法的执行顺序

父类 Parent 和子类 Child 都各自有一个无参的构造方法，当创建子类对象时，验证这两个构造方法的执行顺序。代码如下所示：

```
01    class Parent {
02        public Parent() {
03            System.out.println(" 调用父类构造方法 ");
04        }
05    }
06    class Child extends Parent {
07        public Child() {
08            System.out.println(" 调用子类构造方法 ");
09        }
10    }
11    public class Demo {
12        public static void main(String[] args) {
13            new Child();
14        }
15    }
```

运行结果如下所示：

```
调用父类构造方法
调用子类构造方法
```

8.4.2　方法的重写

重写（又被称作覆盖）就是在子类中沿用父类的成员方法的方法名后，重新编写这个成员方法的方法体；这个成员方法既可以被修改方法的修饰符，又可以被修改返回值类型。

当重写父类方法时，父类方法的修饰符只能从小的范围被修改为大的范围。如果父类中的 doit() 方法的修饰符为 protected，那么子类中的 doit () 方法的修饰符就只能被修改为 public，而不能被修改为 private。如图 8.10 所示的重写关系就是错误的。

子类重写父类的方法不会影响父类原有的调用关系，例如被子类

图 8.10　重写时不能降低方法的修饰符权限

重写的方法在父类的构造方法中被调用，在创造子类时，子类的构造方法调用的则是被重写的新方法。

 [实例 8.7]

（源码位置：资源包 \Code\08\07）

子类重写父类中的方法

在父类 Telephone 电话类的构造方法中调用安装方法 install()，子类 Mobile 重写此方法，然

后分别创建父类对象和子类对象，查看父类和子类分别输出什么样的结果。代码如下所示：

```
01  class Telephone {                          // 电话类
02      public Telephone() {                   // 构造方法
03          install();                         // 构造时安装电话
04      }
05      void install() {                       // 安装方法
06          System.out.println(" 铺设电话线，安装电话机 ");
07      }
08  }
09  class Mobile extends Telephone {           // 手机类
10      void install() {                       // 重写安装方法
11          System.out.println(" 办理电话卡，开通手机信号 ");
12      }
13  }
14  public class Demo {
15      public static void main(String[] args) {
16          new Telephone();                   // 创建父类对象
17          new Mobile();                      // 创建子类对象
18      }
19  }
```

运行结果如下所示：

```
铺设电话线，安装电话机
办理电话卡，开通手机信号
```

此结果说明，父类调用的无参构造方法和子类调用的无参构造方法逻辑是相同的，但父类调用的 install() 方法和子类调用的 install() 方法则逻辑不同，相当于"父子各用各自的方法"。

8.4.3 super 关键字

Java 使用 this 关键字代表本类对象，而在子类中也有一个关键字可以表示父类对象，这个关键字就是 super。super 关键字可以调用父类的属性、方法和构造方法，super 关键字的使用方法如下所示：

```
super.property; // 调用父类的属性
super.method(); // 调用父类的方法
super(); // 调用父类的构造方法
```

（1）调用父类属性

如果子类的属性与父类的属性重名，则会覆盖父类属性，如果想调用父类属性，就需要使用 super 关键字。

[实例 8.8]
（源码位置: 资源包 \Code\08\08 ）

子类调用父类属性

Computer 的名字叫电脑，而衍生出的子类 Pad 叫平板电脑，子类可以利用父类的名称拼接出自己的名称，代码如下所示：

```
01  class Computer {
02      String name = " 电脑 ";
03      public void introduction() {
```

```
04            System.out.println(" 我是 " + name);
05        }
06    }
07    class Pad extends Computer {
08        String name = " 平板 " + super.name;  // 使用父类属性拼接
09        public void introduction() {
10            System.out.println(" 我是 " + name);
11        }
12    }
13    public class Demo {
14        public static void main(String[] args) {
15            Computer c = new Computer();
16            c.introduction();
17            Pad p = new Pad();
18            p.introduction();
19        }
20    }
```

运行结果如下所示：

```
我是电脑
我是平板电脑
```

如果把 Computer 的 name 属性默认值改为 "计算机"，Pad 输出的名称也会同步改为 "平板计算机"。

（2）调用父类方法

如果子类把父类的方法重写，但还需要执行父类方法原有的逻辑，就可以使用 super 关键字调用父类原来的方法。

 [实例 8.9]　（源码位置：资源包 \Code\08\09）

子类调用并重写父类方法

父类方法可以返回一段文字信息，子类需要在这段信息基础之上追加日期，子类可以在重写方法时调用父类原有方法，并拼接一段日期字符串，代码如下所示：

```
01    class Parent {                              // 父类
02        String showMessage() {
03            return " 您的账户余额不足，请及时缴费！ ";
04        }
05    }
06    class Child extends Parent {                // 子类
07        String showMessage() {                  // 重写父类方法
08            // 调用父类原有方法逻辑，在后面拼接时间字符串
09            return super.showMessage() + " 2020-11-12 12:02:00";
10        }
11    }
12    public class Demo {
13        public static void main(String[] args) {
14            Child c = new Child();
15            System.out.println(c.showMessage());
16        }
17    }
```

运行结果如下所示：

```
您的账户余额不足，请及时缴费！  2020-11-12 12:02:00
```

第 2 篇　面向对象编程篇

这个结果就包含了父类原来的信息内容，使用 super 关键字大大降低了代码量，提高了代码重用率。

（3）调用父类构造方法

使用 super 调用父类构造方法的方式与使用 this 调用本类构造方法一致。

 [实例 8.10]　　　　　　　　　　　　　　　　　　　　　（源码位置：资源包 \Code\08\10 ）

使用 super 调用父类构造方法

在子类的无参构造方法中调用父类的有参构造方法，代码如下所示：

```
01    class Parent {                              // 父类
02        String message;                         // 父类属性
03        public Parent(String message) {
04            this.message = message;
05        }
06    }
07    class Child extends Parent {                // 子类
08        public Child() {
09            super("您的账户余额不足，请及时缴费！"); // 调用父类构造方法
10        }
11    }
12
13    public class Demo {
14        public static void main(String[] args) {
15            Child c = new Child();
16            System.out.println(c.message);
17        }
18    }
```

运行结果如下所示：

> 您的账户余额不足，请及时缴费！

子类在无参构造方法中调用父类有参构造方法，父类有参构造方法又会给 message 属性赋值，最后程序输出子类的 message 属性的值，就是 super() 方法中的参数。

8.4.4　所有类的父类——Object 类

在 Java 语言中，所有的类都直接或间接地继承了 java.lang.Object 类。Object 类是比较特殊的类，它是所有类的父类。当创建一个类时，除非已经指定这个类要继承其他类，否则都要继承 java.lang.Object 类。因为所有类都直接或间接地继承了 java.lang.Object 类，所以在创建一个类时，可以省略 "extends Object"，示意图如图 8.11 所示。

```
class Anything {
    ...
}
```

‖ 等价于

```
class Anything extends Object {
    ...
}
```

图 8.11　创建类时可以省略 extends Object

在 Object 类中主要包括 clone()、finalize()、equals()、toString() 等方法，其中常用的两个方法为 equals() 和 toString() 方法。因为所有类都直接或间接地继承了 java.lang.Object 类，所以所有类都可以重写 Object 类中的方法。

注意：

Object 类中的 getClass()、notify()、notifyAll()、wait() 等方法不能被重写，因为这些方法被定义为 final 类型。

下面对 Object 类中的几个重要方法予以介绍。

（1） getClass() 方法

Class 也是 Java API 中的一个类，表示正在运行的 Java 应用程序中的类和接口。一个对象调用 getClass() 方法后，可以获取该对象的 Class 类实例。

例如，获取 String 的 Class 实例，并输出该实例，代码如下所示：

```
01    String name = new String("tom");
02    Class c = name.getClass();
03    System.out.println(c);
```

输出的结果如下所示：

```
class java.lang.String
```

通过返回的 Class 对象可以获知 name 变量所对应的完整类名。

（2） toString() 方法

toString() 方法将返回某个对象的字符串表示形式。当使用输出语句输出某个类对象时，程序将自动调用 toString() 方法。

 [实例 8.11]

（源码位置：资源包 \Code\08\11 ）

重写并自动调用 toString() 方法

创建 People 类，类中有姓名和年龄两个属性，重写 People 类的 toString() 方法，把该方法返回的结果写成自我介绍。最后在 main() 方法中创建 People 类对象，并使用输出语句输出该对象，具体代码如下所示：

```
01    class People {
02        String name ;                      // 姓名
03        int age;                           // 年龄
04        public People(String name, int age) {
05            this.name = name;
06            this.age = age;
07        }
08        public String toString() {         // 重写
09            return "我叫" + name + ", 今年" + age + "岁";
10        }
11    }
12    public class Demo {
13        public static void main(String[] args) {
14            People tom = new People("tom", 24);
15            System.out.println(tom);
16        }
17    }
```

运行结果如下所示：

```
我叫 tom, 今年 24 岁
```

如果不重写 toString() 方法，People 对象输出的则是"类名 @ 哈希码"的形式，例如

第 2 篇　面向对象编程篇

People@139a55。

（3）equals() 方法

equals 的中文是"等于"的意思，在 Java 中，Object 类提供的 equals() 方法用于比较的是两个对象的引用地址是否相等。API 中很多类都重写了 equals() 方法，例如 String、Integer 等，重写之后的 equals() 方法可以判断更具体的数据。最典型的例子就是使用 equals() 方法判断两个字符串常量是否相等，例如，使用构造方法创建两个字符串对象，分别使用 equals() 方法和 == 运算符进行比较，代码如下所示：

```
01    String key1 = new String("A129515");
02    String key2 = new String("A129515");
03    System.out.println(key1.equals(key2));
04    System.out.println(key1 == key2);
```

比较的结果如下所示：

```
true
false
```

8.5 类的多态

在 Java 语言中，多态的含义是"一种定义，多种实现"。多态的语法格式如下所示：

```
父类类型 父类类型的对象 = new 子类类型 ();
```

以"人可以分为男人和女人"为例，先明确 Man（男人类）和 Woman（女人类）是 Person（人类）的子类，再通过如下代码来体现多态性。

```
01    Person pm = new Man();
02    Person pw = new Woman();
```

综上所述，通过 Person 类的对象，既引用了 Man 类的对象，又引用了 Woman 类的对象。也就是说，一个父类类型的对象能够引用不同的子类类型的对象，这就是多态。

类的多态性可以体现在两方面：一是方法的重载；二是类的上、下转型。本节将主要介绍类的上、下转型。

8.5.1 向上转型

向上转型可以被理解为将子类类型的对象转换为父类类型的对象，即把子类类型的对象直接赋值给父类类型的对象，进而实现按照父类描述子类的效果。

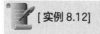 [实例 8.12]　　　　　　　　　　　　　　　　　　　（源码位置：资源包 \Code\08\12）

有一个人是一名教师

使用向上转型模拟如下场景：这里有一个人，名叫 tom，是一名教师。代码如下所示：

```
01    class People {
02    }
03
04    class Teacher extends People {
```

```
05    }
06
07    public class Demo {
08        public static void main(String[] args) {
09            People tom = new Teacher();
10        }
11    }
```

在上述代码中，"People tom = new Teacher();" 运用了向上转型的语法，那么该如何理解这行代码的含义？理解方式如图 8.12 所示。

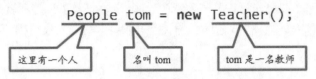

图 8.12　向上转型结合实例的说明

综上所述，因为人类（People）是教师类（Teacher）的父类，所以通过向上转型，能够把教师类（Teacher）类型的对象［new Teacher();］直接赋值给人类（People）类型的变量（tom）。也就是说，通过向上转型，父类类型的对象可以引用子类类型的对象。而且向上转型是安全的，因为向上转型是将一个较具体的类的对象转换为一个较抽象的类的对象。例如，可以说平行四边形是四边形，但不能说四边形是平行四边形。

8.5.2　向下转型

向下转型可以理解为将父类类型的对象转换为子类类型的对象。但是，运用向下转型，如果把一个较抽象的类的对象转换为一个较具体的类的对象，这样的转型通常会出现错误。例如，可以说某只鸽子是一只鸟，却不能说某只鸟是一只鸽子。因为鸽子是具体的，鸟是抽象的。一只鸟除了可能是鸽子外，还有可能是老鹰、麻雀等。因此向下转型是不安全的。

[实例 8.13]

（源码位置：资源包 \Code\08\13）

不能说某只鸟是一只鸽子

编写代码证明"可以说某只鸽子是一只鸟，却不能说某只鸟是一只鸽子"：鸟类是鸽子类的父类，用 Bird 表示鸟类，用 Pigeon 表示鸽子类。代码如下所示：

```
01    class Bird {
02    }
03
04    class Pigeon extends Bird {
05    }
06
07    public class Demo {
08        public static void main(String[] args) {
09            Bird bird = new Pigeon();            // 某只鸽子是一只鸟
10            Pigeon pigeon = bird;                // 某只鸟是一只鸽子
11        }
12    }
```

这时，Eclipse 会提示出现编译错误，Eclipse 的效果图如图 8.13 所示。

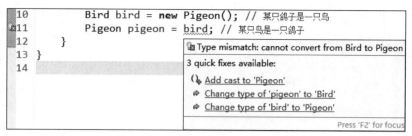

图 8.13　向下转型时会发生的错误

如果想要告诉编译器"某只鸟就是一只鸽子"，应该如何修正？答案就是强制类型转换。也就是说，要想实现向下转型，需要借助强制类型转换。语法格式如下所示：

> 子类类型　子类对象　=（子类类型）父类对象；

因此，要想实现把鸟类对象转换为鸽子类对象（相当于告诉编译器"某只鸟就是一只鸽子"），需要将图 8.13 中第 11 行代码修改为：

> Pigeon pigeon = (Pigeon) bird; // 通过强制类型转换，告诉编译器 " 某只鸟就是一只鸽子 "

👑 注意：

　① 两个没有继承关系的对象不可以进行向上转型或者向下转型。
　② 父类对象可以强制转换为子类对象，但有一个前提：这个父类对象要先引用这个子类对象。

8.5.3　instanceof 关键字

在 Java 语言中，instanceof 既是一个关键字，又是一个运算符。因此，instanceof 关键字的左、右两端各有一个操作数：左边的操作数通常是一个父类的对象，右边的操作数通常是一个子类。instanceof 关键字的作用是判断左边的父类的对象是否是右边的子类的实例。instanceof 关键字的语法格式如下所示：

> 一个父类的对象 instanceof 一个子类

上述语法具有返回值，即布尔值。如果返回值为 true，说明左边的父类的对象是右边的子类的实例；如果返回值为 false，说明左边的父类的对象不是右边的子类的实例。

👑 注意：

　在使用 instanceof 关键字做判断时，instanceof 关键字的左、右两端的操作数必须要有继承关系。

如图 8.14 所示，在几何学中，四边形包含平行四边形，平行四边形又包含了正方形。

如果把这 3 种图形依次写作类，即 Quadrangle 表示四边形类、Parallelogram 表示平行四边形类、Square 表示正方形类，那么，这 3 个类的继承关系如图 8.15 所示。

四边形类、平行四边形类和正方形类具备这样的继承关系后，如下的代码也是成立的，即：

```
01   Quadrangle p = new Parallelogram();
02   Quadrangle s1 = new Square();
03   Parallelogram s2 = new Square();
```

图 8.14　四边形包含平行四边形，平行四边形又　　图 8.15　四边形类、平行四边形类和正方形类的
包含正方形　　　　　　　　　　　　　　　　继承关系

 [实例 8.14]　　　　　　　　　　　　　　　　　　　　（源码位置：资源包 \Code\08\14）

判断以下说法正确与否

依次使用 instanceof 关键字判断"四边形类的实例 p 是否是平行四边形类的实例""四边形类的实例 s1 是否是正方形类的实例"和"平行四边形类的实例 s2 是否是正方形类的实例"。代码如下所示：

```
01   class Quadrangle {                         // 四边形类
02   }
03
04   class Parallelogram extends Quadrangle {    // 平行四边形类
05   }
06
07   class Square extends Parallelogram {        // 正方形类
08   }
09
10   public class Demo {
11       public static void main(String[] args) {
12           Quadrangle p = new Parallelogram();
13           Quadrangle s1 = new Square();
14           Parallelogram s2 = new Square();
15           System.out.println(" 四边形类的实例 p 是否是平行四边形类的实例: " +
16               (p instanceof Parallelogram));
17           System.out.println(" 四边形类的实例 s1 是否是正方形类的实例: " +
18               (s1 instanceof Square));
19           System.out.println(" 平行四边形类的实例 s2 是否是正方形类的实例: " +
20               (s2 instanceof Square));
21       }
22   }
```

上述代码的运行结果如下所示。

四边形类的实例 p 是否是平行四边形类的实例: true
四边形类的实例 s1 是否是正方形类的实例: true
平行四边形类的实例 s2 是否是正方形类的实例: true

注意：

在判断某个类的对象是否是其他类的实例时，要先进行向上转型，再使用 instanceof 关键字进行判断。

8.6　抽象类

为了更好地解释抽象类，先来看如下的两个生活场景：

场景一：张三在沙漠里发现了一个脱水的旅行者，旅行者向张三乞求："能给我点水喝吗？"

场景二：李四的妈妈对他说："你去菜市场，帮我买点菜。"李四问："都要买些什么菜啊？"

那么，这两个生活场景与"什么是抽象类"有什么关系呢？

在场景一中，"能给我点水喝吗？"中的"水"就是一个抽象类（矿泉水、海水等都是"水"）。如果张三的包里有一瓶矿泉水和一瓶海水，那么矿泉水才是旅行者想要的"水"（既能喝，又解渴）。海水虽然也是水，但是不能喝，因此不是旅行者想要的"水"。

同理，在场景二中，"你去菜市场，帮我买点菜。"中的"菜"也是一个抽象类。市场里的土豆、萝卜、豆角、黄瓜、芹菜、蒜苔等都是"菜"，李四不可能把市场里的菜都买回来。

在 Java 语言中，把只描述自身特征、不描述具体细节的类称作抽象类。例如，旅行者要喝的"水"和妈妈要买的"菜"。

8.6.1　abstract 关键字

abstract 被译为"抽象的"，是 Java 语言中的一个关键字。abstract 关键字可以定义抽象类和抽象方法。

定义抽象类时，abstract 关键字要放在 class 关键字前，语法格式如下所示：

> [修饰符] abstract class 类名 { }

例如，创建一个抽象的菜类 Vegetable。代码如下所示：

> abstract class Vegetable { }

抽象方法指的是方法体中没有具体代码的方法。抽象方法只包含了修饰符、abstract 关键字、返回值、方法名和参数。因为抽象方法没有方法体，所以不需要写 { }，直接使用分号结尾。抽象方法的语法格式如下所示：

> [修饰符] abstract 返回值 方法名 ([参数]);

👑 注意：

抽象方法只能定义在抽象类中。

例如，在抽象类 Vegetable 中，定义一个没有返回值、没有参数、表示"烹饪"的抽象方法 cook()。代码如下所示：

```
01    abstract class Vegetable {
02        abstract void cook ();
03    }
```

8.6.2　抽象类的使用

（1）普通类继承抽象类

普通类继承抽象类的语法与普通类继承普通类的语法完全一致。

👑 注意：

普通类继承抽象类后，在这个普通类中必须重写抽象类中的所有抽象方法，否则会发生编译错误。

例如，在抽象类 People 中，定义一个没有返回值、没有参数、表示"说话"的抽象方法 say()。代码如下所示：

```
01    abstract class People{
02        abstract void say();
03    }
```

创建一个普通类 Chinses 继承抽象类 People；在普通类 Chinses 中，重写抽象类 People 中的抽象方法 say()，控制台输出"有朋自远方来，不亦乐乎"。代码如下所示：

```
01    class Chinses extends People{
02        @Override                               // 表示重写抽象方法 say() 的标识
03        void say() {
04            System.out.println(" 有朋自远方来，不亦乐乎 ");
05        }
06    }
```

（2）抽象类继承抽象类

当一个抽象类继承另一个抽象类时，会遇到"是否需要重写父类中的抽象方法"的问题。下面将分为"不需要重写父类中的抽象方法"和"需要重写父类中的抽象方法"两种情况阐述这个问题。

① 不需要重写父类中的抽象方法。如果抽象类 B 继承了抽象类 A，普通类 C 继承了抽象类 B，那么在抽象类 B 中，不需要重写抽象类 A 中的所有抽象方法；但是，在普通类 C 中，须同时重写抽象类 A 和抽象类 B 中的所有抽象方法。

 [实例 8.15]
（源码位置：资源包 \Code\08\15 ）

输出鸡的繁殖和移动方式

在抽象的生物类 Living 中，定义一个没有返回值、没有参数、表示"繁殖"的抽象方法 reproduce()。代码如下所示：

```
01    abstract class Living {                     // 生物
02        abstract void reproduce();              // 繁殖
03    }
```

让抽象的动物类 Animal 继承生物类 Living；在动物类 Animal 中，定义一个没有返回值、没有参数、表示"移动"的抽象方法 move()。代码如下所示：

```
01    abstract class Animal extends Living {      // 动物
02        abstract void move();                   // 移动
03    }
```

让普通的鸡类 Chiken 继承动物类 Animal；这时，在鸡类 Chiken 中，不仅要重写动物类 Animal 中的表示"移动"的抽象方法 move()，还要重写生物类 Living 中的表示"繁殖"的抽象方法 reproduce()。代码如下所示：

```
01    class Chiken extends Animal {               // 鸡
02
```

```
03          @Override
04          void move() {
05              System.out.println(" 跑 ");
06          }
07
08          @Override
09          void reproduce() {
10              System.out.println(" 下蛋 ");
11          }
12      }
```

② 需要重写父类中的抽象方法。如果抽象类 B 继承了抽象类 A，那么在抽象类 B 中可以重写抽象类 A 中的所有抽象方法，被重写的方法则变成了普通方法。当普通类 C 继承抽象类 B 时，普通类 C 的对象可以直接调用抽象类 B 中已经被重写的方法。

[实例 8.16] （源码位置：资源包 \Code\08\16）

输出老鹰的繁殖和移动方式

在抽象的生物类 Living 中，定义一个没有返回值、没有参数、表示"繁殖"的抽象方法 reproduce()。代码如下所示：

```
01  abstract class Living {                    // 生物
02      abstract void reproduce();             // 繁殖
03  }
```

让抽象的鸟类 Bird 继承生物类 Living；在鸟类 Bird 中，先重写生物类 Living 中的表示"繁殖"的抽象方法 reproduce()，再定义一个没有返回值、没有参数、表示"移动"的抽象方法 move()。代码如下所示：

```
01  abstract class Bird extends Living {
02      @Override
03      void reproduce() {
04          System.out.println(" 下蛋 ");
05      }
06
07      abstract void move();
08  }
```

让普通的老鹰类 Hawk 继承鸟类 Bird；因为在鸟类 Bird 中，已经重写了生物类 Living 中的表示"繁殖"的抽象方法 reproduce()，所以在老鹰类 Hawk 中，只需要重写鸟类 Bird 中的表示"移动"的抽象方法 move()。代码如下所示：

```
01  class Hawk extends Bird {
02      @Override
03      void move() {
04          System.out.println(" 飞翔 ");
05      }
06  }
```

创建老鹰类 Hawk 的对象，该对象既可以调用在鸟类 Bird 中已经被重写的表示"繁殖"的抽象方法 reproduce()，也可以调用在老鹰类 Hawk 中已经被重写的表示"移动"的抽象方法 move()。代码如下所示：

```
01  public class Test {
02      public static void main(String[] args) {
```

```
03            Hawk mi = new Hawk();
04            mi.reproduce();
05            mi.move();
06        }
07    }
```

上述代码的运行结果如下所示。

> 下蛋
> 飞翔

（3）抽象类继承普通类

抽象类也可以继承普通类。

 [实例8.17]

（源码位置：资源包 \Code\08\17）

九尾狐变成了人形

创建一个普通的狐狸类 Fox。代码如下所示：

```
01    class Fox {                              // 狐狸类
02
03    }
```

让抽象的狐仙类 FairyFox 继承狐狸类 Fox。在狐仙类 FairyFox 中，定义一个没有返回值、没有参数、表示"施展法术"的抽象方法 castSpell()。代码如下所示：

```
01    abstract class FairyFox extends Fox {    // 狐仙类
02        abstract void castSpell();           // 施展法术
03    }
```

让普通的九尾狐类 NineTails 继承狐仙类 FairyFox；在九尾狐类 NineTails 中，重写狐仙类 FairyFox 中的表示"施展法术"的抽象方法 castSpell()。代码如下所示：

```
01    class NineTails extends FairyFox {        // 九尾狐类
02        @Override
03        void castSpell() {                    // 施展法术
04            System.out.println("九尾狐变成了人形。");
05        };
06    }
```

上述代码的运行结果如下所示。

> 九尾狐变成了人形。

（4）抽象类的非抽象内容

在抽象类中，除可以定义抽象方法外，还可以定义与普通类相同的非抽象内容，即成员变量、构造方法和非抽象的成员方法。

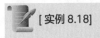 [实例8.18]

（源码位置：资源包 \Code\08\18）

输出鸵鸟的体重和繁殖方式

创建一个抽象的鸟类 Bird；在鸟类 Bird 中，声明表示"重量"的属性 weight、无参构造方法、表示"繁殖"的普通方法 reproduce() 和表示"移动"的抽象方法 move()。代码如下所示：

```
01   abstract class Bird {
02       double weight;                              // 重量
03
04       public Bird() {                             // 无参构造方法
05           this.weight = 20.0;                     // 让重量的默认值为 20
06       }
07
08       void reproduce() {                          // 非抽象方法
09           System.out.println("下蛋");
10       }
11
12       abstract void move();                       // 抽象方法
13   }
```

让普通的鸵鸟类 Ostrich 继承鸟类 Bird；在鸵鸟类 Ostrich 中，重写鸟类 Bird 中的表示"移动"的抽象方法 move()。代码如下所示：

```
01   class Ostrich extends Bird{
02       @Override
03       void move() {
04           System.out.println("奔跑");
05       }
06   }
```

创建测试类 Test，在 main 方法中创建鸵鸟类 Ostrich 的对象后，先调用表示"重量"的属性 weight，再调用已经被重写的表示"移动"的抽象方法 move()。代码如下所示：

```
01   public class Test {
02       public static void main(String[] args) {
03           Ostrich tom = new Ostrich();
04           System.out.println(tom.weight);
05           tom.reproduce();
06       }
07   }
```

上述代码的运行结果如下所示。

```
20.0
下蛋
```

从上述实例可以看出，继承抽象类的子类对象可以调用抽象类的非抽象内容。

8.7　接口

在 Java 语言中，接口被看作是一种特殊的类，它在许多方面与抽象类很相似。例如，都不能使用 new 关键字创建实例等。如果把抽象类看作是类的模板，那么接口就可以被看作是类的行为。

例如，有 3 个抽象类，分别是狗类、鸟类和昆虫类；有 4 只动物，分别为金毛犬、鸵鸟、老鹰和苍蝇。不难看出，金毛犬是狗类的子类，鸵鸟、老鹰是鸟类的子类，苍蝇是昆虫类的子类。

这时问题出现了，鸵鸟虽然是鸟类的子类，但是不能飞，只能像金毛犬一样，在陆地上奔跑。也就是说，如果把鸟类看作是类的模板，模板中具备一个"飞行"的行为，那么鸵鸟就是一个另类。

为了解决这类问题，接口应运而生。创建两个接口，一个接口中包含"奔跑"的行为，另一个接口中包含"飞行"的行为。这时，上述问题的解决办法如下所示。

① 金毛犬继承狗类，并且实现包含"奔跑"行为的接口，结果是金毛犬有 4 条腿，可以在陆地上奔跑；

② 鸵鸟继承鸟类，并且实现包含"奔跑"行为的接口，结果是鸵鸟虽然有翅膀，但只能在陆地上奔跑；

③ 老鹰继承鸟类，并且实现包含"飞行"行为的接口，结果是老鹰既有翅膀，又能在空中飞行；

④ 苍蝇继承昆虫类，并且实现包含"飞行"行为的接口，结果是苍蝇虽然不属于鸟类，但既有翅膀，又能在空中飞行。

综上，只有抽象类和接口结合使用，才能更贴切地描述如图 8.16 所示的多样性结构。

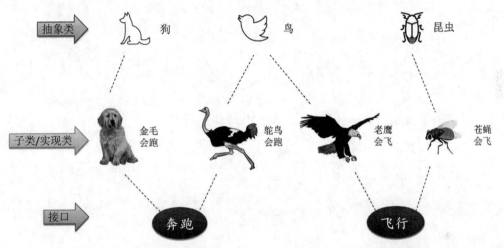

图 8.16　只有抽象类和接口结合使用，才能更贴切地描述多样性结构

8.7.1　interface 关键字

interface 关键字是 Java 专门用于创建接口的，其语法与 class 关键字的一样。即：

```
[ 修饰符 ] interface 接口名 [extends 父接口名列表] {

}
```

例如，创建一个飞行接口，代码如下所示：

```
interface Flying {}
```

👑 说明：

接口名通常使用的是形容词，例如 Runnable（可以执行线程的）、Closeable（可以被关闭的）等；或者使用功能性的名词，例如 Set（集合）、Connection（数据库连接）等。

（1）接口的抽象方法

当在接口中声明抽象方法时，既不需要使用 abstract 关键字，也不需要使用 public 等修

饰符。其语法格式如下所示:

```
返回值 方法名();
```

例如，在已经创建好的飞行接口 Flying 中，声明一个表示"飞行"的抽象方法 fly()。代码如下所示:

```
01    interface Flying {
02        void fly();
03    }
```

上述代码等价于:

```
01    interface Flying {
02        public abstract void fly();
03    }
```

此外，一个接口中可以定义多个抽象方法。示例代码如下所示:

```
01    interface Moveable {
02        void fly();
03        void swim();
04        void walk();
05    }
```

接口中还可以定义重载的抽象方法。示例代码如下所示:

```
06    interface Computable {
07        int add(int a, int b);
08        int add(int a, int b, int c);
09        int add(int... a);
10    }
```

（2）接口的非抽象方法

从 JDK 8 开始，Java 打破了传统的"接口中的方法都是抽象方法"的约束，允许在接口中定义 default 方法（即默认方法），其中 default 方法可以有方法体。定义 default 方法的语法格式如下所示:

```
default 返回值 方法名 () {
    方法体 ;
}
```

👑 注意:

default 方法默认为公有的非静态方法，不能用 private、protected 和 static 关键字修饰。

例如，创建一个接口 A，在接口中创建一个 default 方法 action()。代码如下所示:

```
01    interface A {
02        default void action() {
03            System.out.println(" 这里是接口的 default 方法 ");
04        }
05    }
```

default 方法必须通过实现类创建的对象进行调用。

例如，创建一个 Demo 类，实现接口 A；先在主方法中创建 Demo 类的对象，再通过

Demo 类的对象调用接口 A 中的 default 方法 action()。代码如下所示：

```
01    public class Demo implements A {
02        public static void main(String[] args) {
03            Demo d = new Demo();
04            d.action();
05        }
06    }
```

8.7.2 类实现接口

与"类继承抽象类"不同，"类实现接口"将不再使用 extends 关键字，而是使用 implements 关键字。"类实现接口"可以分为如下两种场景：类实现单个接口和类同时实现多个接口。下面将分别介绍这两种场景。

（1）类实现单个接口

类实现单个接口的语法格式如下所示：

```
class 类名 implements 接口 {

}
```

当类实现单个接口时，implements 关键字的用法与 extends 关键字完全一样。需要注意的是，在类中必须重写接口中所有的抽象方法。

[实例 8.19]
（源码位置：资源包 \Code\08\19）

输出土拨鼠的两个发声方式

创建一个发声接口 Voiceable，声明两个不同的发声方法 whisper() 和 shout()。代码如下所示：

```
01    interface Voiceable {
02        void whisper();
03        void shout();
04    }
```

创建一个土拨鼠类 Marmot，并实现发声接口 Voiceable，此时土拨鼠类就必须重写发声接口 Voiceable 中所有的抽象方法。代码如下所示：

```
01    class Marmot implements Voiceable {
02        @Override
03        public void whisper() {
04            System.out.println(" 吱吱吱 ");
05        }
06
07        @Override
08        public void shout() {
09            System.out.println(" 啊！！！ ");
10        }
11    }
```

（2）类同时实现多个接口

在 Java 中，类虽然不可以同时继承多个类，但可以同时实现多个接口。

当类同时实现多个接口时，要将所有需要实现的接口放在 implements 关键字后，并用英文格式下的逗号","隔开。类同时实现多个接口语法格式如下所示：

```
class 类名 implements 接口 1, 接口 2, …, 接口 n {

}
```

[实例 8.20]
（源码位置：资源包 \Code\08\20）

孩子喜欢做的事和爸爸、妈妈喜欢做的一样

通过类同时实现多个接口模拟如下场景：爸爸喜欢看电视和钓鱼，妈妈喜欢购物和画画，他们的孩子喜欢做的事和爸爸、妈妈喜欢做的一样。

首先，创建一个 DadLike 接口（表示"爸爸喜欢的"），在接口中声明两个抽象方法 watchTV() 和 fish()。代码如下所示：

```
01   interface DadLike {                      // 爸爸喜欢的
02       void watchTV ();                     // 看电视
03       void fish();                         // 钓鱼
04   }
```

然后，创建一个 MomLike 接口（表示"妈妈喜欢的"），在接口中声明两个抽象方法 shop() 和 draw()。代码如下所示：

```
01   interface MomLike {                      // 妈妈的习惯
02       void shop();                         // 购物
03       void draw();                         // 画画
04   }
```

最后，创建一个 ChildLikeThings 类，同时实现 DadLike 和 MomLike 这两个接口，并实现这两个接口中所有的抽象方法。代码如下所示：

```
01   public class ChildLikeThings implements MomLike, DadLike {
02       // 继承了爸爸喜欢的
03       @Override
04       public void watchTV() {
05           System.out.println(" 我喜欢看动画片 ");
06       }
07
08       @Override
09       public void fish() {
10           System.out.println(" 我爱钓鱼缸里的鱼 ");
11       }
12
13       // 继承了妈妈喜欢的
14       @Override
15       public void shop() {
16           System.out.println(" 我爱去逛超市 ");
17       }
18
19       @Override
20       public void draw() {
21           System.out.println(" 我爱画大房子 ");
22       }
23   }
```

👑 注意:

当类同时实现多个接口时，接口中的常量名或者方法名可能会出现重名的情况。如果常量名重名，那么需要通过"接口名.变量"明确指定是哪个接口中的常量；如果方法名重名，那么只要实现一个方法即可。

8.7.3 接口继承接口

如果是接口继承接口，那么应该使用 extends 关键字，而不是 implements 关键字。接口继承接口的语法格式如下所示：

```
interface 接口 1 extends 接口 2 {

}
```

需要注意的是，如果类实现了子接口，那么在类中就需要同时重写父接口和子接口中所有的抽象方法。代码如下所示：

```
01    interface FatherLike {                          // 父接口
02        void fatherMethod();                        // 父接口方法
03    }
04
05    interface ChildLike extends FatherLike {        // 子接口，继承父接口
06        void ChildLikeMethod();                     // 子接口方法
07    }
08
09    class InterfaceExtends implements ChildLike {       // 实现子接口，但必须重写所有方法
10        @Override
11        public void fatherMethod() {
12            System.out.println(" 实现父接口方法 ");
13        }
14
15        @Override
16        public void ChildLikeMethod() {
17            System.out.println(" 实现子接口方法 ");
18        }
19    }
```

接口是一种比较特殊的结构，它可以使用 Java 明令禁止的"多重继承"语法，即子接口可以同时继承多个父接口。其语法格式如下所示：

```
interface 子接口 extends 父接口 1, 父接口 2, 父接口 3, … {}
```

[实例 8.21]

（源码位置：资源包 \Code\08\21）

一个接口继承另外 3 个接口

先创建三个接口，分别为 A、B、C。代码如下所示：

```
01    interface A {
02        void a();
03    }
04
05    interface B {
06        void b();
07    }
08
09    interface C {
10        void c();
11    }
```

再创建一个接口 Letter, 并继承了 A、B、C 这 3 个接口。代码如下所示:

```
interface Letter extends A, B, C {}
```

接着创建一个类 LetterImp, 并实现接口 Letter, 此时必须同时实现 A、B、C 这 3 个接口中所有的抽象方法。代码如下所示:

```
01    class LetterImp implements Letter {
02        @Override
03        public void a() {
04            System.out.println("A 接口中的抽象方法 ");
05        }
06
07        @Override
08        public void b() {
09            System.out.println("B 接口中的抽象方法 ");
10        }
11
12        @Override
13        public void c() {
14            System.out.println("C 接口中的抽象方法 ");
15        }
16    }
```

👑 注意:

"多重继承"语法只有接口可以使用, 普通类和抽象类都不允许使用。

8.8 final 关键字

final 被译为 "最后的" "最终的", 是 Java 语言中的一个关键字。final 关键字可以用于修饰类、方法和变量。本节将依次对 final 类、final 方法和 final 变量进行讲解。

8.8.1 final 类

当使用 final 关键字修饰一个类时, 这个类就是 final 类。定义一个 final 类的语法格式如下所示:

```
final class 类名 {}
```

如果希望一个类不被任何类继承, 那么可以使用 final 关键字修饰这个类。也就是说, final 类不能被继承。

例如, 使用 final 关键字修饰男孩类 Boy, 如果让一个宝宝类 Baby 继承男孩类 Boy, 那么 Eclipse 就会提示如图 8.17 所示的编译错误。

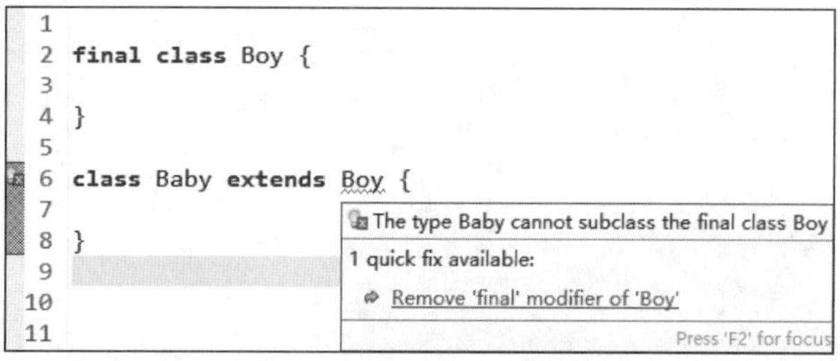

图 8.17 宝宝类 Baby 不能继承被 final 关键字修饰的男孩类 Boy

在实际生活中，哪些生活场景可以用到 final 类?

[实例 8.22]

（源码位置: 资源包 \Code\08\22 ）

把五星红旗类创建为 final 类

编写一个程序，使用 final 关键字修饰五星红旗类 FiveStarRedFlag，在类中分别声明表示"五角星的个数""五角星的颜色""五星红旗的旗面颜色"的 3 个变量 starNum、starColor 和 backgroundColor，控制台输出"五星红旗是由红色的旗面和 5 颗黄色的五角星组成的"。代码如下所示:

```
01    public final class FiveStarRedFlag {        // 创建由 final 修饰五星红旗类
02        int starNum;                            // 五角星的个数
03        String starColor;                       // 五角星的颜色
04        String backgroundColor;                 // 五星红旗的旗面颜色
05
06        // 参数为五角星的个数、五角星的颜色以及五星红旗的旗面颜色的构造方法
07        public FiveStarRedFlag(int starNum, String starColor, String backgroundColor) {
08            this.starNum = starNum;             // 为五角星的个数赋值
09            this.starColor = starColor;         // 为五角星的颜色赋值
10            this.backgroundColor = backgroundColor; // 为五星红旗的旗面颜色赋值
11        }
12
13        public static void main(String[] args) {
14            // 使用有参的构造方法，创建五星红旗对象
15            FiveStarRedFlag flag = new FiveStarRedFlag(5, "黄色", "红色");
16            // 控制台输出"五星红旗是由红色的旗面和 5 颗黄色的五角星组成的"
17            System.out.println("五星红旗是由" + flag.backgroundColor + "的旗面和" +
18                    flag.starNum + "颗" + flag.starColor + "的五角星组成的");
19        }
20    }
```

8.8.2 final 方法

final 关键字不仅可以修饰类，还可以修饰方法；其中，把被 final 关键字修饰的方法称作 final 方法。定义一个 final 类的语法格式如下所示:

> [访问控制符] final [返回值类型] 方法名 ([参数类型 参数名]) {}

final 类不能被继承，那么 Java 语言对 final 方法又有怎样的限制? 如果父类中包含 final 方法，那么这些 final 方法在子类中不能被重写。简而言之，final 方法不能被重写。

例如，先创建一个父类 Parent，其中包含一个 final 方法 method()；再创建一个子类 Child，使之继承父类 Parent，在 Child 类中重写 Parent 类中的 final 方法 method()。这时，Eclipse 会提示如图 8.18 所示的错误提示。

```
1
2  class Parent {
3⊖     public final void method() {
4
5      }
6  }
7
8  class Child extends Parent {
9⊖     public final void method() {
10
11     }
12 }
13
14
```
Cannot override the final method from Parent
1 quick fix available:
  Remove 'final' modifier of 'Parent.method'(...)
Press 'F2' for focus

图 8.18 在 Child 类中不能重写 Parent 类中的 final 方法 method()

👑 注意：

一个类的 private 方法也会隐式地被指定为 final 方法。

如果父类中某个方法的修饰符被设置为 private，那么子类将无法访问这个方法，这直接导致了子类不能重写这个方法。因此，一个类的 private 方法也会隐式地被指定为 final 方法。这样，被 private 修饰的方法就不需要再被 final 修饰。

定义一个无参的、没有返回值的、被 private 修饰的 test() 方法。代码如下所示：

```
private void test() {}
```

上述代码等价于

```
private final void test() {}
```

 [实例 8.23]

（源码位置：资源包 \Code\08\23）

判断子类方法是不是重写父类方法后的方法

先创建一个父类 Parents，其中含有一个 private 方法 doit()；再创建一个 Sub 类，使之继承父类 Parents，Sub 类也含有一个被 public final 修饰的 doit() 方法，判断 Sub 类中的 doit() 方法是否是重写 Parents 类中的 doit() 方法后的方法。代码如下所示：

```
01    class Parents {
02        private void doit() {
03            System.out.println(" 父类 .doit()");
04        }
05    }
06
07    class Sub extends Parents {
08        public final void doit() {                // 在子类中重新定义一个 final 方法 doit()
09            System.out.println(" 子类 .doit()");
10        }
11    }
12
13    public class FinalMethod {
14        public static void main(String[] args) {
15            Sub s = new Sub();                     // 子类对象
16            s.doit();                              // 调用 doit() 方法
17            Parents p = s;                         // 子类对象向上转型为父类对象
18            // p.doit();                           // 不能调用 private 方法
19        }
20    }
```

上述代码的运行结果如下所示。

```
子类 .doit()
```

上述实例在父类中定义了一个 private 方法 doit()，子类中也定义了一个 final 方法 doit()。从表面上来看，子类重写了父类的 doit() 方法。但是，判断父类中的方法是否被子类重写还需要满足一个条件：子类对象向上转型为父类对象后，是否能够调用父类中的方法。上述实例在使用 "Parents p=s;" 语句执行向上转型后，对象 p 不能调用 doit() 方法。这说明子类中的 doit() 方法并不是重写父类 doit() 方法后的方法，而是重新定义的一个 doit() 方法。

👑 注意：

final 类中的成员方法都会被隐式地指定为 final 方法。

8.8.3 final 变量

当使用 final 关键字修饰一个成员变量时，这个成员变量就是 final 变量。final 变量要被赋予初始值，否则 Eclipse 会出现如图 8.19 所示的错误提示。

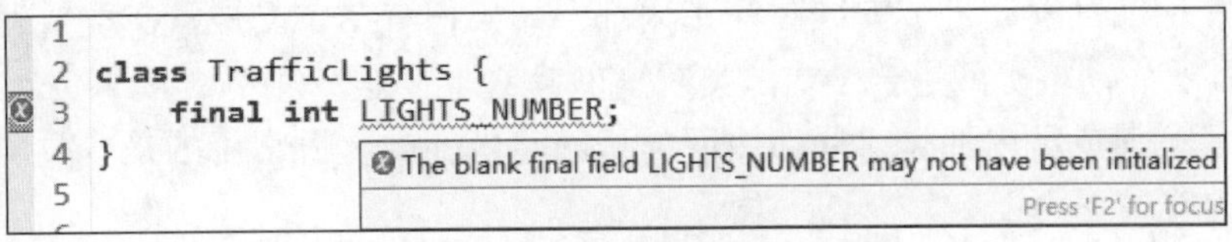

```
1
2  class TrafficLights {
3      final int LIGHTS_NUMBER;
4  }
5
      ⊗ The blank final field LIGHTS_NUMBER may not have been initialized
                                          Press 'F2' for focus
```

图 8.19　final 变量要被赋予初始值

为了消除图 8.19 中的错误提示，图 8.19 中的代码要作如下修改：

```
01    class TrafficLights {
02        final int LIGHTS_NUMBER = 3;
03    }
```

👑 说明：

　　当使用 final 关键字修饰一个成员变量时，这个成员变量又被称作常量。为常量命名时，名称应该由一个或者多个完整的单词组成，并且其中的英文字母应该全部大写；如果名称中包含多个单词，那么使用英文格式的下划线分隔这些单词。

final 变量有两种被赋予初始值的方式：直接被赋予初始值和在构造方法中被赋予初始值（如图 8.20 所示）。

如果使用 final 关键字修饰一个基本数据类型的成员变量，那么这个 final 变量的值不能被改变；否则，Eclipse 会出现如图 8.21 所示的错误提示。

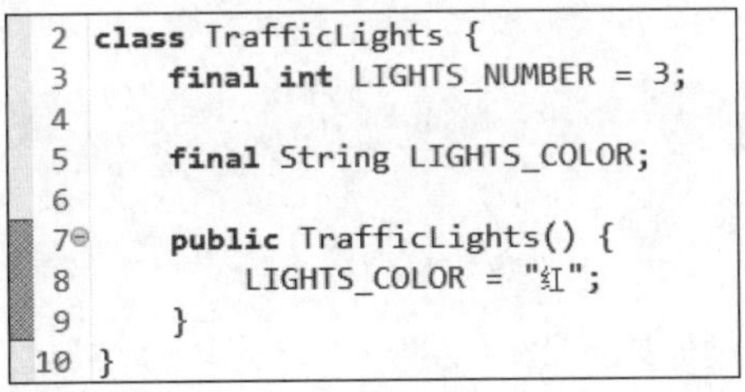

```
2  class TrafficLights {
3      final int LIGHTS_NUMBER = 3;
4
5      final String LIGHTS_COLOR;
6
7      public TrafficLights() {
8          LIGHTS_COLOR = "红";
9      }
10 }
```

```
1
2  class TrafficLights {
3      final int LIGHTS_NUMBER = 3;
4
5      public void change() {
6          LIGHTS_NUMBER = 2;
7      }
8  }
      🔒 The final field TrafficLights.LIGHTS_NUMBER cannot be assigned
9
10  1 quick fix available:
       ⚙ Remove 'final' modifier of 'LIGHTS_NUMBER'
11
                                          Press 'F2' for focus
```

图 8.20　final 变量的两种被赋予初始值的方式 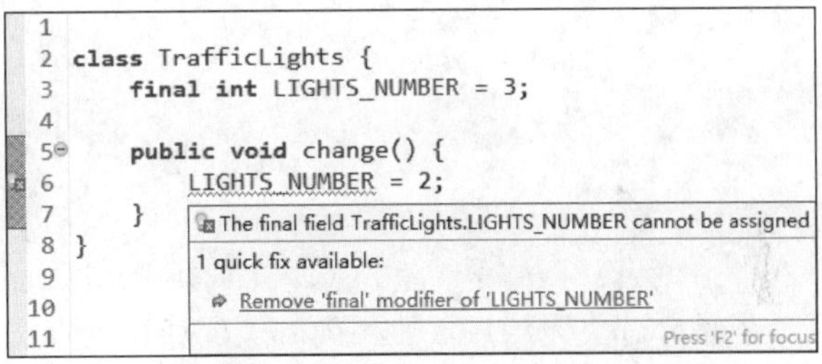　　图 8.21　基本数据类型的 final 变量的值不能被改变

👑 注意：

　　基本数据类型的 final 变量和普通变量的区别在于前者要被赋予初始值，且这个初始值不能被改变。

如果使用 final 关键字修饰一个引用类型的成员变量，那么这个 final 变量的存储地址不能被改变；但是，final 变量的值可以在构造方法中被改变（如图 8.22 所示）。

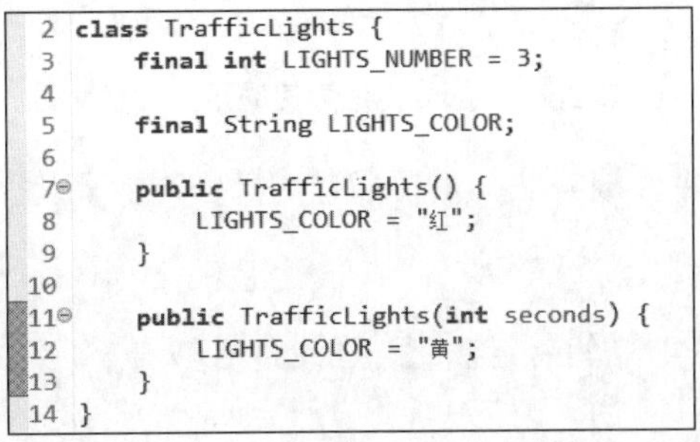

```
2  class TrafficLights {
3      final int LIGHTS_NUMBER = 3;
4
5      final String LIGHTS_COLOR;
6
7      public TrafficLights() {
8          LIGHTS_COLOR = "红";
9      }
10
11     public TrafficLights(int seconds) {
12         LIGHTS_COLOR = "黄";
13     }
14 }
```

图 8.22　引用类型的 final 变量的值可以在构造方法中被改变

8.9 内部类

内部类也叫嵌套类，表示一个类定义在另一个类的内部。两个类就构成了内部类和外部类的关系。例如，发动机被安装在汽车内部，如果把汽车定义成汽车类，发动机定义成发动机类，那么发动机类就是一个内部类，汽车就是外部类。

内部类可分为成员内部类、局部内部类和静态内部类。最常用的是成员内部类，也是本节的重点内容。

8.9.1 成员内部类

除成员变量、方法和构造方法可作为类的成员外，成员内部类也可作为类的成员，成员内部类的语法格式如下所示：

```
class OuterClass {                              // 外部类
    class InnerClass {                          // 内部类
        //...
    }
}
```

成员内部类可以直接访问外部类的属性和方法，即使这些方法是用 private 修饰的。例如：

```
01   class OuterClass {                              // 外部类
02       private int i = 0;
03       private void method() {      }
04
05       class InnerClass {                          // 内部类
06           void test() {
07               i++;                               // 内部类可以调用外部类的私有属性
08               method();                          // 内部类可以调用外部类的私有方法
09           }
10       }
11   }
```

但是外部类无法直接使用内部类的属性或方法，例如图 8.23 所示代码，i 是内部类属性，外部类直接调用 i 会发生 "i cannot be resolved to a variable"（i 无法解析为变量）编译错误。

```
 1 class OuterClass { // 外部类
 2
 3     void method() {
 4         i++;
 5     }
 6
 7     class InnerClass {// 内部类
 8         int i = 0;
 9     }
10 }
```

图 8.23　外部类无法直接调用内部类属性

外部类调用内部类的属性或方法，需要通过内部类对象调用。

[实例 8.24]　　　　　　　　　　　　　　　（源码位置：资源包 \Code\08\24）

外部类调用内部类的方法

编写一个程序，在外部类中创建内部类对象并调用其方法，代码如下所示：

```
01    class OuterClass {                              // 外部类
02        InnerClass inner = new InnerClass();        // 创建内部类对象
03
04        void method() {                             // 外部类的成员方法
05            inner.method();                         // 调用内部类方法
06        }
07
08        class InnerClass {                          // 内部类
09            void method() {                         // 内部类的成员方法
10                System.out.println(" 这是内部类提供的内容 ");
11            }
12        }
13    }
14
15    public class Demo {
16        public static void main(String[] args) {
17            OuterClass outer = new OuterClass();
18            outer.method();
19        }
20    }
```

运行结果如下所示：

这是内部类提供的内容

成员内部类不只可以在外部类中使用，在其他类中也可以使用。在其他类中创建内部类对象的语法非常特殊，语法格式如下所示：

```
外部类 outer = new 外部类 ();
外部类 . 内部类 inner = outer.new 内部类 ();
```

创建内部类对象之前，首先要创建外部类对象，因为必须完成外部类的实例化操作才能进行内部类的实例化操作。内部类的类型使用 "外部类 . 内部类" 的形式，但使用 new 关键字时，语法为 "外部类对象 .new 内部类 ()"。

👑 注意：
这个语法非常特殊，一定要看清关键字和英文点的位置。

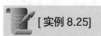[实例 8.25]

（源码位置：资源包 \Code\08\25 ）

在其他类中使用成员内部类

删除上一个实例代码中外部类的成员方法，在主方法中直接创建内部类对象，并调用内部类方法，代码如下所示：

```
01    class OuterClass {                              // 外部类
02        class InnerClass {                          // 内部类
03            void method() {                         // 内部类的成员方法
04                System.out.println(" 这是内部类提供的内容 ");
05            }
06        }
07    }
08
09    public class Demo {
10        public static void main(String[] args) {
11            OuterClass outer = new OuterClass();
12            OuterClass.InnerClass inner = outer.new InnerClass();
13            inner.method();
14        }
15    }
```

第 2 篇 面向对象编程篇

运行结果如下所示：

这是内部类提供的内容

8.9.2　静态内部类

使用 static 关键字修饰的内部类就是静态内部类。静态内部类可以直接访问外部类的静态属性和静态方法。

 [实例 8.26]　（源码位置：资源包 \Code\08\26）

内部类访问外部类的静态成员

在外部类中创建静态属性和静态方法，创建静态内部类之后，让内部类直接访问外部类的静态成员，代码如下所示：

```
01    class OuterClass {                          // 外部类
02        static int i = 0;                       // 静态属性
03        static void method() {                  // 静态方法
04        }
05
06        static class InnerClass {               // 静态内部类
07            void test() {
08                method();
09                i++;
10            }
11        }
12    }
```

静态内部类也可以在外部类以外的其他类中创建对象，语法与创建成员内部类对象不同，不需要先创建外部类对象。其语法格式如下所示：

外部类 . 内部类 inner = new 外部类 . 内部类 ();

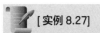 **[实例 8.27]**　（源码位置：资源包 \Code\08\27）

外部类调用静态内部类的方法

在静态内部类中创建个 show() 方法，在外部类的 main 方法中调用内部类的 show() 方法，代码如下所示：

```
01    class OuterClass {                          // 外部类
02        static class InnerClass {               // 静态内部类
03            void show() {
04                System.out.println(" 静态内部类展示的内容 ");
05            }
06        }
07    }
08
09    public class Demo {
10        public static void main(String[] args) {
11            OuterClass.InnerClass inner = new OuterClass.InnerClass();
12            inner.show();
13        }
14    }
```

运行结果如下所示:

静态内部类展示的内容

静态内部类还有个特点, 就是可以执行主方法, 例如:

```
01    public class Demo {
02        static class InnerClass {                      // 静态内部类
03            public static void main(String[] args) {
04                System.out.println(" 通过静态内部类运行主方法 ");
05            }
06        }
07    }
```

运行结果如下所示:

通过静态内部类运行主方法

8.9.3　局部内部类

局部内部类和局部变量的生命周期一样, 在代码块汇总定义, 就只能在代码块中使用。
这种内部类很少使用, 但 Java 支持此种写法。

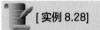 **[实例 8.28]**　　　　　　　　　　　　　　　　　　（源码位置: 资源包 \Code\08\28)

只能在代码块中使用的局部内部类

在外部类中创建一个 test() 方法, 在这个方法内部定义一个 Heart 类, 并创建 Heart 类
对象, 代码如下所示:

```
01    public class Demo {                            // 外部类
02        void test() {                              // 成员方法
03            class Heart {                          // 方法中创建内部类
04                void beating() {                   // 内部类的方法
05                    System.out.println(" 跟着节奏一起跳动 ");
06                }
07            }
08            Heart t = new Heart();                 // 创建内部类对象
09            t.beating();                           // 执行内部类方法
10        }
11
12        public static void main(String[] args) {
13            Demo d = new Demo();
14            d.test();
15        }
16    }
```

运行结果如下所示:

跟着节奏一起跳动

第
2
篇　
面
向
对
象
编
程
篇

本章知识思维导图

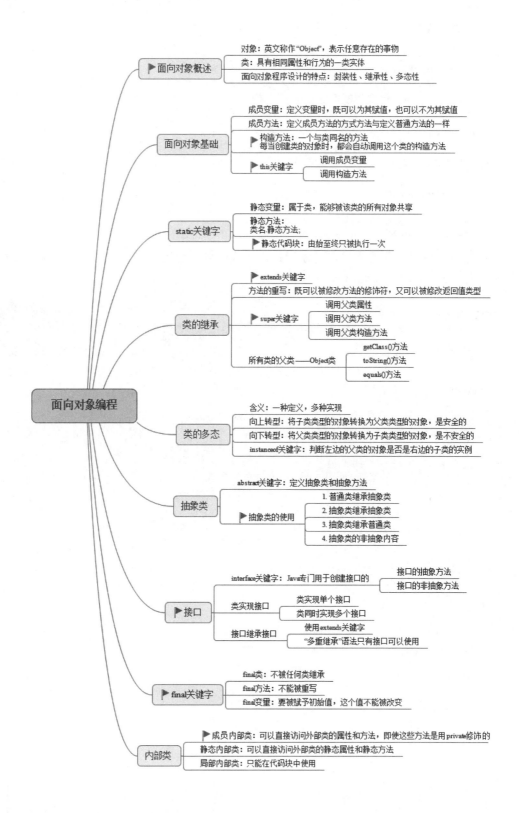

第 9 章

字符串

 本章学习目标

- 掌握创建字符串对象的 3 种方法。
- 掌握本章讲解的 13 种操作字符串对象的方法。
- 明确拼接字符串时，既可以拼接其他字符串，又可以拼接其他数据类型的数据。
- 明确 indexOf() 和 lastIndexOf() 方法都是区分大小写的。
- 熟练掌握"=="运算符和 equals() 方法在比较两个字符串对象是否相等的区别。
- 掌握创建 StringBuilder 类对象的 3 种方法。
- 掌握本章讲解的 6 种操作 StringBuilder 类对象的方法。
- 明确操作 String 类对象的很多方法也能够用于操作 StringBuilder 对象。

9.1　字符串与 String 类型

串在一起的肉块叫"肉串"，拼在一起的字符就叫"字符串"。

9.1.1　字符串

字符串可以显示任何文字信息，字符串是常量，所以字符串在创建之后不能更改。在 Java 语言中，单引号中的内容表示字符，例如 's'，而双引号中的内容则表示字符串，例如：

```
01    " 我是字符串 "
02    "123456789"
03    "abcdefg"
```

字符串不区分关键字，例如下面的是字符串，而不是关键字：

```
01    "class"
02    "int"
```

字符串可以包含空白内容，例如：

```
"    昨天    今天    明天    "
```

字符串支持转义字符，例如：

```
"第一行 \n 第二行 "
```

但是字符串不支持折行，例如下面的写法是错误的：

```
01    " 第一行
02    第二行 "
```

如果写代码的时候需要折行，可以使用"+"运算符连接两个字符串，例如：

```
01    " 第一行 "
02    + " 第二行 "
```

9.1.2　创建字符串

Java 语言使用 java.lang.String 这个类表示字符串，可以简写成 String。给字符串变量赋值有很多方法，下面将分别予以介绍。

👑　注意：

　　因为 String 是类，所以字符串变量是一个对象。在不给 String 变量赋值的情况下，默认值为 null，就是空对象，如果此时调用 String 的方法会发生空指针异常。

（1）通过构造方法赋值

String 类提供了多种构造方法，常用的构造方法如表 9.1 所示。

表 9.1 String 类的构造方法

构造方法	说明
String()	创建一个没有任何文字内容的 String 对象
String(String original)	创建内容与 original 一样的字符串
String(char[] value)	创建的字符串包含 value 中的所有字符
String(char[] value, int offset, int count)	创建的字符串包含 value 中从索引 offset 开始、字符个数为 count 的所有字符
String(byte[] bytes)	使用默认字符集，将 bytes 数组转化成字符串
String(byte[] bytes, String charsetName)	使用指定的 charsetName 字符集，将 bytes 数组转化成字符串。字符集可以是 UTF-8、GBK 等

通过构造方法，可以直接使用字符串常量创建 String 对象，例如：

```
String s = new String(" 没有什么代码的执行速度比空代码更快 ");
```

变量 s 的值就是"没有什么代码的执行速度比空代码更快"。

构造方法可以将一个字符数组转为 String 对象，例如：

```
01    char[] charArray = {'s', 'u', 'c', 'c' 'e', 's', 's'};
02    String s = new String(charArray);
```

变量 s 的值就是"success"。

如果在构造方法中再添加两个参数，就可以获取指定的字符，例如：

```
01    char[] charArray = {' 成 ', ' 功 ', ' 是 ', ' 失 ' ' 败 ', ' 之 ', ' 母 '};
02    String s = new String(charArray, 2, 2);
```

变量 s 的值就是"是失"。

构造方法可以将一个字节数组转为 String 对象，例如：

```
01    byte buf[] = {-60, -29, -70, -61};
02    String s = new String(buf);
```

变量 s 的值就是"你好"。字节是存储数据的最小单位，所以字节数组经常会用在 I/O 流相关功能中。字节数组转字符串的构造方法大大地提高了开发者的编码效率。

（2）直接赋值

直接赋值是 Java 最常用字符串赋值的语法，Java 语言对 String 类做了深度优化，使 String 变量可以像基本数据类型那样直接赋值，而无须创建对象。其他语法格式如下所示：

```
String s = " 控制复杂性是编程的本质。";
```

这个赋值语句中没有使用 new 关键字，但 Java 虚拟机会自动为变量 s 创建一个匿名 String 对象，所以 s 具备 String 对象的所有功能和特点。

（3）通过静态方法赋值

String 类提供的 valueOf() 方法专门用来将各种类型的数据转化为字符串对象，该方法有多种重载形式，详见表 9.2。

表 9.2　valueOf() 方法的多种重载形式

返回类型	方法名	说明
static String	valueOf(boolean b)	返回 boolean 参数的字符串表示形式
static String	valueOf(char c)	返回 char 参数的字符串表示形式
static String	valueOf(char[] data)	返回 char 数组参数的字符串表示形式
static String	valueOf(char[] data, int offset, int count)	返回 char 数组参数的特定子数组的字符串表示形式
static String	valueOf(double d)	返回 double 参数的字符串表示形式
static String	valueOf(float f)	返回 float 参数的字符串表示形式
static String	valueOf(int i)	返回 int 参数的字符串表示形式
static String	valueOf(long l)	返回 long 参数的字符串表示形式
static String	valueOf(Object obj)	返回 Object 参数的字符串表示形式

valueOf() 方法是静态方法，返回一个 String 对象，其用法如下所示：

```
String s = String.valueOf(" 控制复杂性是编程的本质。");
```

9.2　操作字符串

String 类中包含了大量的用于操作字符串的方法，这些方法能够实现拼接字符串，获取字符串信息，比较字符串，替换字符串，转换字符串为大写或者小写等功能。下面依次对操作字符串的常用方法进行讲解。

9.2.1　拼接字符串

对于已声明的字符串，可以对其进行相应的操作。拼接字符串是比较简单的一种操作字符串的方式。拼接字符串时，目标字符串既可以连接任意多个字符串，也可以连接其他数据类型的变量或者常量。

（1）拼接其他字符串

① 使用 "+" 运算符拼接多个字符串。"+" 运算符可以连接多个字符串常量并产生一个新的 String 对象，例如：

```
String s = " 醉酒当歌 " + " 人生几何 ";
```

"+" 运算符也可以拼接 String 对象，例如：

```
01    String a = " 醉酒当歌 ";
02    String b = " 人生几何 ";
03    String c = a + b;
```

上述代码中，字符串变量 s 和 c 最后被赋予的值是相同的。

② 使用 "+=" 运算符拼接多个字符串。"+=" 运算符有着与 "+" 运算符类似的功能，可以直接拼接字符串，例如：

```
01    String s = "1";
02    s += "2";
03    s += "3";
```

这样三行代码执行完，字符串变量 s 最后拼接出的结果为"123"。

③ concat() 方法。String 类提供了一个 concat() 拼接方法，其语法格式如下所示：

```
String concat(String str)
```

参数 str 是在原字符串末尾拼接的字符串，方法的返回值就是拼接之后的结果，例如：

```
01    String a = "Hello";
02    String b = a.concat("Java");
```

最后字符串 b 的值就是"HelloJava"。

（2）拼接其他数据类型

字符串也可以拼接其他基本数据类型。如果使用"+"运算符拼接字符串和其他类型数据，Java 虚拟机会默认将其他类型数据转换成字符串。

字符串拼接其他基本数据类型可以分成三种情况，每种情况的拼接结果都不同。具体情况和拼接规则如下所示：

```
01    String a = "1" + 2 + 3 + 4;     // "1234"，碰到字符串后，直接拼接字符串后面的内容，不做运算
02    String b = 1 + 2 + 3 + "4";     // "64"，碰到字符串前，先正常运算，后拼接运算结果
03    String c = "1" + (2 + 3 + 4);   // "19"，如果有大括号，先运算大括号里的表达式，后拼接运算结果
```

 [实例 9.1]

（源码位置：资源包 \Code\09\01)

用两种形式打印两个整数相加的结果

创建 Demo 类，在主方法中创建一个 int 型变量 a 和 b，有两种形式在控制台中打印 a+b 的结果：第一种形式是在结果前加文字说明，第二种形式是直接输出结果。代码如下所示：

```
01    public class Demo {
02        public static void main(String[] args) {
03            int a = 1;
04            int b = 2;
05            System.out.println("a + b = " + a + b);
06            System.out.println(a + b);
07        }
08    }
```

代码运行结果如下所示。

```
a + b = 12
3
```

从这个结果可以看出，如果"+"运算符的表达式里有字符串，"+"运算符就丧失了加法计算功能，只剩拼接功能。想要避免这种问题出现，可以为需要进行数学运算的表达式添加圆括号，例如：

```
System.out.println("a + b = " + (a + b));
```

这样就可以输出正确的计算结果了：

```
a + b = 3
```

9.2.2　获取字符串长度

一个字符串可以看成是"字符数组"，数组有 length 属性表示长度，String 有 length()
方法表示长度。length() 方法可以返回字符串中字符数量，也就是 char 的数量。方法的语法
格式如下所示：

```
int length()
```

例如，定义一个字符串 num，使用 length() 方法获取其长度。代码如下所示：

```
01    String num ="123456789";
02    int size = num.length();
```

最后 size 被赋予的值是 9。

因为空格、特殊字符、转义字符等都属于一个字符，所以会被 length() 方法统计个数，
例如：

```
01    String s1 = "a\nb";                        // 有转义字符 \n
02    int size1 = s1.length();                    // size 被赋予的值是 3
03
04    String s2 = "a b";                          // 有空格
05    int size2 = s2.length();                    // size 被赋予的值是 3
06
07    String s3 = "a&b";                          // 有 & 符号
08    int size3 = s3.length();                    // size 被赋予的值是 3
```

 注意：

　　字符串的 length() 方法与数组的 length 虽然都是用来获取长度的，但两者却有些许的不同。String 的 length() 是类
的成员方法，是有括号的；数组的 length 是数组的一个属性，是没有括号的。

9.2.3　获取指定位置的字符

String 类提供的 charAt() 方法可以获取指定索引位置的字符，方法的语法格式如下所示：

```
char charAt(int index)
```

参数 index 就表示获取的索引位置。字符串中的索引规则与数组的索引是一样的，第一
个字符的索引从 0 开始。

[实例 9.2]　　　　　　　　　　　　　　　　　　　　　（源码位置：资源包 \Code\09\02）

找到索引位置是 4 的字符

找出古诗《静夜思》前两句中索引位置为 4 的字。代码如下所示：

```
01    public class ChatAtTest {
02        public static void main(String[] args) {
03            String str = " 床前明月光，疑是地上霜。"; //《静夜思》的前两句
04            char chr = str.charAt(4); // 将字符串 str 中索引位置为 4 的字符赋值给 chr
05            System.out.println(" 字符串中索引位置为 4 的字符是: " + chr)
06        }
07    }
```

在这个字符串中找到索引位置是 4 的字符，查找过程的示意图如图 9.1 所示。

索引位置是4的字符

图 9.1　查找索引位置是 4 的字符图

运行结果如下所示。

字符串中索引位置为 4 的字符是：光

9.2.4　查找子字符串索引位置

String 类提供的 indexOf() 方法和 lastIndexOf() 方法都可以查找某段文字出现的索引位置。两者的区别在于 indexOf() 方法获得的是某段文字第一次出现的索引，lastIndexOf() 方法获得的是最后一次出现的索引。方法的语法格式如下所示：

```
public int indexOf(String str)
public int lastIndexOf(String str)
```

参数 str 就是被查找的文字内容。

 [实例 9.3]

（源码位置：资源包 \Code\09\03）

找到指定字符首次和末次出现的索引值

控制台输出值为"So say we can!"的字符串中字母 s 首次和末次出现的索引值。关键代码如下所示：

```
01   public class Demo {
02       public static void main(String[] args) {
03           String message = "So say we can!";
04           System.out.println("a首次出现的索引值：" + message.indexOf('a'));
05           System.out.println("a末次出现的索引值：" + message.lastIndexOf('a'));
06       }
07   }
```

字母 a 首次出现在"say"这个单词中，indexOf() 返回的就是这个单词中 'a' 的索引；字母 a 最后一次出现在"can"这个单词中，lastIndexOf() 方法返回这个单词中 'a' 的索引。查找过程如图 9.2 所示。

S	o		s	a	y		w	e		c	a	n	!
0	1	2	3	4	5	6	7	8	9	10	11	12	13

首次出现的位置　　　最后一次出现的位置

图 9.2　查找字母 a 的索引位置

代码运行的结果如下所示：

a 首次出现的索引值：4
a 末次出现的索引值：11

如果查找的是字符串，方法返回的结果是被查找字符串第一个字母的索引位置。

（源码位置：资源包 \Code\09\04）

[实例 9.4]

找到指定字符串首次出现的索引值

在 "So say we can!" 中查找 "ay" 首次出现的位置，代码如下所示：

```
01    public class Demo {
02        public static void main(String[] args) {
03            String message = "So say we can!";
04            System.out.println("ay 首次出现的索引值: " + message.indexOf("ay"));
05        }
06    }
```

找到 "ay" 之后会返回首字母的索引位置，也就是字母 a 的索引。查找过程如图 9.3 所示。

ay首次出现的位置

图9.3 "ay" 的查找过程

代码运行的结果如下所示：

> ay 首次出现的索引值: 4

👑 注意：

indexOf() 和 lastIndexOf() 方法都是区分大小写的。

9.2.5 判断字符串首尾内容

String 类提供的 startsWith() 方法和 endsWith() 方法分别用于判断字符串是否以指定的内容开始或结束。这两个方法的返回值都是 boolean 类型。

（1）startsWith(String prefix)

该方法用于判断字符串是否以指定的前缀开始。方法的语法格式如下所示：

```
boolean startsWith(String prefix)
```

参数 prefix 是指定的前缀，如果字符串是以此前缀开始的，就会返回 true，否则返回 false。参数区分大小写。

（源码位置：资源包 \Code\09\05）

[实例 9.5]

打印海尔品牌的电器名称

创建一个记录各种品牌家用电器的数组，遍历此数组，把所有海尔品牌的电器名称打印在控制台中。代码如下所示：

```
01    public class Demo {
02        public static void main(String[] args) {
```

```
03              // 家用电器种类数组
04              String appliances[] = {" 美的电磁炉 ", " 海尔冰箱 ", " 格力空调 ", " 小米手机 ",
05                  " 海尔洗衣机 ", " 美的吸尘器 ", " 格力手机 ", " 海尔电热水器 ", " 海信液晶电视 "};
06              for (int i = 0; i < appliances.length; i++) {      // 遍历所有家用电器
07                  String name = appliances[i];                   // 获取电器的名称
08                  if (name.startsWith(" 海尔 ")) {                // 判断名称是否以 " 海尔 " 开头
09                      System.out.println(name);                  // 输出海尔电器的名称
10                  }
11              }
12          }
13      }
```

运行结果如下。

```
海尔冰箱
海尔洗衣机
海尔电热水器
```

（2）endsWith(String suffix)

该方法判断字符串是否以指定的后缀结束。方法的语法格式如下所示：

```
boolean endsWith(String suffix)
```

参数 prefix 是指定的后缀，如果字符串是以此后缀结尾的，就会返回 true，否则返回
false。参数区分大小写。

 [实例 9.6]

（源码位置：资源包 \Code\09\06）

打印所有 MP4 视频文件

将一大堆文件名保存到一个 String 数组中，遍历数据并将所有 MP4 视频文件打印在控
制台中。代码如下所示：

```
01  public class Demo {
02      public static void main(String[] args) {
03          // 文件名称
04          String files[] = {" 如何创建字符串 .mp4", "Java 入门指南 .txt", " 正则表达式 .doc",
05                  " 程序员颈椎按摩教程 .mp4", " 鬼吹灯有声小说 .mp3", " 人员登记表 .xls",
06                  " 鲁迅全集 .pdf", " 旅游照片 .png" , "JDK 的下载与安装 .doc"};
07          for (int i = 0; i < files.length; i++) {    // 遍历所有文件
08              if (files[i].endsWith(".mp4")) {        // 如果是文件 MP4
09                  System.out.println(files[i]);       // 打印文件名
10              }
11          }
12      }
13  }
```

运行结果如下。

```
如何创建字符串 .mp4
程序员颈椎按摩教程 .mp4
```

9.2.6　获取字符数组

String 类提供 toCharArray() 方法可以将字符串转换为一个字符数组。方法的语法格式如
下所示：

```
char[] toCharArray()
```

 [实例 9.7]

（源码位置：资源包 \Code\09\07）

将一个字符串转换成字符数组

先将一个字符串转换成字符数组，再分别输出数组中的每个字符。代码如下所示：

```
01    public class Demo {
02        public static void main(String[] args) {
03            String str = " 这是一个字符串 ";
04            char[] ch = str.toCharArray();                      // 将字符串转换成字符数组
05            for (int i = 0; i < ch.length; i++) {               // 遍历字符数组
06                System.out.println(" 数组第 " + i + " 个元素为: " + ch[i]);// 输出数组的元素
07            }
08        }
09    }
```

运行结果如下。

```
数组第 0 个元素为: 这
数组第 1 个元素为: 是
数组第 2 个元素为: 一
数组第 3 个元素为: 个
数组第 4 个元素为: 字
数组第 5 个元素为: 符
数组第 6 个元素为: 串
```

9.2.7　判断字符串是否包含指定内容

String 提供的 contains() 方法可以判断字符串中是否包含指定的内容，语法格式如下所示：

```
boolean contains(CharSequence s)
```

参数 s 是一段字符序列，如果字符串中包含 s，则返回 true，否则返回 false。参数的类型是 CharSequence 字符序列类，该类的子类包括 String、StringBuilder 和 StringBuffer 等。

 [实例 9.8]

（源码位置：资源包 \Code\09\08）

字符串是否包含指定内容

查找 "mrsoft" 中是否包含 "s" "soft" "mrsoft" 和 "java" 的内容，代码如下所示：

```
01    public class Demo {
02        public static void main(String[] args) {
03            String str = "mrsoft";
04            System.out.println(str.contains("s"));          // 字符串中是否包含 "s"
05            System.out.println(str.contains("soft"));       // 字符串中是否包含 "soft"
06            System.out.println(str.contains("mrsoft"));     // 字符串中是否包含 "mrsoft"
07            System.out.println(str.contains("java"));       // 字符串中是否包含 "java"
08        }
09    }
```

代码运行结果如下所示。

```
true
true
true
false
```

9.2.8　截取字符串

String 类提供的 substring() 方法可以截取字符串中的片段，方法的语法格式如下所示：

```
String substring(int beginIndex)
String substring(int beginIndex, int endIndex)
```

第一个重载形式只有一个 beginIndex 参数，beginIndex 表示从哪个索引位置开始截取，一直截取到字符串的末尾；第二个重载形式多了一个 endIndex 参数，表示从 beginIndex 索引开始截取，截取到 endIndex − 1 的索引位置（也就是从 beginIndex 开始到 endIndex 之前的内容）。

 [实例 9.9]

（源码位置：资源包 \Code\09\09）

截取身份证号中的出生年月日

用字符串变量记录一个身份证号，取出身份证号中的出生年月日。代码如下所示：

```
01    public class Demo {
02        public static void main(String[] args) {
03            String idNum = "123456198002157890";           // 模拟身份证号字符串
04            String year = idNum.substring(6, 10);           // 截取年
05            String month = idNum.substring(10, 12);         // 截取月
06            String day = idNum.substring(12, 14);           // 截取日
07            System.out.print(" 该身份证显示的出生日期为: ");    // 输出标题
08            System.out.print(year + " 年 " + month + " 月 " + day + " 日"); // 输出结果
09        }
10    }
```

运行结果如下所示。

该身份证显示的出生日期为: 1980 年 02 月 15 日

9.2.9　字符串替换

String 类提供了两个替换字符串的方法，分别是 replace() 和 replaceAll()。这两个方法功能基本一样，区别是 replaceAll() 支持正则表达式，但 replace() 不支持。下面分别介绍这两个方法。

（1）replace() 方法

replace() 方法可以将指定的字符序列替换成新的字符序列。语法格式如下所示：

```
String replace(CharSequence target, CharSequence replacement)
```

参数 target 表示替换前的内容，参数 replacement 表示替换之后的内容。

[实例 9.10]

（源码位置：资源包 \Code\09\10）

把"张三"改成"李四"

将"张三你好！张三再见！"这段话中的"张三"改成"李四"，代码如下所示：

```java
01    public class Demo {
02        public static void main(String[] args) {
03            String str = "张三你好！张三再见！";
04            String result = str.replace("张三", "李四");
05            System.out.println(result);
06        }
07    }
```

代码运行结果如下所示。

> 李四你好！李四再见！

灵活地使用替换文本方法，还可以帮助开发者清除字符串中的一些内容。

 [实例 9.11]

（源码位置：资源包 \Code\09\11）

清除字符串中的内容

删除字符串中的所有"0"和"1"，代码如下所示：

```java
01    public class Demo {
02        public static void main(String[] args) {
03            String str = "a000b11c001110d01e";
04            System.out.println(str);
05            str = str.replace("0", "");        // 清除 0
06            System.out.println(str);
07            str = str.replace("1", "");        // 清除 1
08            System.out.println(str);
09        }
10    }
```

代码运行结果如下所示。

> a000b11c001110d01e
> ab11c111d1e
> abcde

（2）replaceAll() 方法

replaceAll() 方法的使用方式与 replace() 方法完全一样，但参数类型有些不同。replaceAll() 方法的定义如下所示：

> String replaceAll(String regex, String replacement)

replaceAll() 方法的参数类型都是 String，参数 regex 表示可以匹配被替换内容的正则表达式，参数 replacement 表示替换之后的内容。

因为支持正则表达式，所以 replaceAll() 方法使用起来更加灵活。

 [实例 9.12]

（源码位置：资源包 \Code\09\12）

清除字符串中所有的字母

清除字符串中所有的字母，代码如下所示：

```
01    public class Demo {
02        public static void main(String[] args) {
03            String str = "1a2b3c4d5e6f7g8h9i";
04            System.out.println(str);
05            str = str.replaceAll("[a-z]", "");   // 匹配所有字母, 都替换成空内容
06            System.out.println(str);
07        }
08    }
```

代码运行结果如下所示。

```
1a2b3c4d5e6f7g8h9i
123456789
```

（源码位置：资源包 \Code\09\13）

[实例 9.13]

清除字符串中的空白内容

删除字符串中所有的空白内容, 代码如下所示:

```
01    public class Demo {
02        public static void main(String[] args) {
03            String str = "|a   b \t  c  d    e     |";
04            System.out.println(str);
05            str = str.replaceAll("\\s", "");       // 匹配所空白内容, 都替换成空内容
06            System.out.println(str);
07        }
08    }
```

代码运行结果如下所示。

```
|a   b    c  d    e    |
|abcde|
```

但 replaceAll() 方法并不是什么时候都比 replace() 方法好用。

（源码位置：资源包 \Code\09\14）

[实例 9.14]

replace() 比 replaceAll() 更好用

分别使用 replace() 和 replaceAll() 将字符串中的 "." 替换成 "#", 代码如下所示:

```
01    public class Demo {
02        public static void main(String[] args) {
03            String str = "192.168.1.1";
04            String replaceRsult = str.replace(".", "#");
05            String replaceAllRsult = str.replaceAll(".", "#");
06            System.out.println(" 原字符串 : "+str);
07            System.out.println("replace(): " + replaceRsult);
08            System.out.println("replaceAll(): " + replaceAllRsult);
09        }
10    }
```

代码运行结果如下所示。

```
原字符串 : 192.168.1.1
replace(): 192#168#1#1
replaceAll(): ##########
```

第2篇　面向对象编程篇

replace() 给出了正确结果，但 replaceAll() 竟然把所有字符都替换成了 "#"。这是因为 "." 在正则表达式里有 "任意字符" 的含义，所以导致 replaceAll() 执行的操作是 "将任意字符变成 #"，于是就出现了全是 "#" 的结果。

这个结果提示我们：需要使用正则表达式时使用 replacAll() 方法，其他时候都应该用 replace() 方法，这样可以避免意想不到的错误。

9.2.10 字符串分隔

String 类提供 split() 方法可根据按照指定的分隔符对字符串进行拆分，方法的定义如下所示：

```
String[] split(String regex)
```

参数 regex 是指定的分隔符，支持正则表达式。如果字符串中有与 regex 相同或与 regex 匹配的内容，就会按照该内容将原字符串分隔成字符串数组。如果 regex 匹配不到任何内容，方法返回的数组中只有原字符串一个元素。

[实例 9.15]　　　　　　　　　　　　　　　　　　（源码位置：资源包 \Code\09\15）

按照 "," 分隔字符串

创建一个车名字符串，车名用 "," 分隔，使用 split() 方法将字符串按照 "," 分隔，把每个车名都打印在控制台中。代码如下所示：

```
01   public class Demo {
02       public static void main(String[] args) {
03           String a = " 宝来 , 朗逸 , 速腾 , 高尔夫 , 迈腾 , 帕萨特 , 探歌 , 途岳 , 探岳 , 途观 , 途昂 ";
04           String denal[] = a.split(","); // 按照 "," 将字符串分隔成数组
05           for (int i = 0; i < denal.length; i++) { // 遍历数组
06               // 输出元素的索引和具体值
07               System.out.println(" 索引 " + i + " 的元素: " + denal[i]);
08           }
09       }
10   }
```

代码运行结果如下所示。

```
索引 0 的元素: 宝来
索引 1 的元素: 朗逸
索引 2 的元素: 速腾
索引 3 的元素: 高尔夫
索引 4 的元素: 迈腾
索引 5 的元素: 帕萨特
索引 6 的元素: 探歌
索引 7 的元素: 途岳
索引 8 的元素: 探岳
索引 9 的元素: 途观
索引 10 的元素: 途昂
```

9.2.11 大小写转换

String 类提供了两个转换大小写的方法，下面分别介绍。

（1）toLowerCase()

该方法可以返回原字符串的小写形式，方法的语法格式如下所示：

```
String toLowerCase()
```

如果字符串中没有应该被转换的字符，则将原字符串返回；否则将返回一个新的字符串，将原字符串中每个该进行小写转换的字符都转换成等价的小写字符。字符长度与原字符长度相同。

 [实例 9.16]

（源码位置：资源包 \Code\09\16）

将大写字母转为小写字母

将"NBA"转换成小写形式，代码如下所示：

```
01    public class Demo {
02        public static void main(String[] args) {
03            String str = "NBA";
04            String lower = str.toLowerCase();
05            System.out.println(lower);
06        }
07    }
```

运行结果如下所示。

```
nba
```

toLowerCase() 不会影响中文、数字、符号和本身就是小写的字母。

（2）toUpperCase()

该方法可以返回原字符串的大写形式，与 toLowerCase() 方法刚好相反。方法的语法格式如下所示：

```
String toUpperCase()
```

如果字符串中没有应该被转换的字符，则将原字符串返回；否则返回一个新字符串，将原字符串中每个该进行大写转换的字符都转换成等价的大写字符。新字符长度与原字符长度相同。

 [实例 9.17]

（源码位置：资源包 \Code\09\17）

将小写字母转为大写字母

将"Time is money"转换成大写形式，代码如下所示：

```
01    public class Demo {
02        public static void main(String[] args) {
03            String str = "Time is money";
04            String upper = str.toUpperCase();
05            System.out.println(upper);
06        }
07    }
```

代码运行结果如下所示。

第 2 篇　面向对象编程篇

9.2.12　去除空白内容

String 类提供的 trim() 方法可以去除字符串首尾处空白内容。该方法经常会用来处理用户输入的用户名，防止出现因为误敲空格而导致用户名无法正确匹配的问题。语法格式如下所示：

```
String trim()
```

 [实例 9.18]　（源码位置：资源包 \Code\09\18）

删除字符串首尾的空格

张三输入了自己的英文用户名，但前后无意写了好多空格，用 trim() 方法将这些空格去掉。代码如下所示：

```
01    public class Demo {
02        public static void main(String[] args) {
03            String username = "      zhangsan        ";
04            String usernameTrim = username.trim();
05            System.out.println("username 的原值是: [" + username + "]");
06            System.out.println(" 去掉首尾空白的值: [" + usernameTrim + "]");
07        }
08    }
```

运行结果如下所示。

```
username 的原值是: [      zhangsan        ]
去掉首尾空白的值: [zhangsan]
```

trim() 方法可以去除代表空白内容的转义字符。

 [实例 9.19]　（源码位置：资源包 \Code\09\19）

删除字符串首尾的转义字符

去除制表符和换行符，代码如下所示：

```
01    public class Demo {
02        public static void main(String[] args) {
03            String username = "\nzhangsan\t";
04            String usernameTrim = username.trim();
05            System.out.println("username 的原值是: [" + username + "]");
06            System.out.println(" 去掉首尾空白的值: [" + usernameTrim + "]");
07        }
08    }
```

运行结果如下所示。

```
username 的原值是: [
zhangsan    ]
去掉首尾空白的值: [zhangsan]
```

9.2.13　比较字符串是否相等

想要比较两个 String 的文字内容是否相同，不应该使用 "==" 运算符，而是使用

equals() 方法。equals() 方法继承自 Object 类，String 类重写了这个方法，使该方法可以用于判断两个字符串的文字内容。方法的语法格式如下所示：

```
boolean equals(Object anObject)
```

当参数字符串不为 null，并且与被比较的字符串内容完全相同时，结果才返回 true，否则返回 false。"=="运算符不具备此功能。

 [实例 9.20]　　　　　　　　　　　　　　　　（源码位置：资源包 \Code\09\20）

判断两个 String 对象的文字内容是否相等

判断两个 String 对象的文字内容是否相等，代码如下所示：

```
01  public class Demo {
02      public static void main(String[] args) {
03          String s1 = new String(" 你好 ");
04          String s2 = new String(" 你好 ");
05          boolean result = s1.equals(s2);
06          System.out.println(result);
07      }
08  }
```

运行结果如下所示。

```
true
```

如果将代码中的 equals() 方法换成 "=="运算符，代码如下所示：

```
01  public class Demo {
02      public static void main(String[] args) {
03          String s1 = new String(" 你好 ");
04          String s2 = new String(" 你好 ");
05          boolean result = s1 == s2;
06          System.out.println(result);
07      }
08  }
```

运行结果如下所示。

```
false
```

这个结果就说明 "=="运算符判断的不是文字内容，而是 s1 和 s2 这两个对象所引用的内存地址。因为两个占有独立内存空间的对象，所以 "=="运算的结果就是 false。这就是为什么判断 String 文字内容要用 equals() 方法。

在使用 equals() 方法时还要注意一点：调用 equals() 方法的 String 对象必须不等于 null。

9.3 可变字符串 StringBuilder 类

可变字符序列 StringBuilder 是一个类似于 String 的字符串缓冲区，两者本质上是一样的，但 StringBuilder 的执行效率要比 String 快很多。前面内容介绍过 String 创建的字符串对象是不可修改的，每一次改动实际上都是创建了一个新的 String 对象。这一节介绍的 StringBuilder 类是可修改的，每次都是对同一个字符内容进行操作。下面将介绍 StringBuilder 类的创建及常用方法。

9.3.1 创建 StringBuilder 类

StringBuilder 是线程安全的可变字符序列，一个类似于 String 的字符串缓冲区，两者本质上是一样的，但 StringBuilder 的执行效率要比 String 快很多。前面内容介绍过 String 创建的字符串对象是不可修改的，每一次改动实际上都是创建了一个新的 String 对象。这一节介绍的 StringBuilder 类是可修改的，每次都是对同一个字符内容进行操作。下面将介绍 StringBuilder 类的创建及常用方法。

创建一个新的 StringBuilder 对象必须用 new 方法，而不能像 String 对象那样直接引用字符串常量。StringBuilder 常用的构造方法如表 9.3 所示。

表 9.3　StringBuilder 类的构造方法

构造方法	说明
StringBuilder()	创建一个不带任何文字内容的 StringBuilder 对象，但会有 16 个字符的初始容量
StringBuilder(String str)	创建一个文字内容为 str 的 StringBuilder 对象
StringBuilder(int capacity)	创建一个不带任何文字内容的 StringBuilder 对象，其初始容量为 capacity 个字符

例如，创建一个不包含任何内容的 StringBuilder 对象，代码如下所示：

```
StringBuilder sbf = new StringBuilder();
```

创建对象的同时指定文字内容，语法格式如下所示：

```
StringBuilder sbf = new StringBuilder("abc");      // 初始值为 "abc"
```

StringBuilder 还有一个 int 类参数的构造方法，该参数可以定义 StringBuilder 的初始字符容量。如果将来文字内容变多，该容量会自动扩容。语法格式如下所示：

```
StringBuilder sbf = new StringBuilder(32);        // 初始容量为 32 个字符
```

9.3.2 拼接

StringBuilder 类提供的 append() 方法可以将各种类型以字符串形式拼接到字符序列末尾。因为要支持类型比较多，所以 append() 方法提供了非常多的重载形式，如表 9.4 所示。

表 9.4　append() 方法的常用重载形式

返回类型	方法名	说明
StringBuilder	append(boolean b)	将 boolean 参数的字符串表示形式拼接到序列末尾
StringBuilder	append(char c)	将 char 参数的字符串表示形式拼接到此序列末尾
StringBuilder	append(char[] str)	将 char 数组参数的字符串表示形式拼接到此序列末尾
StringBuilder	append(double d)	将 double 参数的字符串表示形式拼接到此序列末尾
StringBuilder	append(float f)	将 float 参数的字符串表示形式拼接到此序列末尾
StringBuilder	append(int i)	将 int 参数的字符串表示形式拼接到此序列末尾
StringBuilder	append(long lng)	将 long 参数的字符串表示形式拼接到此序列末尾
StringBuilder	append(Object obj)	将 Object 参数的字符串表示形式拼接到此序列末尾

[实例 9.21]

（源码位置：资源包 \Code\09\21）

拼接儿歌

使用 append() 方法可以同时追加不同类型的文字内容，例如：

```
01    public class Demo {
02        public static void main(String[] args) {
03            // 创建 StringBuilder 对象
04            StringBuilder sbf = new StringBuilder("门前大桥下,");
05            sbf.append(" 游过一群鸭,");                    // 拼接字符串常量
06            // 创建另一个 StringBuilder 对象
07            StringBuilder tmp = new StringBuilder(" 快来快来数一数,");
08            sbf.append(tmp);                             // 拼接另一个 StringBuilder 对象
09            int x = 24678;                               // 创建整型变量
10            sbf.append(x);                               // 拼接整型变量
11            System.out.println(sbf);                     // 输出拼接结果
12        }
13    }
```

运行结果如下所示。

门前大桥下 , 游过一群鸭 , 快来快来数一数 ,24678

9.3.3 重设字符

StringBuilder 类可以随意更改文字内容，setCharAt() 方法可以修改指定位置的字符，方法的语法格式如下所示：

```
void setCharAt(int index, char ch)
```

参数 index 表示被修改字符的索引位置，参数 ch 表示修改之后的字符。方法执行完之后没有返回值。

[实例 9.22]

（源码位置：资源包 \Code\09\22）

对手机号中间的四位数字作打码处理

使用 setCharAt() 方法将一个手机号中间四位数字变成 "X"，代码如下所示：

```
01    public class Demo {
02        public static void main(String[] args) {
03            StringBuilder phoneNum = new StringBuilder("18612345678");
04            for (int i = 3; i <= 6; i++) {        // 从 3 开始循环到 6
05                phoneNum.setCharAt(i, 'X');       // 将此索引的字符改为 "X"
06            }
07            System.out.println(" 幸运观众的手机号为: " + phoneNum); // 输出结果
08        }
09    }
```

运行结果如下所示。

幸运观众的手机号为: 186XXXX5678

9.3.4 插入

StringBuilder 类提供的 insert() 方法可以将各种类型以字符串形式插入字符序的指定位

置。insert () 方法也提供了多种重载形式，如表 9.5 所示。

表9.5　insert () 方法的常用重载形式

返回类型	方法名	说明
StringBuilder	insert(int offset, boolean b)	将 boolean 参数的字符串表示形式插入此序列的 offset 索引位置
StringBuilder	insert(int offset, char c)	将 char 参数的字符串表示形式拼接到此序列的 offset 索引位置
StringBuilder	insert(int offset, char[] str)	将 char 数组参数的字符串表示形式拼接到此序列的 offset 索引位置
StringBuilder	insert(int offset, double d)	将 double 参数的字符串表示形式拼接到此序列的 offset 索引位置
StringBuilder	insert(int offset, float f)	将 float 参数的字符串表示形式拼接到此序列的 offset 索引位置
StringBuilder	insert(int offset, int i)	将 int 参数的字符串表示形式拼接到此序列的 offset 索引位置
StringBuilder	insert(int offset, long l)	将 long 参数的字符串表示形式拼接到此序列的 offset 索引位置
StringBuilder	insert(int offset, Object obj)	将 Object 参数的字符串表示形式拼接到此序列的 offset 索引位置

 [实例 9.23]　（源码位置：资源包 \Code\09\23）

在字符串指定索引处插入一个新的字符串

在字符串 "0123" 索引为 1 的位置插入字符串 "a"，代码如下所示：

```
01    public class Demo {
02        public static void main(String[] args) {
03            StringBuilder sbd = new StringBuilder("0123");
04            sbd.insert(1, "a");
05            System.out.println(sbd);
06        }
07    }
```

代码运行结果如下所示。

```
0a123
```

9.3.5　删除

StringBuilder 类提供了两个删除方法：delete() 和 deleteCharAt()，下面分别介绍。

① delete() 方法可以删除字符序列中的一段内容，语法格式如下所示：

```
StringBuilder delete(int start, int end)
```

被删除的内容是从索引 start 处开始，一直到索引 end − 1 处。如果 end−1 超出最大索引范围，则一直删除至序列尾部。如果 start 等于 end，则不发生任何更改。如果 start 大于 end，则会发生 StringIndexOutOfBoundsException 异常。

 [实例 9.24]　（源码位置：资源包 \Code\09\24）

删除字符串中的指定内容

使用 delete() 方法将主持人读错的内容删除。代码如下所示：

```
01    public class Demo {
02        public static void main(String[] args) {
```

```
03           // 台词字符串
04           String value = " 各位观众大家好，欢迎准时打开电梯不对是电视机收看本节目……";
05           StringBuilder sbf = new StringBuilder(value); // 创建台词 StringBuilder 对象
06           System.out.println(" 原值为: " + sbf); // 输出原值
07           sbf.delete(14, 19); // 删除从索引 14 开始至索引 19 之前的内容
08           System.out.println(" 删除后: " + sbf); // 输出新值
09       }
10   }
```

运行结果如下所示。

原值为: 各位观众大家好，欢迎准时打开电梯不对是电视机收看本节目……
删除后: 各位观众大家好，欢迎准时打开电视机收看本节目……

② deleteCharAt() 方法是 delete() 方法的简化版，只能删除某个位置上的单个字符。语法格式如下所示:

```
StringBuilder deleteCharAt(int index)
```

参数 index 就是被删除字符的索引位置。删除一个字符之后，后面的字符会向前进位，字符串的长度也会 −1。

 [实例 9.25]

（源码位置: 资源包 \Code\09\25）

删除字符串中的首字母

删除 "abcd" 的首字母，代码如下所示:

```
01   public class Demo {
02       public static void main(String[] args) {
03           StringBuilder sbd = new StringBuilder("abcd");
04           System.out.println(" 原值为: " + sbd);        // 输出原值
05           sbd.deleteCharAt(0);                        // 删除第一个字符
06           System.out.println(" 删除后: " + sbd);        // 输出新值
07       }
08   }
```

运行结果如下所示。

原值为: abcd
删除后: bcd

9.3.6 替换

StringBuilder 类提供的 replace() 方法与 String 类的 replace() 方法效果一样，但用法不一样。语法格式如下所示:

```
StringBuilder replace(int start, int end, String str)
```

方法会将索引在 start 至 end−1 范围内的内容替换成参数 str 的值。

例如，使用 replace() 方法将一个手机号中间四位数字变成 "X"，代码如下所示:

```
01   StringBuilder phoneNum = new StringBuilder("18612345678");
02   phoneNum.replace(3, 3 + 4, "XXXX"); // 中间四位替换为 "XXXX"
03   System.out.println(" 幸运观众的手机号为: " + phoneNum);
```

运行结果如下所示。

幸运观众的手机号为：186XXXX5678

9.3.7 反转

StringBuilder 类提供的 reverse() 方法可以将字符序列反转，语法格式如下所示：

StringBuilder reverse()

[实例 9.26]

（源码位置：资源包 \Code\09\26）

将"123456789"作翻转处理

将"123456789"变成"987654321"，代码如下所示：

```
01    public class Demo {
02        public static void main(String[] args) {
03            StringBuilder sbd = new StringBuilder("123456789");
04            sbd.reverse();
05            System.out.println(sbd);
06        }
07    }
```

运行结果如下所示。

987654321

👑 说明：

除了这几个常用方法以外，操作 StringBuilder 对象的方法还有很多类似于操作 String 类对象的方法。本节不对此进行讲解。

本章知识思维导图

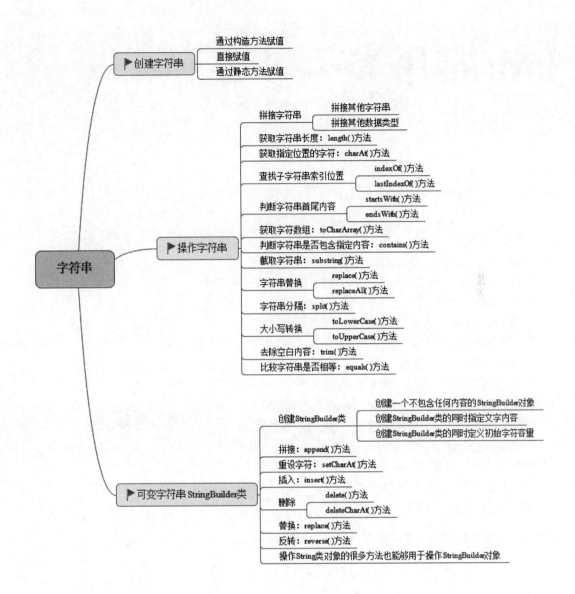

第 10 章

Java 常用类

 本章学习目标

- 掌握如何创建 Integer 类、Double 类、Boolean 类和 Character 类的对象。
- 熟悉 Integer 类、Double 类、Boolean 类和 Character 类的常用方法。
- 熟悉 Integer 类、Double 类和 Boolean 类的常量。
- 理解 Number 类的"装箱"和"拆箱"过程。
- 熟练 Math 类中用于计算三角函数和指数的方法。
- 掌握 Math 类中用于取整和取最大值、最小值、绝对值的方法。
- 熟练掌握用于随机生成一个大于等于 0.0 小于 1.0 的 double 型值的 random() 方法。
- 掌握如何创建一个随机数生成器和 Random 类中的 nextInt(int n) 方法。
- 注意使用 Date 类时，先要使用 import 语句（import java.util.Date;）将其引入。
- 掌握如何创建 Date 类的对象、如何使用 getTime() 方法获取系统当前时间。
- 明确 java.text 包中的 DateFormat 类是一个抽象类。
- 熟练掌握如何创建 DateFormat 类的对象。
- 熟悉 DateFormat 类的常用方法和 SimpleDateFormat 类的 19 个格式化字符。
- 掌握一些常用的日期时间格式。

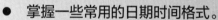

10.1 包装类

Java 是一种面向对象语言，但在 Java 中不能定义基本数据类型的对象，为了能将基本数据类型视为对象进行处理，Java 提出了包装类的概念，它主要是将基本数据类型封装在包装类中，如 int 型数值的包装类 Integer、boolean 型的包装类 Boolean 等，这样便可以把这些基本数据类型转换为对象进行处理。下面将从 Integer 类开始说起。

10.1.1 Integer 类

java.lang 包中的 Integer 类、Byte 类、Short 类和 Long 类，分别将基本数据类型 int、byte、short 和 long 封装成一个类，由于这些类都是 java.lang.Number 的子类，区别就是封装不同的数据类型，其包含的方法基本相同，所以本节以 Integer 类为例介绍整数包装类。

Integer 类在对象中包装了一个基本数据类型 int 的值。该类提供了多个方法，能在 int 类型和 String 类型之间互相转换，同时还提供了其他一些处理 int 类型时非常有用的常量和方法。

（1）创建 Integer 对象

虽然 Integer 类提供了两种构造方法，但是从 JDK9 版本开始，所有构造方法都被标记为过时方法，官方不建议使用 new 关键字创建 Integer 对象，而推荐使用静态的 valueOf() 方法。该方法有很多重载形式，如表 10.1 所示。

表 10.1 Integer.valueOf() 方法的重载形式

方法	功能描述
static Integer valueOf(int i)	返回与 i 数值相同的 Integer 对象
static Integer valueOf(String s)	返回与 s 字面值相同的 Integer 对象
static Integer valueOf(String s, int radix)	返回与 s 字面值相同的 Integer 对象，radix 表示按照哪种进制形式解析 s 的字面值

例如，以 int 值作为参数创建 Integer 对象，代码如下所示：

```
01   Integer number = Integer.valueOf(128);
02   Integer maxValue = Integer.valueOf(9999);
```

以 String 值作为参数创建 Integer 对象，代码如下所示：

```
01   Integer number = Integer.valueOf("100");
02   Integer peopleCount = Integer.valueOf("200");
```

👑 注意：

如果要使用字符串变量创建 Integer 对象，字符串变量的值必须是 int 型字面值，否则将会抛出 NumberFormatException 异常。

【正例】123456 \ 999 \ 0 \ 0002 \ -10 \ +10

【反例】abc \ 123L \ 5_6_7 \ 6.0 \ 3+4

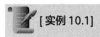

（源码位置：资源包 \Code\10\01）

[实例 10.1]

转换进制格式

valueOf() 方法还可以用来转换进制格式，代码如下所示：

```
01    public class Demo {
02        public static void main(String[] args) {
03            System.out.println(Integer.valueOf("10", 2));     // 按照二进制解析字符串
04            System.out.println(Integer.valueOf("10", 8));     // 按照八进制解析字符串
05            System.out.println(Integer.valueOf("10", 16));    // 按照十六进制解析字符串
06            System.out.println(Integer.valueOf("10", 36));    // 按照三十六进制解析字符串
07        }
08    }
```

运行结果如下所示：

```
2
8
16
36
```

（2）常用方法

Integer 类的常用方法如表 10.2 所示。

表 10.2　Integer 类的常用方法

方法	功能描述
static int parseInt(String str)	返回包含在由 str 指定的字符串中的数字的等价整数值
static int parseInt(String str, int radix)	返回包含在由 str 指定的字符串中的数字的等价 int 值，radix 表示按照哪种进制形式解析 str 的字面值
String toString()	返回一个表示该 Integer 值的 String 对象（可以指定进制基数）
static String toBinaryString(int i)	以二进制无符号整数形式返回一个整数参数的字符串表示形式
static String toHexString(int i)	以十六进制无符号整数形式返回一个整数参数的字符串表示形式
static String toOctalString(int i)	以八进制无符号整数形式返回一个整数参数的字符串表示形式
equals(Object IntegerObj)	比较此对象与指定的对象是否相等
int intValue()	以 int 型返回此 Integer 对象
short shortValue()	以 short 型返回此 Integer 对象
byte byteValue()	以 byte 类型返回此 Integer 的值
int compareTo(Integer anotherInteger)	在数字上比较两个 Integer 对象。如果这两个值相等，则返回 0；如果调用对象的数值小于 anotherInteger 的数值，则返回负值；如果调用对象的数值大于 anotherInteger 的数值，则返回正值

在上述方法中，最常用的方法就是可以将字符串转换为 int 型值的 parseInt() 方法。

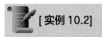

（源码位置：资源包 \Code\10\02）

[实例 10.2]

把字符串转换为 int 型值

将字符串 "1314" 转换为 int 型值，代码如下所示：

```
01    public class Demo {
02        public static void main(String[] args) {
03            int i = Integer.parseInt("1314");
04            System.out.println(i);
05        }
06    }
```

运行结果如下所示：

```
1314
```

 注意：

使用 parseInt() 方法时要注意，参数字符串必须是有效的十进制数字字符串，否则会抛出 NumberFormatException
异常。

parseInt() 方法也可以将其他进制的数字的字符串转换成十进制的 int 值。

[实例 10.3] （源码位置：资源包 \Code\10\03）

字符串形式的十六进制转换成 int 型十进制

将字符串 "FF00" 按照十六进制转换成十进制的 int 值，代码如下所示：

```
01    public class Demo {
02        public static void main(String[] args) {
03            int i = Integer.parseInt("FF00",16);
04            System.out.println(i);
05        }
06    }
```

运行结果如下所示：

```
65280
```

toBinaryString() 静态方法可以将十进制的 int 值转换成对应的二进制数字的字符串
形式。

[实例 10.4] （源码位置：资源包 \Code\10\04）

int 型十进制转换成字符串形式的二进制

将 int 型十进制数字 19 转换成二进制数字的字符串形式，代码如下所示：

```
01    public class Demo {
02        public static void main(String[] args) {
03            String b = Integer.toBinaryString(19);
04            System.out.println(b);
05        }
06    }
```

运行结果如下所示：

```
10011
```

toOctalString() 静态方法可以将十进制的 int 值转换成对应的八进制数字的字符串
形式。

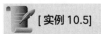 **[实例10.5]**

（源码位置：资源包 \Code\10\05 ）

int 型十进制转换成字符串形式的八进制

将 int 型十进制数字 8 转换成八进制数字的字符串形式，代码如下所示：

```
01    public class Demo {
02        public static void main(String[] args) {
03            String o = Integer.toOctalString(8);
04            System.out.println(o);
05        }
06    }
```

运行结果如下所示：

```
10
```

toHexString() 静态方法可以将十进制的 int 值转换成对应的十六进制数字的字符串形式。

 [实例10.6]

（源码位置：资源包 \Code\10\06 ）

int 型十进制转换成字符串形式的十六进制

将 int 型十进制数字 999 转换成十六进制数字的字符串形式，代码如下所示：

```
01    public class Demo {
02        public static void main(String[] args) {
03            String h = Integer.toHexString(999);
04            System.out.println(h);
05        }
06    }
```

运行结果如下所示：

```
3e7
```

（3）常量

Integer 类提供的常量如表 10.3 所示。

表 10.3　Integer 类提供常量

常量名	说明
MAX_VALUE	表示int类型可取的最大值，即 $2^{31}-1$
MIN_VALUE	表示int类型可取的最小值，即 -2^{31}
SIZE	用来以二进制补码形式表示int值的位数，值为32
TYPE	表示基本类型int的Class实例

10.1.2　Double 类

Double 类和 Float 类是对 double、float 基本类型的封装，它们都是 java.lang.Number 类的子类，都是对小数进行操作，所以常用方法基本相同，本节将对 Double 类进行介绍。对于 Float 类可以参考 Double 类的相关介绍。

Double 类在对象中包装一个基本类型为 double 的值，每个 Double 类的对象都包含一个 double 类型的字段。此外，该类还提供多个方法，可以将 double 转换为 String，将 String 转换为 double，也提供了其他一些处理 double 时有用的常量和方法。

（1）创建 Double 对象

虽然 Double 类提供了两种构造方法，但是从 JDK9 版本开始，所有构造方法都被标记为过时方法，官方不建议使用 new 关键字创建 Double 对象，而推荐使用静态的 valueOf() 方法。该方法有两种重载形式，如表 10.4 所示。

表 10.4　Double.valueOf() 方法的重载形式

方法	功能描述
static Double valueOf(double d)	返回与 d 数值相同的 Double 对象
static Double valueOf(String s)	返回与 s 字面值相同的 Double 对象

例如，以 double 值作为参数创建 Double 对象，代码如下所示：

```
01    Double d1 = Double.valueOf(10);
02    Double d2 = Double.valueOf(3.1415926);
03    Double d3 = Double.valueOf(0.5d);
```

以 String 值作为参数创建 Double 对象，代码如下所示：

```
01    Double d1 = Double.valueOf("1.2");
02    Double d2 = Double.valueOf("691.335D");
```

👑 注意：

如果要使用字符串变量创建 Double 对象，字符串变量的值必须是 double 型字面值，否则将会抛出 NumberFormatException 异常。

（2）常用方法

Double 类的常用方法如表 10.5 所示。

表 10.5　Double 类的常用方法

方法	功能描述
double parseDouble(String s)	返回一个新的 double 值，该值被初始化为用指定 String 表示的值，这与 Double 类的 valueOf 方法一样
double doubleValue()	以 double 形式返回此 Double 对象
boolean isNaN()	如果此 double 值是非数字（NaN）值，则返回 true；否则返回 false
int intValue()	以 int 形式返回 double 值
byte byteValue()	以 byte 形式返回 Double 对象值（通过强制转换）
long longValue()	以 long 形式返回此 double 的值（通过强制转换为 long 类型）
int compareTo(Double d)	对两个 Double 对象进行数值比较。如果两个值相等，则返回 0；如果调用对象的数值小于 d 的数值，则返回负值；如果调用对象的数值大于 d 的值，则返回正值
boolean equals(Object obj)	将此对象与指定的对象相比较
String toString()	返回此 Double 对象的字符串表示形式
String toHexString(double d)	返回 double 参数的十六进制字符串表示形式

[实例 10.7]

（源码位置：资源包 \Code\10\07）

Double 类一些常用方法的使用方式

Double 类一些常用方法的使用方式，代码如下所示：

```
01  public class Demo {
02      public static void main(String[] args) {
03          Double dNum = Double.valueOf("3.14");
04          System.out.println(dNum + " 是否为非数字值: " +
05              Double.isNaN(dNum.doubleValue()));
06          System.out.println(dNum + " 转换为 int 值为: " + dNum.intValue());
07          System.out.println(" 值为 " + dNum + " 的 Double 对象与 3.14 的比较结果: " +
08              dNum.equals(3.14));
09          System.out.println(dNum + " 的十六进制表示为: " + Double.toHexString(dNum));
10      }
11  }
```

运行结果如下所示：

```
3.14 是否为非数字值: false
3.14 转换为 int 值为: 3
值为 3.14 的 Double 对象与 3.14 的比较结果: true
3.14 的十六进制表示为: 0x1.91eb851eb851fp1
```

（3）常量

Double 类提供的常量如表 10.6 所示。

表 10.6　Double 类提供的常量

常量名	说明
MAX_EXPONENT	返回 int 值，表示有限 double 变量可能具有的最大指数
MIN_EXPONENT	返回 int 值，表示标准化 double 变量可能具有的最小指数
NEGATIVE_INFINITY	返回 double 值，表示保存 double 类型的负无穷大值的常量
POSITIVE_INFINITY	返回 double 值，表示保存 double 类型的正无穷大值的常量

10.1.3　Boolean 类

Boolean 类将基本类型为 boolean 的值包装在一个对象中。一个 Boolean 类型的对象只包含一个类型为 boolean 的字段。此外，此类还为 boolean 和 String 的相互转换提供了许多方法，并提供了处理 boolean 时非常有用的一些其他常量和方法。

（1）创建 Boolean 对象

虽然 Boolean 类提供了两种构造方法，但是从 JDK9 版本开始，所有构造方法都被标记为过时方法，官方不建议使用 new 关键字创建 Boolean 对象，而推荐使用静态的 valueOf() 方法。该方法有两种重载形式，如表 10.7 所示。

表 10.7　Boolean.valueOf() 方法的重载形式

方法	功能描述
static Boolean valueOf(boolean b)	返回与 b 值相同的 Boolean 对象
static Boolean valueOf(String s)	如果字符串 s（忽略大小写）等于 "true"，则返回的 Boolean 表示 true 值，否则返回的 Boolean 表示 false 值

例如，以 boolean 值作为参数创建 Boolean 对象，代码如下所示：

```
01    Boolean b1 = Boolean.valueOf(true);
02    Boolean b2 = Boolean.valueOf(false);
```

以 String 值作为参数创建 Boolean 对象，代码如下所示：

```
01    Boolean b1 = Boolean.valueOf("true");
02    Boolean b2 = Boolean.valueOf("false");
03    Boolean b3 = Boolean.valueOf("ok");
```

如果字符串参数为 null 或者字面值不是 "true"（忽略大小写），创建出的 Boolean 值就表示 false。代码如下所示：

```
01    Boolean t1 = Boolean.valueOf("true");
02    Boolean t2 = Boolean.valueOf("TRUE");
03    Boolean t3 = Boolean.valueOf("True");
04    Boolean t4 = Boolean.valueOf("tRUe");
05    System.out.println(t1);
06    System.out.println(t2);
07    System.out.println(t3);
08    System.out.println(t4);
09
10    Boolean f1 = Boolean.valueOf("false");
11    Boolean f2 = Boolean.valueOf("123");
12    Boolean f3 = Boolean.valueOf("OK");
13    Boolean f4 = Boolean.valueOf(null);
14    System.out.println(f1);
15    System.out.println(f2);
16    System.out.println(f3);
17    System.out.println(f4);
```

运行结果如下所示：

```
true
true
true
true
false
false
false
false
```

（2）常用方法

Boolean 类的常用方法如表 10.8 所示。

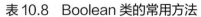

表 10.8 Boolean 类的常用方法

方法	功能描述
boolean booleanValue()	将Boolean对象的值以对应的boolean值返回
boolean equals(Object obj)	判断调用该方法的对象与obj是否相等。当且仅当参数不是null，而且与调用该方法的对象一样都表示同一个boolean值的Boolean对象时，才返回true
boolean parseBoolean(String s)	将字符串参数解析为boolean值
String toString()	返回表示该boolean值的String对象
int compareTo(Boolean b)	将此 Boolean 实例与其他实例进行比较。如果对象与参数表示的布尔值相同，则返回零；如果此对象表示 true，参数表示 false，则返回一个正值；如果此对象表示 false，参数表示 true，则返回一个负值

Boolean 对象与其他布尔值比较有三种方式：

① 直接使用 "=="运算符。Java 虚拟机支持 Boolean 对象使用 "=="运算符直接与 boolean 值进行比较，代码如下所示：

```
01    Boolean bl = Boolean.valueOf("true");
02    boolean b = true;
03    System.out.println(bl == b);
```

运行结果如下所示：

```
true
```

② 使用 equals() 方法。equals() 方法是 Object 类提供的，Boolean 重写了这个方法，可以用于判断布尔值和其他 Boolean 对象。代码如下所示：

```
01    Boolean bl = Boolean.valueOf("true");
02    boolean b = true;
03    System.out.println(bl.equals(b));
04    System.out.println(bl.equals(Boolean.valueOf("fasle")));
```

运行结果如下所示：

```
true
false
```

③ 使用 compareTo() 方法。如果 Boolean 对象与 compareTo() 方法的参数值相同，方法返回数字，使用方式如下所示：

```
01    Boolean bl = Boolean.valueOf("true");
02    boolean b = true;
03    int result = bl.compareTo(b);
04    System.out.print("Boolean 对象与布尔变量的值 ");
05    if(result==0) {
06        System.out.println(" 相同 ");
07    }else {
08        System.out.println(" 不同 ");
09    }
```

运行结果如下所示：

```
Boolean 对象与布尔变量的值相同
```

（3）常量

Boolean 提供的常量如表 10.9 所示。

第 2 篇 面向对象编程篇

表 10.9　Boolean 提供的常量

常量名	说明
TRUE	对应基值 true 的 Boolean 对象
FALSE	对应基值 false 的 Boolean 对象
TYPE	基本类型 boolean 的 Class 对象

10.1.4　Character 类

Character 类在对象中包装一个基本类型为 char 的值，该类提供了多种方法，以确定字符的类别（小写字母、数字等），并可以很方便地将字符从大写转换成小写，反之亦然。

（1）创建 Character 对象

虽然 Character 类有构造方法，但是从 JDK9 版本开始构造方法被标记为过时方法，官方不建议使用 new 关键字创建 Character 对象，而推荐使用静态的 valueOf() 方法。其语法如下所示：

```
static Character valueOf(char c)
```

例如，创建表示字母 A 的 Character 对象，代码如下所示：

```
Character c = Character.valueOf('A');
```

（2）常用方法

Character 类提供了很多方法来完成对字符的操作，常用的方法如表 10.10 所示。

表 10.10　Character 类的常用方法

方法	功能描述
char charvalue()	返回此 Character 对象的值
int compareTo(Character anotherCharacter)	根据数字比较两个 Character 对象，若这两个对象相等则返回 0
Boolean equals(Object obj)	将调用该方法的对象与指定的对象相比较
static char toUpperCase(char ch)	将字符参数转换为大写
static char toLowerCase(char ch)	将字符参数转换为小写
String toString()	返回一个表示指定 char 值的 String 对象
char charValue()	返回此 Character 对象的值
static boolean isUpperCase(char ch)	判断指定字符是否为大写字符
static boolean isLowerCase(char ch)	判断指定字符是否为小写字符
static boolean isLetter(char ch)	判断指定字符是否为英文字母
static boolean isDigit(char ch)	判断指定字符是否为数字
static boolean isSpaceChar(char ch)	指定字符是否为 Unicode 空白字符
static boolean isWhitespace(char ch)	字符依据 Java 标准是否为空白字符

[实例 10.8]

（源码位置：资源包 \Code\10\08）

判断是否为大写英文字符。如果是，转小写

isUpperCase() 可以判断字符是否为大写英文字符，toLowerCase() 方法可以将大写英文字符变为小写，这两个方法的使用方式如下所示：

```
01    public class Demo {
02        public static void main(String[] args) {
03            Character c = Character.valueOf('A');
04            if (Character.isUpperCase(c)) { // 判断是否为大写字母
05                System.out.println(c + " 是大写字母 ");
06                System.out.println(" 转换为小写字母的结果: " + Character.toLowerCase(c));
07            }
08        }
09    }
```

代码运行结果如下所示：

```
A 是大写字母
转换为小写字母的结果: a
```

同理，使用 isLowerCase() 方法可以判断字符是否为小写英文字符；如果是，使用 toUpperCase() 方法可以将小写英文字符变为大写。

Character 提供的 isDigit(char ch) 方法可以判断参数字符是否为 '0' ～ '9' 的数字内容，代码如下所示：

```
01    System.out.println(Character.isDigit(0));     // Unicode 码中的空字符
02    System.out.println(Character.isDigit('0'));   // 数字 0
03    System.out.println(Character.isDigit('a'));   // 字符 a
04    System.out.println(Character.isDigit(56));    // Unicode 码中的字符 '8'
```

运行结果如下所示：

```
false
true
false
true
```

Character 提供的 isLetter(char ch) 方法可以判断参数字符是否为英文字母，代码如下所示：

```
01    System.out.println(Character.isLetter('?'));  // 字符问号
02    System.out.println(Character.isLetter('\n')); // 换行符
03    System.out.println(Character.isLetter('a'));  // 字符 a
04    System.out.println(Character.isLetter('A'));  // 字符 A
05    System.out.println(Character.isLetter(69));   // Unicode 码中的字符 'E'
```

运行结果如下所示：

```
false
false
true
true
true
```

Character 提供的 isSpaceChar(char c) 方法可以判断参数字符是否为空格。例如，使用该方法判断下面这三种特殊字符：

```
01   System.out.println(Character.isSpaceChar(0));       // 空字符
02   System.out.println(Character.isSpaceChar(' '));      // 空格符
03   System.out.println(Character.isSpaceChar('\t'));     // 制表符
```

运行结果如下所示:

```
false
true
false
```

Character 提供的 isWhitespace(char c) 方法可以判断参数字符是否为空白内容。将上面的代码改用 isWhitespace() 方法的效果如下所示:

```
01   System.out.println(Character.isWhitespace(0));       // 空字符
02   System.out.println(Character.isWhitespace(' '));      // 空格符
03   System.out.println(Character.isWhitespace('\t'));     // 制表符
```

运行结果如下所示:

```
false
true
true
```

从这个结果可以看出，制表符属于空白内容，所以会返回 true 结果。

10.1.5 Number 类

前面介绍了 Java 中的包装类，对于数值型的包装类，它们有一个共同的父类——Number 类。Number 类是一个抽象类，它是 Byte、Integer、Short、Long、Float 和 Double 类的父类，其子类必须提供将表示的数值转换为 byte、int、short、long、float 和 double 的方法。例如，doubleValue() 方法返回双精度值，floatValue() 方法返回浮点值，这些方法如表 10.11 所示。

表 10.11　数值型包装类的共有方法

方法	功能描述
byte byteValue()	以 byte 形式返回指定的数值
short shortValue()	以 short 形式返回指定的数值
abstract int intValue()	以 int 形式返回指定的数值
abstract long longValue()	以 long 形式返回指定的数值
abstract float floatValue()	以 float 形式返回指定的数值
abstract double doubleValue()	以 double 形式返回指定的数值

Number 类的方法分别被 Number 的各子类所实现，也就是说，在 Number 类的所有子类中都包含以上这几种方法。

"装箱"和"拆箱"概念中的"箱子"就是包装类。装箱就是将基本数据类型值放到一个对象"箱子"里，过程如图 10.1 所示；拆箱就是把基本类型数值从对象这个"箱子"里拿出来，过程如图 10.2 所示。装箱和拆箱的过程由 Java 虚拟机自动完成。

Integer i = 512;

int i = Integer.valueOf(128);

图 10.1　装箱的过程　　　　　图 10.2　拆箱的过程

因为"装箱"机制的存在，Java 虚拟机会将下面这行代码：

```
Integer integer = 512;
```

自动按照下面的代码执行：

```
01    int i = 512;
02    Integer integer = Integer.valueOf(i);
```

同样，因为"拆箱"机制的存在，Java 虚拟机会将下面这行代码：

```
01    Integer integer = Integer.valueOf("128");
02    int i = integer;
```

自动按照下面的代码执行：

```
01    Integer integer = Integer.valueOf("128");
02    int i = integer.intValue();
```

这样，包装类就和基本数据类型形成了巧妙的"兼容"模式，包装类甚至可以直接参与运算，代码如下所示：

```
01    Integer integer = Integer.valueOf(20);
02    int i = 15;
03    System.out.println(integer - i);
```

运行结果如下所示：

```
5
```

除了 Integer 类以外，其他包装类同样支持"装箱"和"拆箱"，代码如下所示：

```
01    Byte bt = 127;
02    byte b = bt;
03
04    Short sh = 256;
05    short s = sh;
06
07    Long lg = 15L;
08    long l = lg;
09
10    Float fl = 0.5F;
11    float f = fl;
12
13    Double db = 3.14;
14    double d = db;
15
16    Boolean bool = true;
17    boolean bl = bool;
18
19    Character ch = 'a';
20    char c = ch;
```

10.2 Math 类

前面的章节已经学习过 +、−、*、/、% 等基本的算术运算符，使用它们可以进行基本的数学运算，但是，如果碰到了一些复杂的数学运算，该怎么办呢？Java 中提供了一个数学运算工具类——Math 类，该类包括常用的数学运算方法，如三角函数、指数函数、对数函数等方法，除此之外还提供了一些常用的数学常量，如 PI、E 等。本节将介绍 Math 类以及其中的一些常用方法。

Math 类表示数学类，它位于 java.lang 包中，可不导入包直接调用。该类中提供了众多数学函数方法，主要包括三角函数、指数函数、取整、取最大值、最小值以及绝对值等方法，这些方法都被定义为 static 形式，因此在程序中可以直接通过类名进行调用，使用语法如下所示：

```
Math. 数学方法 ()
```

在 Math 类中除了函数方法之外还存在一些常用的数学常量，如 PI、E 等，这些数学常量作为 Math 类的成员变量出现，调用起来也很简单。可以使用如下形式调用：

```
01   Math.PI                          // 表示圆周率 π 的值, double 类型
02   Math.E                           // 表示自然对数底数 e 的值, double 类型
```

例如，下面代码用来分别输出 PI 和 E 的值，代码如下所示：

```
01   System.out.println(" 圆周率 π 的值为: " + Math.PI);
02   System.out.println(" 自然对数底数 e 的值为: " + Math.E);
```

上面代码的输出结果为：

```
圆周率 π 的值为: 3.141592653589793
自然对数底数 e 的值为: 2.718281828459045
```

Math 类中的常用数学运算方法较多，下面分别介绍一些常用的方法。

10.2.1 三角函数

Math 类中用于计算三角函数的方法如表 10.12 所示。

表 10.12　Math 类中的三角函数方法

方法	说明
double sin(double a)	返回角的三角正弦，角的弧度为 a
double cos(double a)	返回角的三角余弦，角的弧度为 a
double tan(double a)	返回角的三角正切，角的弧度为 a
double asin(double a)	返回一个值的反正弦，角的弧度为 a
double acos(double a)	返回一个值的反余弦，角的弧度为 a
double atan(double a)	返回一个值的反正切，角的弧度为 a
double toRadians(double angdeg)	将角度转换为弧度
double toDegrees(double angrad)	将弧度转换为角度

以上每个方法的参数和返回值都是 double 型的，将这些方法的参数的值设置为 double

型是有一定道理的，参数以弧度代替角度（°）来实现，其中 1°等于 π/180 弧度，所以 180°可以使用 π 弧度来表示。除了可以获取角的正弦、余弦、正切、反正弦、反余弦、反正切之外，Math 类还提供了角度和弧度相互转换的方法 toRadians() 和 toDegrees()。但需要注意的是，角度与弧度的转换通常是不精确的。

例如，Math 提供的三角函数的使用方法如下所示：

```
01    // 取 90°的正弦
02    System.out.println("90 度的正弦值: " + Math.sin(Math.PI / 2));
03    // 取 0°的余弦
04    System.out.println("0 度的余弦值: " + Math.cos(0));
05    // 取 60°的正切
06    System.out.println("60 度的正切值: " + Math.tan(Math.PI / 3));
07    // 取 120°的弧度值
08    System.out.println("120 度的弧度值: " + Math.toRadians(120.0));
09    // 取 π/2 的角度
10    System.out.println("π/2 的角度值: " + Math.toDegrees(Math.PI / 2));
```

运行结果如下所示：

```
90 度的正弦值: 1.0
0 度的余弦值: 1.0
60 度的正切值: 1.7320508075688767
120 度的弧度值: 2.0943951023931953
π/2 的角度值: 90.0
```

通过运行结果可以看出，90°的正弦值为 1，0°的余弦值为 1，60°的正切值近似于 3 的平方根。最后两行打印语句实现的是角度和弧度的转换，其中 Math.toRadians(120.0) 语句是获取 120°的弧度值，而 Math. toDegrees(Math.PI/2) 语句是获取 π/2 的角度。读者可以将这些具体的值使用 π 的形式表示出来，与上述结果应该是基本一致的，这些结果不能做到十分精确，因为 π 本身也是一个近似值。

10.2.2　指数函数

Math 类中用于计算指数的方法如表 10.13 所示。

表 10.13　Math 类中的与指数相关的函数方法

方法	说明
double exp(double a)	用于获取 e 的 a 次方，即取 e^a
double double log(double a)	用于取自然对数
double double log10(double a)	用于取底数为 10 的对数
double sqrt(double a)	用于取 a 的平方根，其中 a 的值不能为负值
double cbrt(double a)	用于取 a 的立方根
double pow(double a,double b)	用于取 a 的 b 次幂

例如，Math 提供的指数运算函数的使用方法如下所示：

```
01    System.out.println("e 的 2 次方: " + Math.exp(2)); // 取 e 的 2 次方
02    // 取以 e 为底 2 的对数
03    System.out.println(" 以 e 为底 2 的对数: " + Math.log(2));
04    // 取以 10 为底 2 的对数
```

```
05    System.out.println("以 10 为底 2 的对数: " + Math.log10(2));
06    System.out.println("4 的平方根: " + Math.sqrt(4));          // 取 4 的平方根
07    System.out.println("8 的立方根: " + Math.cbrt(8));          // 取 8 的立方根
08    System.out.println("4 的 2 次幂: " + Math.pow(4, 2));       // 取 2 的 2 次方
09    System.out.println("4 的 0.5 次幂: " + Math.pow(4, 0.5));   // 取 2 的 2 次方
```

运行结果如下所示:

```
e 的 2 次方: 7.38905609893065
以 e 为底 2 的对数: 0.6931471805599453
以 10 为底 2 的对数: 0.3010299956639812
4 的平方根: 2.0
8 的立方根: 2.0
4 的 2 次方: 16.0
4 的 0.5 次幂: 2.0
```

从结果可以看出,计算一个数字的平方根可以采用两种方法:

① Math.sqrt() 取平方根方法。

② Math.pow() 取幂方法。在数学中,对一个数字进行 $1/n$ 次幂的计算,等同于对该数字开 n 次方根计算,公式为: $a^{1/n} = \sqrt[n]{a}$。所以 Math.pow(4,0.5) 或 Math.pow(4,1.0/2.0) 的结果等同于 Math.sqrt(4)。

10.2.3 取整

取整操作在编程时也会经常用到。Math 类中常用的取整方法如表 10.14 所示。

表 10.14 Math 类中常用的取整方法

方法	说明
double ceil(double a)	返回大于等于参数的最小整数
double floor(double a)	返回小于等于参数的最大整数
double rint(double a)	返回与参数最接近的整数,如果两个同为整数且同样接近,则结果取偶数
double round(float a)	将参数加上 0.5 后返回与参数最近的整数
double round(double a)	将参数加上 0.5 后返回与参数最近的整数,然后强制转换为长整型

如果以 1.5 这个数字作为参数,ceil() 取大于 1.5 的最小整数,也就是 2; floor() 方法取小于 1.5 的最大整数,也就是 1; rint() 方法会从最近接 1.5 的数字 {1,2} 中取偶数,也就是 2。在坐标轴上表示如图 10.3 所示。

下面编写一段代码演示这几种方法的取值效果,代码如下所示:

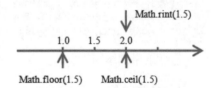

图 10.3 取整函数的返回值

```
01    // 返回第一个大于等于参数的整数
02    System.out.println("使用 ceil() 方法取整: " + Math.ceil(5.2));
03    // 返回第一个小于等于参数的整数
04    System.out.println("使用 floor() 方法取整: " + Math.floor(2.5));
05    // 返回与参数最接近的整数
06    System.out.println("使用 rint() 方法取整: " + Math.rint(2.7));
07    // 返回与参数最接近的整数
08    System.out.println("使用 rint() 方法取整: " + Math.rint(2.5));
09    // 将参数加上 0.5 后返回最接近的整数
```

```
10    System.out.println(" 使用 round() 方法取整: " + Math.round(3.4f));
11    // 将参数加上 0.5 后返回最接近的整数, 并将结果强制转换为长整型
12    System.out.println(" 使用 round() 方法取整: " + Math.round(2.5));
```

运行结果如下所示:

```
使用 ceil() 方法取整: 6.0
使用 floor() 方法取整: 2.0
使用 rint() 方法取整: 3.0
使用 rint() 方法取整: 2.0
使用 round() 方法取整: 3
使用 round() 方法取整: 3
```

10.2.4　取最大值、最小值、绝对值

Math 类还有一些常用的数据操作方法, 比如取最大值、最小值、绝对值等, 它们的说明如表 10.15 所示。

表 10.15　Math 类中其他的常用数据操作方法

方法	说明
double max(double a,double b)	取 a 与 b 之间的最大值
int min(int a,int b)	取 a 与 b 之间的最小值, 参数为整型
long min(long a,long b)	取 a 与 b 之间的最小值, 参数为长整型
float min(float a,float b)	取 a 与 b 之间的最小值, 参数为浮点型
double min(double a,double b)	取 a 与 b 之间的最小值, 参数为双精度型
int abs(int a)	返回整型参数的绝对值
long abs(long a)	返回长整型参数的绝对值
float abs(float a)	返回浮点型参数的绝对值
double abs(double a)	返回双精度型参数的绝对值

例如, 调用 Math 类中的方法实现求两数的最大值、最小值和取绝对值运算的代码如下所示:

```
01    System.out.println("4 和 8 较大者:" + Math.max(4, 8));
02    System.out.println("4.4 和 4 较小者: " + Math.min(4.4, 4));    // 取两个参数的最小值
03    System.out.println("-7 的绝对值: " + Math.abs(-7));            // 取参数的绝对值
```

运行结果如下所示:

```
4 和 8 较大者: 8
4.4 和 4 较小者: 4.0
-7 的绝对值: 7
```

10.2.5　随机数

在 Math 类提供的 random() 方法可以生成一个大于等于 0.0 小于 1.0 的 double 型随机数字。

⚜ 注意:

Math.random() 的结果不会出现 1.0 这个值。

使用 random() 方法获取一个随机数，代码如下所示：

```
double d = Math.random();
```

d 被赋予的值类似如下这些值：

```
0.14923944159922786
0.18351763503394591
0.8912274646633169
0.8724775978965564
0.21971101009772387
```

如果想要获取 0 ～ 100 之间的随机数，则需要将 random() 方法的结果乘以 100，再转化成整型，代码如下所示：

```
int num = (int) (Math.random() * 100);
```

num 被赋予的值类似如下这些值：

```
19
61
0
99
```

10.3 Random 类

除了 Math 类中的 random() 方法可以获取随机数之外，Java 中还提供了一种可以获取随机数的方式，那就是 java.util.Random 类，该类表示一个随机数生成器，可以通过实例化一个 Random 对象创建一个随机数生成器。语法如下所示：

```
Random r = new Random();
```

以这种方式实例化对象时，Java 编译器以系统当前时间作为随机数生成器的种子，这种随机数属于伪随机数，但因为每时每刻的时间不可能相同，所以生成相同随机数的概率极小。

在 Random 类中提供了获取各种数据类型随机数的方法，其常用方法及说明如表 10.16 所示。

表 10.16　Random 类中常用的获取随机数的方法

方法	说明
int nextInt()	返回一个随机整数
int nextInt(int n)	返回大于等于 0 小于 n 的随机整数
long nextLong()	返回一个随机长整型值
boolean nextBoolean()	返回一个随机布尔型值
float nextFloat()	返回一个在 0.0(包含) 和 1.0(不包含) 之间均匀分布的随机 float 值
double nextDouble()	返回一个在 0.0(包含) 和 1.0(不包含) 之间均匀分布的随机 double 值
double nextGaussian()	返回一个概率密度为高斯分布的双精度值

最常用的方法是 nextInt(int n) 方法，n 指定了随机数的最大取值范围（不包括 n 本身）。

例如，生成一个 0 ~ 100 之间的随机数，代码如下所示：

```
01    Random r = new Random();
02    int a = r.nextInt(100 + 1);
```

因为随机数不会取到 n 值，所以想要得随机数包含 100，需要在将最大范围设为 100 + 1。

如果想要取 10 ~ 100 之间的随机数（包含 10，不包含 100），需要先取 0 ~ 90 之间的一个随机数，然后把随机数加 10，代码如下所示：

```
01    Random r = new Random();
02    int result = 10 + r.nextInt(90);
```

n 的值为 100 − 10 = 90，确保方法返回的最大值不会超过 90，最后再加上 10，确保整个表达式的最小值不小于 10。由此可以得出，获取一个取值范围为 $x \sim y$（包含 x，不包含 y）的整型结果，其语法如下所示：

```
int result = x + r.nextInt(y - x);
```

[实例 10.9]　　　　　　　　　　　　　　　　　　　（源码位置：资源包 \Code\10\09）

随机打印四个小写英文字母

随机取四个小写英文字母，代码如下所示：

```
01    import java.util.Random;
02    public class Demo {
03        public static void main(String[] args) {
04            Random r = new Random();
05            int start = (int) 'a';                // 随机数最小值
06            int end = 'z' - 'a' + 1;              // 随机数最大值 +1
07            for (int i = 0; i < 4; i++) {
08                System.out.print((char) (start + r.nextInt(end)));
09            }
10        }
11    }
```

运行之后会在控制台随机输出四个小写字母，字母可能会重复。结果类似如下内容：

```
xazi、paah、msix......
```

10.4 Date 类

Date 类用于表示日期时间，因为它位于 java.util 包中，所以使用该类时需要先使用 import 语句将其引入，代码如下所示：

```
import java.util.Date;
```

或者可以直接使用完整类名创建对象，语法如下所示：

```
java.util.Date date;
```

程序中使用该类表示时间时，需要使用其构造方法创建 Date 类的对象，其构造方法及说明如表 10.17 所示。

表 10.17　Date 类的构造方法及说明

构造方法	说明
Date()	分配 Date 对象并初始化此对象，以表示分配它的时间（精确到毫秒）
Date(long date)	分配 Date 对象并初始化此对象，以表示自从标准基准时间（即 1970 年 1 月 1 日 00:00:00 GMT）以来的指定毫秒数

例如，使用 Date 类的第 2 种方法创建一个 Date 类的对象，代码如下所示：

```
01    long timeMillis = System.currentTimeMillis();      // 当前系统时间所经历的毫秒数
02    Date date = new Date(timeMillis);
```

上面代码中的 System 类的 currentTimeMillis() 方法主要用来获取当前系统时间距标准基准时间的毫秒数，另外，这里需要注意的是，创建 Date 对象时使用的是 long 型整数，而不是 double 型，这主要是因为 double 类型可能会损失精度。

Date 类的其常用的方法如表 10.18 所示。

表 10.18　Date 类的常用方法及说明

方法	说明
boolean after(Date when)	测试当前日期是否在指定的日期之后
boolean before(Date when)	测试当前日期是否在指定的日期之前
long getTime()	获得自 1970 年 1 月 1 日 00:00:00 GMT 开始到现在所表示的毫秒数
void setTime(long time)	设置当前 Date 对象所表示的日期时间值，该值用以表示 1970 年 1 月 1 日 00:00:00 GMT 以后 time 毫秒的时间点

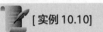

[实例 10.10]　　　　　　　　　　　　　　　　　　　　（源码位置：资源包 \Code\10\10）

打印当前日期及其毫秒数

获取当前日期，并输出当前日期的毫秒数，代码如下所示：

```
01    import java.util.Date;
02    public class Demo {
03        public static void main(String[] args) {
04            Date date = new Date();                    // 创建现在的日期
05            long value = date.getTime();               // 获得毫秒数
06            System.out.println("日期:" + date);
07            System.out.println("到现在所经历的毫秒数为: " + value);
08        }
09    }
```

运行此代码后，将在控制台输出日期及自 1970 年 1 月 1 日 00:00:00 GMT 开始至运行时所经历过的毫秒数，结果如下所示：

```
日期: Sat May 22 14:56:48 CST 2021
到现在所经历的毫秒数为: 1621666608944
```

👑 说明：

由于 Date 类所创建对象的时间是变化的，因此每次运行程序在控制台所输出的结果都是不一样的。

10.5　日期格式化

如果在程序中直接输出 Date 对象，显示的是"Mon Feb 29 17:39:50 CST 2016"这种格式的日期时间，那么应该如何将其显示为"2016-02-29"或者"17:39:50"这样的日期时间格式呢？Java 中提供了 DateFormat 类来实现类似的功能。

DateFormat 类是日期 / 时间格式化子类的抽象类，它位于 java.text 包中，可以按照指定的格式对日期或时间进行格式化。DateFormat 类提供了很多类方法，以获得基于默认或给定语言环境和多种格式化风格的默认日期 / 时间 Formatter，格式化风格主要包括 SHORT、MEDIUM、LONG 和 FULL 四种，分别如下所示：

- SHORT：完全为数字，如 3:30pm；
- MEDIUM：较长，如 Jan 12, 1952;
- LONG：更长，如 January 12, 1952 或 3:30:32pm；
- FULL：完全指定，如 Tuesday、April 12、1952 AD 或 3:30:42pm PST。

另外，使用 DateFormat 类还可以自定义日期时间的格式。要格式化一个当前语言环境下的日期，首先需要创建 DateFormat 类的一个对象，由于它是抽象类，因此可以使用其静态工厂方法 getDateInstance 进行创建，语法如下所示：

```
DateFormat df = DateFormat.getDateInstance();
```

使用 getDateInstance() 方法获取的是该国家 / 地区的标准日期格式，另外，DateFormat 类还提供了一些其他静态工厂方法，例如，使用 getTimeInstance() 方法可获取该国家 / 地区的时间格式，使用 getDateTimeInstance() 方法可获取日期和时间格式。

DateFormat 类的常用方法及说明如表 10.19 所示。

表 10.19　DateFormat 类的常用方法及说明

方法	说明
String format(Date date)	将一个 Date 格式化为日期/时间字符串
Calendar getCalendar()	获取与此日期/时间格式器关联的日历
static DateFormat getDateInstance()	获取日期格式器，该格式器具有默认语言环境的默认格式化风格
static DateFormat getDateTimeInstance()	获取日期/时间格式器，该格式器具有默认语言环境的默认格式化风格
static DateFormat getInstance()	获取为日期和时间使用 SHORT 风格的默认日期/时间格式器
static DateFormat getTimeInstance()	获取时间格式器，该格式器具有默认语言环境的默认格式化风格
Date parse(String source)	将字符串解析成一个日期，并返回这个日期的Date对象

例如，将当前日期按照 DateFormat 默认格式输出：

```
01    DateFormat df = DateFormat.getInstance();
02    System.out.println(df.format(new Date()));
```

结果如下所示：

18-10-24 上午 10:13

输出长类型格式的当前时间：

```
01    DateFormat df = DateFormat.getTimeInstance(DateFormat.LONG);
02    System.out.println(df.format(new Date()));
```

结果如下所示：

上午 10 时 13 分 48 秒

输出长类型格式的当前日期：

```
01    DateFormat df = DateFormat.getDateInstance(DateFormat.LONG);
02    System.out.println(df.format(new Date()));
```

结果如下所示：

2018 年 10 月 24 日

输出长类型格式的当前日期和时间：

```
01    DateFormat df = DateFormat.getDateTimeInstance(DateFormat.LONG, DateFormat.LONG);
02    System.out.println(df.format(new Date()));
```

结果如下所示：

2018 年 10 月 24 日 上午 10 时 13 分 48 秒

由于 DateFormat 类是一个抽象类，不能用 new 创建实例对象，因此，除了使用 getXXXInstance() 方法创建其对象外，还可以使用其子类，例如 SimpleDateFormat 类，该类是一个以与语言环境相关的方式来格式化和分析日期的具体类，它允许进行格式化（日期→文本）、分析（文本→日期）和规范化。

SimpleDateFormat 类提供了 19 个格式化字符，可以让开发者随意编写日期格式，这 19 个格式化字符如表 10.20 所示。

表 10.20　SimpleDateFormat 的格式化字符

字母	日期或时间元素	类型	示例
G	Era 标志符	Text	AD
y	年	Year	1996; 96
M	年中的月份	Month	July; Jul; 07
w	年中的周数	Number	27
W	月份中的周数	Number	2
D	年中的天数	Number	189
d	月份中的天数	Number	10
F	月份中的星期	Number	2
E	星期中的天数	Text	Tuesday; Tue
a	am/pm 标记	Text	PM

字母	日期或时间元素	类型	示例
H	一天中的小时数（0 ～ 23）	Number	0
h	am/pm 中的小时数（1 ～ 12）	Number	12
k	一天中的小时数（1 ～ 24）	Number	24
K	am/pm 中的小时数（0 ～ 11）	Number	0
m	小时中的分钟数	Number	30
s	分钟中的秒数	Number	55
S	毫秒数	Number	978
z	时区	General time zone	Pacific Standard Time; PST; GMT-08:00
Z	时区	RFC 822 time zone	−800

通常这些字符出现的数量会影响数字的格式，例如：yyyy 表示 4 位年份，例如 2008；yy 表示两位，例如 2008，就会显示为 08；但只有一个 y 的话，会按照 yyyy 显示；如果超过 4 个 y，例如 yyyyyy，会在 4 位年份左侧补 0，结果为 002008。

一些常用的日期时间格式如表 10.21 所示。

表 10.21　一些常用的日期时间格式

日期、时间	对应的格式
2018/10/25	yyyy/MM/dd
2018.10.25	yyyy.MM.dd
2018-09-15 13:30:25	yyyy-MM-dd HH:mm:ss
2018 年 10 月 24 日 10 时 25 分 07 秒 星期三	yyyy 年 MM 月 dd 日 HH 时 mm 分 ss 秒 EE
下午 3 时	ah 时
今年已经过去了 297 天	今年已经过去了 D 天

DateFormat 提供的 Date parse(String source) 方法可以将字符串转为其字面日期对应的 Date 对象，整个过程相当于日期格式化的逆操作。

👑 **注意：**

如果日期字符串不符合格式，则会抛出 java.text.ParseException 异常。

举个例子，将"2018-08-16"这个字符串转成 Date 对象，可以使用如下代码：

```
01    DateFormat sdf = new SimpleDateFormat("yyyy-MM-dd");
02    Date date = sdf.parse("2018-08-16");
```

输出这个 date 的值，则会打印 Thu Aug 16 00:00:00 CST 2018，这个结果符合字符串中表示的日期。

本章知识思维导图

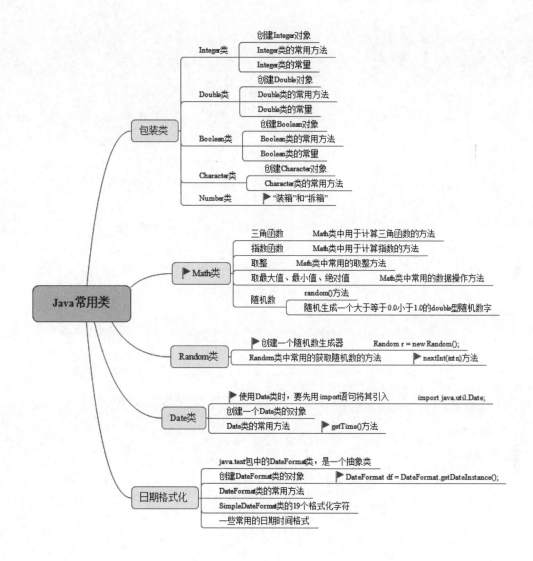

第 11 章

异常处理

本章学习目标

- 掌握什么是异常。
- 明确什么是错误，什么是异常。
- 区分运行时异常和非运行时异常。
- 熟练掌握 try、catch、finally 后面代码块发挥的作用。
- 熟练运用 try-catch-finally 捕获异常。
- 熟练掌握如何运用 throws 关键字在方法上抛出异常。
- 熟练掌握使用 throw 关键字为异常创建对象，进而主动引发某种异常。

11.1 什么是异常

在 Java 中，异常就是在程序运行时产生的错误。例如，向一个不存在的文本文件写入数据时，就会产生 FileNotFoundException 异常（系统找不到指定的文件）。接下来通过一个简单的实例认识一下另外一个异常——ArithmeticException 算术异常。

[实例 11.1]　　　　　　　　　　　　　　　　　　（源码位置：资源包 \Code\11\01 ）

除数为 0

创建 Demo 类，在主方法中定义 int 型变量，将 0 作为除数赋值给该变量。代码如下所示：

```
01    public class Demo {
02        public static void main(String[] args) {
03            int result = 3 / 0; // 将0作为除数
04            System.out.println(" 程序执行完毕 ");
05        }
06    }
```

运行结果如图 11.1 所示。

```
Console ☒                                ▣ ✖ ✖ | ▤ ▥ ▦ | ▣ ▤ | ▣ ▣ ▾ | ▣ ▾
<terminated> Demo [Java Application] D:\Java\jdk-11\bin\javaw.exe
Exception in thread "main" java.lang.ArithmeticException: / by zero
        at Demo.main(Demo.java:3)
```

图 11.1　算术异常效果

这个结果显示程序运行之后发生了 ArithmeticException 算术异常，异常原因是 "/ by zero"（除数为 0），发生异常的位置在 Baulk 类的第 3 行代码，因为发生异常而导致程序终止，所以未能执行最后一行打印字符串的代码。

11.2 异常的分类

Java 类库的每个包中都定义了各自的异常类，所有这些类都是 Throwable 类的子类。Throwable 类派生了两个子类，分别是 Error 类和 Exception 类。

Error 类及其子类用来描述 Java 运行系统中的内部错误以及资源耗尽的错误，这类错误比较严重。Exception 类称为非致命性类，可以通过捕捉处理使程序继续执行。Exception 类又可以根据错误发生的原因分为运行时异常和非运行时异常。Java 中的异常类继承体系如图 11.2 所示。

11.2.1 错误——Error

Error 类及其子类表示让 Java 虚拟机无法正常运转的错误，例如，编译错误、OutOfMemoryError（内存溢出错误）、ThreadDeath（线程死亡错误）等。通常出现 Error 时，Java 虚拟机会自动终止。

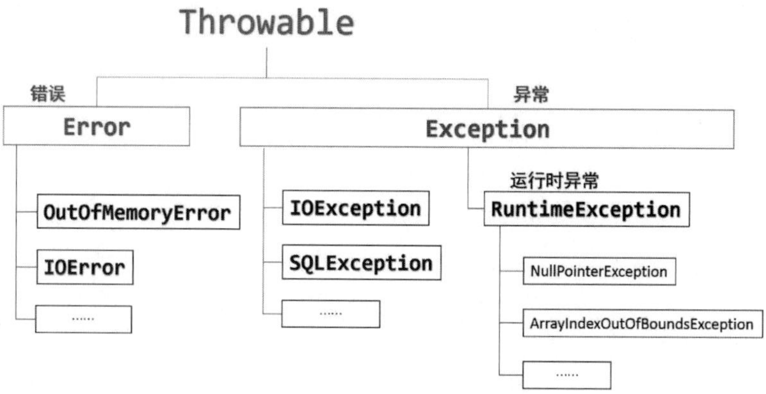

图 11.2　Java 中的异常类继承体系

例如，下面的代码会因为缺少分号而产生编译错误，代码如下所示：

```
01    public class Demo {
02        public static void main(String[] args) {
03            System.out.println("梦想照亮现实！！！")   // 此处缺少必要的分号
04        }
05    }
```

运行上面的代码，出现如图 11.3 所示的错误提示。

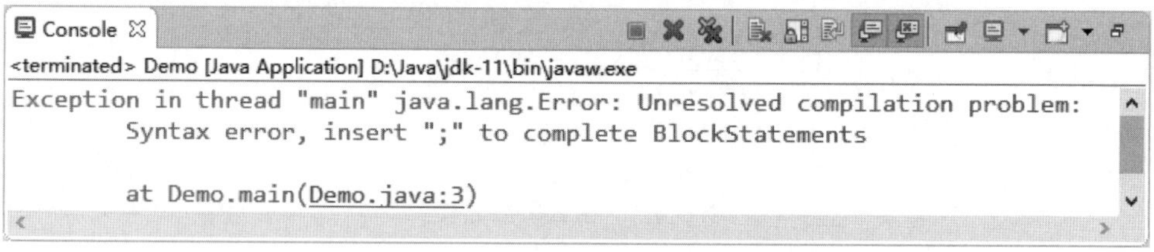

图 11.3　Demo 类的第 3 行代码发生 Error 错误，缺少 ";"

如果代码出现编译错误，在运行之前，Eclipse 就可以发现并给出红叉提示，如图 11.4 所示。此时将鼠标悬停至红叉位置，可以看到错误提示，如图 11.5 所示。

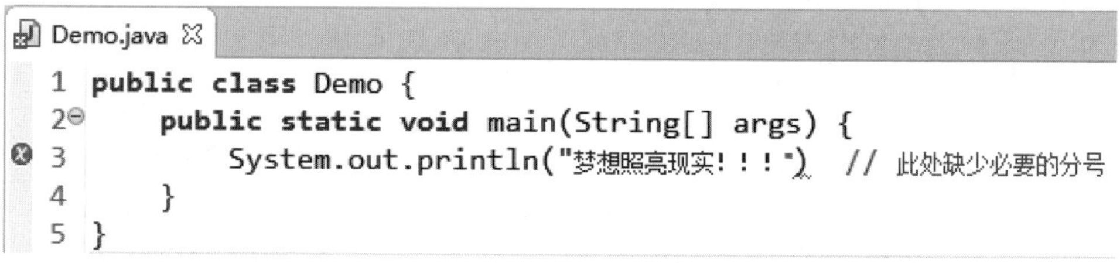

图 11.4　Eclipse 在发生错误的代码处和行号位置显示错误提示

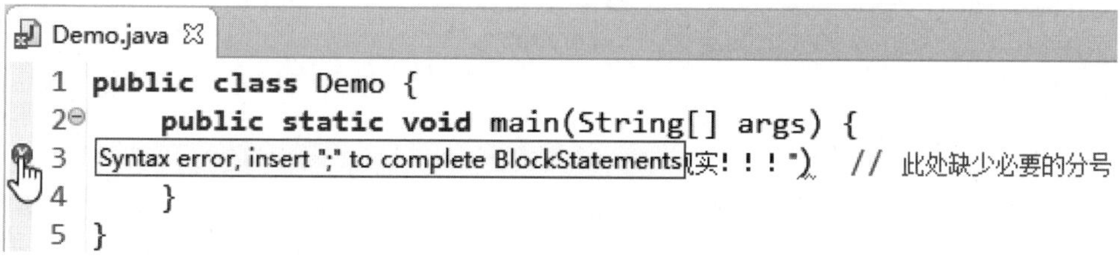

图 11.5　Eclipse 给出的错误提示

11.2.2 异常——Exception

Exception 是程序本身可以处理的异常，这种异常主要分为运行时异常和非运行时异常。开发者编写程序时应当尽可能去处理这些异常。

运行时异常是程序运行过程中才会产生的异常。这种异常很难在程序运行之前全部排除，所以需要在程序运行时进行捕获。

RuntimeException 就是运行时异常类，该类有很多子类，例如 NullPointerException、IndexOutOfBoundsException 等，这些异常通常由程序逻辑错误引起的，程序应该从逻辑角度尽可能避免这类异常的发生。

Java 中提供了常见的 RuntimeException 异常，这些异常可通过 try-catch 语句捕获，如表 11.1 所示。

表 11.1 常见的运行时异常

异常类	说明
ClassCastException	类型转换异常
NullPointerException	空指针异常
ArrayIndexOutOfBoundsException	数组下标越界异常
ArithmeticException	算术异常
ArrayStoreException	数组中包含不兼容的值的异常
NumberFormatException	字符串无法转换为数字的异常
IllegalArgumentException	非法参数异常
SecurityException	安全性异常
StringIndexOutOfBoundsException	字符串索引超出范围的异常
NegativeArraySizeException	数组长度为负异常

Java 语言中最常见、最让程序员头疼的就是 NullPointerException 空指针异常。引用类型变量在没有赋初值的情况下，默认值为 null，null 表示没有为引用类型变量分配内存空间，所以无法调用该引用类型的任何属性和方法。一旦让 null 调用属性或方法，就会引发 NullPointerException 异常。

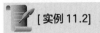

（源码位置：资源包 \Code\11\02）

[实例 11.2]

空指针异常

创建一个 Object 类型变量 o，调用 o 的 getClass() 方法，查看是否会发生空指针异常，代码如下所示：

```
01    public class Demo {
02        public static void main(String[] args) {
03            Object o = null;
04            o.getClass();
05        }
06    }
```

运行结果如图 11.6 所示，在代码第 4 行出现了空指针异常。

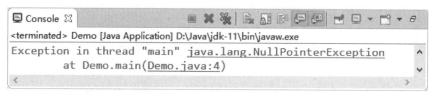

图 11.6　程序发生空指针异常

非运行时异常是除了 RuntimeException 类及其子类异常以外的异常。从程序语法角度讲，这类异常是必须进行处理的异常，如果不处理，程序就不能编译通过，如 IOException 输入输出流异常、SQLException 操作数据库异常以及用户自定义的异常等。

Java 中常见的非运行时异常类如表 11.2 所示。

表 11.2　常见的非运行时异常

异常类	说明
ClassNotFoundException	未找到相应类异常
SQLException	操作数据库异常
IOException	输入输出流异常
TimeoutException	操作超时异常
FileNotFoundException	文件未找到异常

非运行时异常中最典型的就是 FileNotFoundException 文件未找到异常。程序运行前无法判断本地有哪些文件是可以读写的，如果代码读取了一个不存在的文件，程序就无法正常执行下去，所以读写文件的相关方法会主动要求开发者处理这些异常。

[实例 11.3]　（源码位置：资源包 \Code\11\03）

读取某个不存在的文件

编写一段代码，尝试读取某个不存在的文件，代码如下所示：

```
01    import java.io.FileInputStream;
02    public class Demo {
03        public static void main(String[] args) {
04            String filePath = "C:\\ 这是一个随便乱写的路径，完全读不到任何文件 ";// 文件路径
05            FileInputStream fis = new FileInputStream(filePath);// 读取文件的流
06        }
07    }
```

在代码运行之前，Eclipse 就抛出了编译错误，错误提示如图 11.7 所示。

```
🔲 Demo.java ✕
  1  import java.io.FileInputStream;
  2  public class Demo {
  3⊖     public static void main(String[] args) {
  4          String filePath = "C:\\这是一个随便乱写的路径，完全读不到任何文件";// 文件路径
  5  Multiple markers at this line          ileInputStream(filePath);// 读取文件的流
  6    - Resource leak: 'fis' is never closed
  7    - Unhandled exception type FileNotFoundException
```

图 11.7　Eclipse 提示错误，因为必须处理 FileInputStream 构造方法抛出的异常

因为读取文件的 FileInputStream 类不知道自己访问的文件是否真实存在，所以该类的构造方法抛出了 FileNotFoundException 异常，要求开发者必须处理这个异常，如果该类访

问了不存在的文件，开发者必须处理这种异常情况。为 FileInputStream 添加异常处理之后的代码如下所示：

```
01  import java.io.FileInputStream;
02  import java.io.FileNotFoundException;
03  public class Demo {
04      public static void main(String[] args) {
05          String filePath = "C:\\ 这是一个随便乱写的路径，完全读不到任何文件 ";// 文件路径
06          try {
07              FileInputStream fis = new FileInputStream(filePath);// 读取文件的流
08          } catch (FileNotFoundException e) {
09              System.out.println(filePath + " 这个文件根本不存在 ");
10              e.printStackTrace();
11          }
12      }
13  }
```

这样的代码就没有了编译错误，运行结果如图 11.8 所示。

图 11.8　程序捕获到了 FileNotFoundException 异常

11.3　捕捉异常

try-catch 代码块主要被用于捕捉并处理异常，实际应用时，该代码块还有一个可选的 finally 代码块，try-catch-finally 的语法格式如下所示：

```
try {
    // 这里是被捕捉的代码块
} catch (Exceptiontype1 e){
    // 处理 Exceptiontype1 异常的代码块
} catch (Exceptiontype2 e){
    // 处理 Exceptiontype2 异常的代码块
} finally {
    // 最后一定会执行的代码块
}
```

其中，try 后面的代码块是可能产生异常的代码；catch 的 Exceptiontype 类型参数表示要处理的异常类型，catch 后面的代码块只有在发生 Exceptiontype1 异常时才会被执行；finally 后面的代码块会在整个 try-catch 执行完毕之后执行。无论程序是否产生异常，finally 中的代码块都将被执行。实际应用时，finally 中通常放置一些释放资源、关闭对象的代码。

通过 try-catch-finally 的语法可知，捕捉处理异常分为 try-catch 代码块和 finally 代码块两部分，下面分别予以介绍。

11.3.1　try-catch 代码块

把可能产生异常的代码放在 try 后面的代码块中，把处理异常对象 e 的代码放在 catch

中。接下来通过实例演示一下 try-catch 代码块。

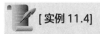 **[实例 11.4]**

（源码位置：资源包 \Code\11\04）

数组下表越界异常

创建一个 int 类型数组，数组中有 6 个元素，此时打印数组中索引为 10 的元素。编写 try-catch 语句，捕获打印代码，如果出现数组下表越界异常，就提示一行中文，让程序员认真编码。代码如下所示：

```
01  public class Demo {
02      public static void main(String[] args) {
03          int i[] = { 1, 2, 3, 4, 5, 6 };
04          try {
05              System.out.println(i[10]);// 打印索引为 10 的元素
06          } catch (ArrayIndexOutOfBoundsException e) {
07              System.out.println(" 调用的索引超过最大值了！快去通知程序员认真一点！ ");
08              e.printStackTrace();
09          }
10          System.out.println(" 代码执行完毕 ");
11      }
12  }
```

运行结果如图 11.9 所示。

图 11.9　try-catch 语句捕获到了数组下标越界异常，并执行了处理该异常的代码

从图 11.9 中可以看出，程序最后仍然打印了"代码执行完毕"，这说明程序没有因为产生异常被中断执行。由此可知，Java 虚拟机不会因为使用 try-catch 语句块捕捉并处理异常而中止。

try-catch 语句可以同时处理多个异常，例如为上面代码添加更多捕捉异常的代码，代码如下所示：

```
01  public class Demo {
02      public static void main(String[] args) {
03          int i[] = { 1, 2, 3, 4, 5, 6 };
04          try {
05              System.out.println(i[10]);                          // 打印索引为 10 的元素
06          } catch (ArrayIndexOutOfBoundsException e) {            // 数组下标越界
07              System.out.println(" 调用的索引超过最大值了！快去通知程序员认真一点！ ");
08              e.printStackTrace();
09          } catch (NumberFormatException e) {                     // 字符串无法转换为数字
10              System.out.println(" 不是数字格式的字符串，不能强制转为数字类型！ ");
11              e.printStackTrace();
12          } catch (ClassCastException e) {                        // 类型转换异常
13              System.out.println(" 数据类型不能乱转换！ ");
14              e.printStackTrace();
15          } catch (Exception e) {                                 // 最底层的异常
16              System.out.println(" 不知道什么原因，反正是出事了！ ");
17              e.printStackTrace();
18          }
19          System.out.println(" 代码执行完毕 ");
20      }
21  }
```

这个例子中，try 后面连接了 4 个 catch 语句，如果 try 后面的代码块里发生异常，就会与每个 catch 语句匹配，如果匹配到了相应的异常，则进入 catch 语句的处理代码中。最后一个 catch 语句捕获的是 Exception 异常——所有异常的父类，这是最底层的异常，用来捕获其他 catch 无法处理的异常。Exception 异常必须写在最后一个 catch 语句中，任何写在Exception 异常之后的 catch 语句都会引发编译错误。

11.3.2 finally 代码块

完整的异常处理语句应该包含 finally 代码块，通常情况下，无论程序中有无异常产生，finally 代码块中的代码都会被执行。

例如，在实例 4 中添加 finally 代码块，代码如下所示：

```
01   public class Demo {
02       public static void main(String[] args) {
03           int i[] = { 1, 2, 3, 4, 5, 6 };
04           try {
05               System.out.println(i[10]);                      // 打印索引为 10 的元素
06           } catch (ArrayIndexOutOfBoundsException e) {        // 数组下标越界
07               System.out.println(" 调用的索引超过最大值了！快去通知程序员认真一点！ ");
08               e.printStackTrace();
09           } finally {
10               System.out.println(" 代码执行完毕 ");
11           }
12       }
13   }
```

运行结果如图 11.10 所示。

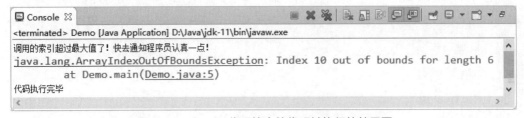

图 11.10 finally 代码块中的代码被执行的效果图

不管程序是否发生异常，finally 代码块中的代码都会被执行，但有如下所示的几种特殊情况会导致 finally 块不会被执行：

● 在 finally 代码块中产生了异常。finally 代码块里面也可以捕捉异常，如果真发生了异常，会中断代码块的执行。

● 在前面的代码中使用了 "System.exit();" 退出程序。这行代码会强制终止 Java 虚拟机运行。

● 程序所在的线程死亡。例如操作系统终止了 Java 虚拟机进程、操作系统崩溃等。

11.4 抛出异常

如果某个方法可能会产生异常，但不想在当前方法中处理这个异常，则可以使用 throws和 throw 关键字在方法中抛出异常，本节将讲解如何在方法中抛出异常。

👑 注意:

throws 和 throw 只差一个 "s" 字母，功能完全不同，注意区分。

11.4.1 使用 throws 关键字抛出异常

throws 关键字应用于方法上，表示方法可能抛出的异常，当方法抛出多个异常时，可用逗号分隔异常类型名。使用 throws 关键字抛出异常的语法格式如下所示：

```
返回值 方法名 () throws 异常类型 1, 异常类型 2,…{
    代码块
}
```

 [实例 11.5]

（源码位置：资源包 \Code\11\05 ）

读取某个不存在的文件

利用 FileInputStream 类读取文件的代码，FileInputStream 类的构造方法就使用了 throws 关键字抛出了异常，要求调用者必须使用 try-catch 语句处理这些异常。如果开发者编写方法中不想处理 FileInputStream 类抛出的异常，也可以使用 throws 关键字将这些异常继续抛出，代码如下所示：

```
01  import java.io.FileInputStream;
02  import java.io.FileNotFoundException;
03
04  public class Demo {
05      public void readFile(String filePath) throws FileNotFoundException {
06          FileInputStream fis = new FileInputStream(filePath);// 读取文件的流
07      }
08
09      public static void main(String[] args) {
10          Demo d = new Demo();
11          try {
12              d.readFile("C:\\test\\ 没有的文件 ");
13          } catch (FileNotFoundException e) {
14              e.printStackTrace();
15          }
16      }
17  }
```

运行结果如图 11.11 所示。

```
📋 Console ⊠                              ■ ✖ ✖ | ▤ ▦ ▦ | ⬜ ⬜ | ⬚ ▤ ▾ ⬚ ▾ ⬚
<terminated> Demo [Java Application] D:\Java\jdk-11\bin\javaw.exe
java.io.FileNotFoundException: C:\test\没有的文件 (??????????)
        at java.base/java.io.FileInputStream.open0(Native Method)
        at java.base/java.io.FileInputStream.open(FileInputStream.java:219)
        at java.base/java.io.FileInputStream.<init>(FileInputStream.java:157)
        at java.base/java.io.FileInputStream.<init>(FileInputStream.java:112)
        at Demo.readFile(Demo.java:6)
        at Demo.main(Demo.java:12)
```

图 11.11　Demo 类的 readFile() 方法抛出了异常

从这个异常日志的倒数第二行可以看到，异常是从 Demo 类的 readFile() 方法抛出来的。readFile() 方法没有处理这个问题，而是让调用该方法的 main() 成为了异常处理者。

👑 说明：

　　使用 throws 关键字将方法产生的异常抛给上一级后，如果上一级不想处理该异常，那么可以继续向上抛出，但最终要有能够捕捉并处理这个异常的代码。

11.4.2　使用 throw 关键字抛出异常

　　throw 关键字可以主动引发某种异常。Java 虚拟机中所有异常都有一个对应的异常对象，所以 throw 关键字引发异常时需要为异常创建对象，也就是调用指定异常的构造方法，其语法格式如下所示：

```
throw new 异常类型名（[ 构造方法参数 ]）;
```

 [实例 11.6]

（源码位置：资源包 \Code\11\06）

年龄小于 0？

　　创建一个判断年龄是否为成年人的方法，把表示年龄的变量声明为 int 类型。如果年龄大于等于 18，则返回"成年人"字样；如果年龄大于等于 0 并且小于 18，则返回"未成年人"字样；如果年龄小于 0，则引发 NumberFormatException 异常。代码如下所示：

```
01  public class Demo {
02      public String checkAge(int age) {
03          if (age >= 18) {
04              return age + ": 成年人 ";
05          } else if (age >= 0 && age < 18) {
06              return age + ": 未成年人 ";
07          } else {
08              throw new NumberFormatException(" 年龄不能为负数:" + age);
09          }
10      }
11
12      public static void main(String[] args) {
13          Demo d = new Demo();
14          System.out.println(d.checkAge(25));
15          System.out.println(d.checkAge(6));
16          System.out.println(d.checkAge(-1));
17      }
18  }
```

运行结果如图 11.12 所示。

```
🖳 Console ⌗                    ■ ✖ ✖ | 🖺 🖥 🖭 | 🖬 🗂 ▾ 🗂 ▾ ⊟
<terminated> Demo [Java Application] D:\Java\jdk-11\bin\javaw.exe
25:成年人
6:未成年人
Exception in thread "main" java.lang.NumberFormatException: 年龄不能为负数:-1
        at Demo.checkAge(Demo.java:8)
        at Demo.main(Demo.java:16)
◁
```

图 11.12　当传入的年龄为 −1 时引发 NumberFormatException 异常

本章知识思维导图

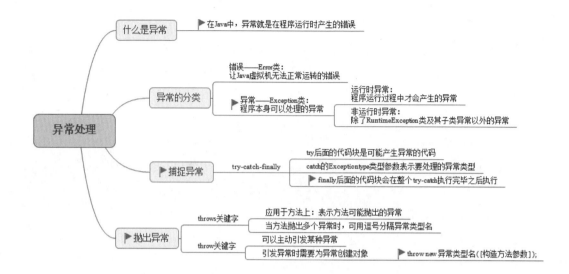

第 12 章
枚举与泛型

扫码领取
► 配套视频
► 配套素材
► 学习指导
► 交流社群

 本章学习目标

- 明确枚举的 4 个特点。
- 掌握定义枚举的语法格式。
- 掌握如何获取枚举中的某个枚举值。
- 明确枚举可以作为 switch 语句的参数，case 语句之后直接连接枚举值。
- 明确泛型是一种模糊的类型，它可以代表任何类型。
- 掌握定义泛型类的语法格式。
- 明确泛型类创建对象时可以指定泛型的类型。
- 掌握定义泛型方法的语法格式。
- 明确泛型方法在使用过程中的一些特点。
- 掌握调用带泛型的成员方法语法格式。
- 掌握调用带泛型的静态方法语法格式。

12.1 枚举

在推出枚举之前，通常会用常量来作为"状态参数"。例如，文字的加粗样式用 Font. BOLD 常量表示，斜体样式用 Font.ITALIC 常量表示。

但常量存在一个缺陷——常量必须是具体值。这样容易引起一些不必要的混乱，例如：

```
01    final int A = 128;
02    final int B = 128;
```

常量 A 和常量 B 是两个不同的常量，但 A 和 B 被赋予的值都是 128，这会导致程序中出现隐患，例如下面这三行代码执行的效果是完全一样的：

```
01    gameView.setType(A);              // 游戏视图的类型设置为 A 类型
02    gameView.setType(B);              // 游戏视图的类型设置为 B 类型
03    gameView.setType(128);           // 游戏视图的类型设置为数字 128 对应的类型
```

前两行代码中 A 和 B 的效果是重复的，常量 B 就变得无意义了。第三行代码甚至让 A 和 B 都完全失去了作用。因为方法可以直接传入数字 128，就绕过了设置好的常量。这种情况会给程序埋下极大的隐患，相当于"代码泄露"。开发者可以不用设置好的常量属性，而直接使用数值做参数就能改变程序的结果还不影响运行。

为了避免这种设计缺陷，JDK 1.5 新增了枚举概念。枚举中的常量（也叫枚举项、枚举值）不等于任何其他值，不会与其他枚举发生冲突，更不会被其他常量代替。使用枚举不仅可以提升运行效率，还可以避免安全隐患。枚举具有以下特点：

● 类型安全。
● 紧凑有效的数据定义。
● 可以和程序其他部分完美交互。
● 运行效率高。

定义枚举的语法格式如下所示：

```
enum 枚举名 {
    枚举值1,
    枚举值2,
    ......
}
```

其中，enum 是枚举类型关键字。枚举中每一个枚举值都属于常量，不可更改，也不需要定义类型、不需要赋值。枚举项之间用英文逗号分隔，最后一个枚举项后面的逗号可有可无。

例如，创建一个名为 DemoEnum 的枚举，枚举中有 A 和 B 两个值，代码如下所示：

```
01    enum DemoEnum{
02        A,
03        B,
04    }
```

获取枚举中的某个枚举值的语法格式如下所示：

```
枚举名 . 枚举值
```

例如:

```
DemoEnum.A
```

枚举值可以给枚举类型变量赋值, 例如:

```
DemoEnum a = DemoEnum.A;
```

 [实例 12.1]

(源码位置: 资源包 \Code\12\01)

判断枚举值是否相等

判断枚举值是否相等有两种方式: "=="运算符和 equals() 方法。例如:

```
01   enum DemoEnum {
02       A, B,
03   }
04   public class Demo {
05       public static void main(String[] args) {
06           DemoEnum a = DemoEnum.A;
07           System.out.println(a == DemoEnum.A);
08           System.out.println(a.equals(DemoEnum.A));
09
10           System.out.println(a == DemoEnum.B);
11           System.out.println(a.equals(DemoEnum.B));
12       }
13   }
```

运行结果如下所示:

```
true
true
false
false
```

从这个结果可以看出 "=="运算符和 equals() 方法得到的结果是完全一样的, 开发时可以自行选择。

枚举可以作为 switch 语句的参数, case 语句之后直接连接枚举值, 例如:

```
01   enum DemoEnum {
02       A, B,
03   }
04   public class Demo {
05       public static void main(String[] args) {
06           DemoEnum a = DemoEnum.A;
07           switch (a) {
08               case A :
09                   System.out.println(" 是 A");
10                   break;
11               case B :
12                   System.out.println(" 是 B");
13                   break;
14           }
15       }
16   }
```

运行结果如下所示:

```
是 A
```

如果 case 语句之后连接枚举名 . 枚举值反而会发生编译错误，如图 12.1 所示。

```
DemoEnum a = DemoEnum.A;
switch (a) {
    case DemoEnum.A :

}
```
The qualified case label DemoEnum.A must be replaced with the unqualified enum constant A
1 quick fix available:
➾ Replace with unqualified enum constant 'A'
Press 'F2' for focus

图 12.1　case 语句后连接枚举名 . 枚举值

12.2　泛型

JDK 1.5 版本中提供了泛型概念，程序员可以使用泛型来定义代码中安全的类型。对于初学者来说，泛型这个词很难理解，用简单语言描述就是：泛型是一种模糊的类型，它可以代表任何类型。

在没有出现泛型之前，Java 提供的 Object 类型可以表示任何对象，例如：

```
01    Object o1 = new String();
02    Object o2 = new Integer(20);
03    Object o3 = new int[30];
```

这种语法属于"向上转型"。但如果使用 Object 类型作为变量类型的话会埋下一种隐患：任何类型的值都可以赋给变量。因为强制转换不会发生编译错误，因此下面这种代码只有在运行之后才会出现异常：

```
01    Object o = new String();
02    Integer i = (Integer)o;
```

想要避免出现强制转换错误，就得在转换之前判断变量值的类型，例如：

```
01    Object o = new String();
02    if (o instanceof Integer) {
03        Integer i = (Integer) o;
04    }
```

如果每一个 Object 类型变量在转换前都要使用 instanceof 关键字判断一次，那对于开发者来说将是灾难级的代码量。为了避免这种重复的代码，泛型应运而生。泛型可以在变量被赋值之前，拦截一切不合法的值。如果把 Object 类型比作道路，那么泛型就是路标。如果泛型是图 12.2 所示的自行车，那么这条路就是非机动车道，其他车不能驶入；如果泛型是图 12.3 所示的汽车，那么这条路就是机动车道，其他车不能驶入。开发者就是"交管部门"，规定了道路上使用什么泛型，或者不使用泛型，什么车都可以行驶。

图 12.2　非机动车道标志

图 12.3　机动车道标志

泛型通常用一个大写字母表示，例如：

```
01   T t;
02   T t[];
```

用泛型声明的变量不能直接初始化，例如下面的代码是错误的：

```
01   T t1 = 1;
02   T t2 = " 字符串 ";
03   T t3 = new T();
04   T ts[] = new T[10];
```

用泛型声明的变量不允许使用 static 关键字，例如下面的代码是错误的：

```
static T t;
```

泛型有两种声明场景：泛型类和泛型方法。这两种场景将在后面的内容作详细介绍。

12.2.1 定义泛型类

泛型类是指在定义类的同时还定义了泛型。泛型的数量可以是多个，但泛型名称不可以重复。定义泛型类的语法格式如下所示：

```
class 类名 <T1, T2, T3, ... >
```

例如，创建一个 Demo 类，定义两个泛型 T 和 B，分别为这两个泛型创建变量，代码如下所示：

```
01   class Demo<T, B> {
02       T t;
03   B b;
04   }
```

泛型除了可以用来定义成员变量以外，还可以用来定义成员方法的参数和返回值，例如：

```
01   class Demo<T> {
02       T t;
03
04       void setT(T t) {
05           this.t = t;
06       }
07
08       T getT() {
09           return t;
10       }
11   }
```

泛型类创建对象时可以指定泛型的类型，语法格式如下所示：

```
类 < 泛型 > 变量名 = new 类 < 和前面一样的泛型 >();
```

例如，为 Demo<T> 创建对象时，为不同的对象设定不同泛型，以下代码都是正确的：

```
01   Demo<String> d1 = new Demo<String>();              // T 被指定为 String 类型
02   Demo<Integer> d2 = new Demo<Integer>();            // T 被指定为 Integer 类型
03   Demo<java.util.Date> d3 = new Demo<java.util.Date>();   // T 被指定为 java.util.Date 类型
```

从 JDK7 版本开始，可以省略第二个 < > 中的泛型，Java 虚拟机会自动识别第一个泛型。

这种语法也叫"菱形"语法，代码如下所示：

```
01    Demo<String> d1 = new Demo< >();              // T 被指定为 String 类型
02    Demo<Integer> d2 = new Demo< >();             // T 被指定为 Integer 类型
03    Demo<java.util.Date> d3 = new Demo< >();      // T 被指定为 java.util.Date 类型
```

泛型类在创建对象时可以不指定任何泛型，这样泛型 T 会默指定为 Object 类型，例如：

```
Demo d = new Demo ();                              // 不指定泛型
```

上面这行代码与下面这行代码效果相同：

```
Demo<Object> d = new Demo<Object>();               // T 被指定为 Object 类型
```

泛型仅支持类类型或接口类型，不支持基本类型。如果想要将泛型设为基本类型，需要使用对应的包装类型。例如，下面是不同基本类型的错误示例和正确示例：

```
01    Demo<int> d1 = new Demo<int>();                     // 错误
02    Demo<Integer> d2 = new Demo<Integer>();             // 正确
03
04    Demo<double> d3 = new Demo<double>();               // 错误
05    Demo<Double> d4 = new Demo<Double>();               // 正确
06
07    Demo<char> d5 = new Demo<char>();                   // 错误
08    Demo<Character> d6 = new Demo<Character>();         // 正确
09
10    Demo<boolean> d7 = new Demo<boolean>();             // 错误
11    Demo<Boolean> d8 = new Demo<Boolean>();             // 正确
```

泛型支持数组类型，例如：

```
Demo<Integer[]> d = new Demo<Integer[]>();
```

当泛型被指定为具体类型之后，泛型对象、泛型参数就不能被赋予其他类型的值了。

[实例 12.2]　　　　　　　　　　　　　　　　　　　　　（源码位置：资源包 \Code\12\02）

使用泛型定义成员变量和成员方法参数

定义 Demo 类，同时定义一个泛型 T，使用泛型定义成员变量和成员方法参数。创建 Test 类，在主方法中将 Demo 对象的泛型指定为 String 类型，尝试将数字类型当作参数传入到 Demo 对象的方法中，代码如下所示：

```
01    class Demo<T> {
02        T t;                                  // 泛型成员变量
03        void setT(T t) {                      // 成员方法，使用泛型参数
04            this.t = t;
05        }
06    }
07    public class Test {
08        public static void main(String[] args) {
09            Demo<String> d = new Demo<String>();
10            d.setT(" 字符串 ");
11            d.setT(1);                 // 发生错误，泛型已被定义为 String，因此不匹配 Integer 类型
12        }
13    }
```

编写完代码之后可以看到发生了编译错误，如图 12.4 所示，数字 1 被认为是不合适的

参数。泛型被指定为 String 类型之后，会阻止所有非 String 类型的值传入。

```
d.setT("字符串");
d.setT(1);              // 发生错误,泛型已被定义为String,因此不匹配Integer类型
```
The method setT(String) in the type Demo<String> is not applicable for the arguments (int)
2 quick fixes available:
- Change method 'setT(T)' to 'setT(int)'
- Create method 'setT(int)' in type 'Demo'
Press 'F2' for focus

图 12.4　泛型为 String 类型时，int 类型属于不合适类型，无法使用

12.2.2　定义泛型方法

泛型方法是指单独定义了泛型的方法。定义泛型方法的语法格式如下所示：

```
<T1, T2, T3,… > 返回值 方法名()
```

例如，创建一个无返回值的 method() 方法，为方法定义一个泛型 T，代码如下所示：

```
01    <T> void method() {
02    }
```

泛型可以直接用来定义方法的参数，例如：

```
01    <T> void method(T t) {
02    }
```

泛型也可以用来定义方法的返回值类型，例如：

```
01    <T> T method(T t) {
02        return t;
03    }
```

泛型方法可以是静态方法，例如：

```
01    static <T> T method(T t) {
02        return t;
03    }
```

方法可以同时定义多个泛型，例如：

```
01    <A, B, C> void method(A a, B b, C c) {
02    }
```

泛型方法定义的泛型仅能在方法中使用，但泛型方法可以出现在没定义泛型的类中，
例如：

```
01    class Demo {                          // 没有泛型的普通类
02        <T> T method(T t) {              // 泛型方法
03            return t;
04        }
05    }
```

调用泛型方法的语法比较特殊，需要在方法名之前指定泛型类型。如果不指定泛型类型，泛型就默认为 Object 类型。

调用带泛型的成员方法语法格式如下所示：

```
对象 .< 泛型 > 方法名 ();
```

调用带泛型的静态方法语法格式如下所示:

类名 .< 泛型 > 方法名 ();

 [实例 12.3]

（源码位置: 资源包 \Code\12\03 ）

创建带泛型的成员方法和静态方法

创建 Demo 类，在类中创建带泛型的成员方法和静态方法，在 Test 测试类中调用这些泛型方法，代码如下所示:

```
01    class Demo {
02        <T> T method1(T t) {                    // 成员方法
03            return t;
04        }
05
06        static <T> T method2(T t) {             // 静态方法
07            return t;
08        }
09    }
10
11    public class Test {
12        public static void main(String[] args) {
13            Demo demo = new Demo();
14
15            Integer i = demo.<Integer> method1(15);
16            String s = demo.<String> method1("Java");
17            Object o1 = demo.method1(new Object());
18
19            double d = Demo.<Double> method2(3.14);
20            Object o2 = Demo.method2(new Object());
21        }
22    }
```

 本章知识思维导图

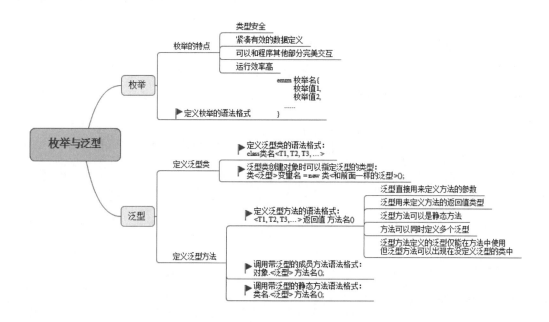

第 13 章

集合

 本章学习目标

- 掌握 Collection 接口的常用方法。
- 掌握 Set 接口的 HashSet 类和 TreeSet 类的异同点。
- 掌握如何使用 Iterator 迭代器遍历集合中的元素。
- 掌握 List 接口的两个重要方法 get(int index) 和 set(int index , Object obj)。
- 掌握 Set 接口的 ArrayList 类与 LinkedList 类的异同点。
- 掌握 Map 接口的常用方法。
- 掌握 Set 接口的 HashMap 类和 TreeMap 类的异同点。
- 明确什么时候用 Set 集合, 什么时候用 List 队列, 什么时候用 Map 键值对。

13.1   集合类概述

java.util 包中的集合类就像一个装有多个对象的容器，提到容器就不难想到数组。数组与集合的不同之处在于，数组的长度是固定的，集合的长度是可变的；数组既可以存放基本类型的数据，又可以存放对象，集合只能存放对象。集合类中最常用的是 List 队列和 Set 集合。Map 键值对虽不是集合但经常和集合一起使用，其中 List 队列中的 List 接口和 Set 集合中的 Set 接口都继承了 Collection 接口。List 队列和 Set 集合除提供了 List 接口和 Set 接口外，还提供了不同的实现类。List 队列、Set 集合和 Map 键值对的继承关系如图 13.1 所示。

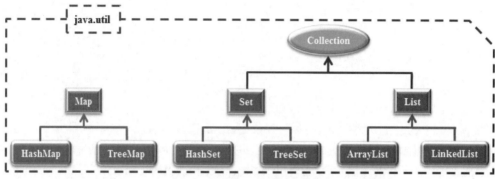

图 13.1   List 队列、Set 集合和 Map 键值对的继承关系

👑 说明：

Collection 接口虽然不能直接被使用，但提供了操作集合以及集合中元素的方法，而且 List 接口和 Set 接口都可以调用 Collection 接口中的方法。Collection 接口的常用方法及说明如表 13.1 所示。

表 13.1   Collection 接口的常用方法及说明

方法	功能描述
add(Object e)	将指定的对象添加到当前集合内
remove(Object o)	将指定的对象从当前集合内移除
isEmpty( )	返回 boolean 值，用于判断当前集合是否为空
iterator( )	返回用于遍历集合内元素的迭代器对象
size( )	返回 int 型值，获取当前集合中元素的个数

13.2   Set 集合

Set 集合中的元素不按特定的方式排序，只是简单地被存储在 Set 集合中，但 Set 集合中的元素不能重复。

13.2.1   Set 接口

Set 接口继承了 Collection 接口。因为 Set 集合中的元素不能重复，所以在向 Set 集合中添加元素时，需要先判断新增元素是否已经存在于集合中，再确定是否执行添加操作。向使用 HashSet 实现类创建的 Set 集合中添加元素的流程图如图 13.2 所示。

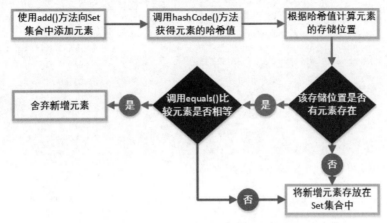

图 13.2　向 Set 集合中添加元素的流程图

13.2.2　Set 接口的实现类

Set 接口有很多实现类，最常用的是 HashSet 类和 TreeSet 类。HashSet 叫作哈希集合，也叫散列集合，HashSet 利用哈希码（也叫散列码）排列元素的实现类，可以存储 null 对象。TreeSet 叫树集合，TreeSet 不仅实现了 Set 接口，还实现了 java.util.SortedSet 接口，因此 TreeSet 通过 Comparable 比较接口自定义元素排序规则，例如升序排列、降序排列。TreeSet 不可以储存 null。

TreeSet 类除了可以使用 Collection 接口中的方法外，还提供了额外的操作集合中元素的方法，这些方法如表 13.2 所示。

表 13.2　TreeSet 类增加的方法

方法	功能描述
first()	返回当前 Set 集合中的第一个（最低）元素
last()	返回当前 Set 集合中的最后一个（最高）元素
comparator()	返回对当前 Set 集合中的元素进行排序的比较器。如果使用的是自然顺序，则返回 null
headSet(E toElement)	返回一个新的 Set 集合，新集合包含截止元素之前的所有元素
subSet(E fromElement, E toElement)	返回一个新的 Set 集合，新集合包含起始元素（包含）与截止元素（不包含）之间的所有元素
tailSet(E fromElement)	返回一个新的 Set 集合，新集合包含起始元素（包含）之后的所有元素

虽然 HashSet 类和 TreeSet 类都是 Set 接口的实现类，它们不允许有重复元素，但 HashSet 类在遍历集合中的元素时不关心元素之间的顺序，而 TreeSet 类则会按自然顺序（升序排列）遍历集合中的元素。

[实例 13.1]　　　　　　　　　　　　　　　　　　　（源码位置：资源包 \Code\13\01）

查看 HashSet 集合中的元素值和排列顺序

给 HashSet 集合添加元素，并输出集合对象，查看集合中的元素值和排列顺序，代码如下所示：

```
01    import java.util.*;
02    public class Demo {
03       public static void main(String args[]) {
04          HashSet<String> hashset = new HashSet<>();          // 哈希集合
05          hashset.add(" 零基础学 Java");                        // 向集合添加数据
06          hashset.add("Java 从入门到精通");
07          hashset.add("Java 从入门到项目实践 ");
08          hashset.add("Python 从入门到项目实践 ");
09          hashset.add("Android 从入门到精通 ");
10          System.out.println(hashset);
11       }
12    }
```

上述代码的运行结果如下所示：

[Java 从入门到精通，Android 从入门到精通，Python 从入门到项目实践，Java 从入门到项目实践，零基础学
Java]

从这个结果中看不出元素排列的规则，因为集合使用哈希算法计算出的哈希码对元素进行排列。

把上一段代码中的 HashSet 改为 TreeSet，比较一下两者排列顺序的不同，代码如下所示：

```
01    import java.util.*;
02    public class Demo {
03       public static void main(String args[]) {
04          TreeSet<String> treeset = new TreeSet<>();          // 树集合
05          treeset.add(" 零基础学 Java");                        // 向集合添加数据
06          treeset.add("Java 从入门到精通 ");
07          treeset.add("Java 从入门到项目实践 ");
08          treeset.add("Python 从入门到项目实践 ");
09          treeset.add("Android 从入门到精通 ");
10          System.out.println(treeset);
11       }
12    }
```

上述代码的运行结果如下所示：

[Android 从入门到精通，Java 从入门到精通，Java 从入门到项目实践，Python 从入门到项目实践，零基础学
Java]

从这个结果可以看出树集合排列元素的顺序是字符串首字母顺序。

13.2.3 Iterator 迭代器

想要把 Set 集合中的元素依次输出，需要用到迭代器。java.util 包中的 Iterator 接口是一个专门被用于遍历集合中元素的迭代器，其常用方法如表 13.3 所示。

表 13.3　Iterator 迭代器的常用方法

方法	功能描述
hasNext( )	如果仍有元素可以迭代，则返回 true
next( )	返回迭代的下一个元素
remove( )	从迭代器指向的 Collection 中移除迭代器返回的最后一个元素（可选操作）

注意:

Iterator 迭代器中的 next( ) 方法返回值类型是 Object。

使用 Iterator 迭代器时，须使用 Collection 接口中的 iterator( ) 方法创建一个 Iterator 对象。

（源码位置：资源包 \Code\13\02 ）

[实例 13.2]
使用 Iterator 迭代器遍历集合中的元素

创建 IteratorTest 类，首先在 main( ) 方法中创建元素类型为 String 的 List 队列对象，然后使用 add( ) 方法向集合中添加元素，最后使用 Iterator 迭代器遍历并输出集合中的元素。

```
01   import java.util.*;                              // 导入 java.util 包，其他实例都要添加该语句
02   public class IteratorTest {
03       public static void main(String args[]) {
04           Collection<String> co = new HashSet<>();  // 实例化集合类对象
05           co.add(" 零基础学 Java");                   // 向集合添加数据
06           co.add("Java 从入门到精通 ");
07           co.add("Java 从入门到项目实践 ");
08           Iterator<String> it = co.iterator();     // 获取集合的迭代器
09           while (it.hasNext()) {                    // 判断是否有下一个元素
10               String str = (String) it.next();      // 获取迭代出的元素
11               System.out.println(str);
12           }
13       }
14   }
```

上述代码的运行结果如下所示：

```
Java 从入门到精通
Java 从入门到项目实践
零基础学 Java
```

除 Iterator 迭代器外，foreach 循环也可以自动迭代集合中的元素。虽然使用 foreach 循环的代码量要比使用 Iterator 迭代器少很多，但灵活性不如 Iterator 迭代器。实例 13.2 中的 Iterator 迭代器示例代码可以简化为：

```
01   Collection<String> co = new HashSet<>();         // 实例化集合类对象
02   co.add(" 零基础学 Java");                          // 向集合添加数据
03   co.add("Java 从入门到精通 ");
04   co.add("Java 从入门到项目实践 ");
05   for(String s:co){                                // foreach 循环自动迭代，循环变量类型为集合的泛型类型
06       System.out.println(s);
07   }
```

上述代码的运行结果与原示例的运行结果一致：

```
Java 从入门到精通
Java 从入门到项目实践
零基础学 Java
```

为了实现快速向 Set 集合中添加元素，JDK 9 版本为常用的集合接口新增了 of(E…elements) 方法，这个方法解决了集合每添加一个元素就要调用一次 add() 方法的问题，使用方式如下所示：

```
01   Set<String> s1 = Set.of(" 零基础学 Java", "Java 从入门到精通 ", "Java 从入门到项目实践 ");
02   Set<Integer> s2 = Set.of(12, 65, 782, 999, 100, -8);
```

第 2 篇　面向对象编程篇

说明：

List 接口和 Map 接口同样提供了 of() 方法。

利用集合的不重复性，可以有效去除数组或队列中的重复数据。例如，去除数组中的重复数据，可利用以下方式：

```
01    int a[] = {1, 1, 2, 2, 3, 3, 4, 4, 5, 5};
02    HashSet<Integer> set = new HashSet<>();
03    for (int tmp : a) { // 数组元素添加到集合中
04        set.add(tmp);
05    }
```

set 不会保存重复数据，最后 set 中的元素为：

```
[1, 2, 3, 4, 5]
```

HashSet 根据哈希码和 equals() 方法判断对象的唯一性，除了数字、字符以外，只要 HashSet 保存的元素类重写了 hashCode() 方法和 equals() 方法，就可以实现自定义的去重效果，具体方式请参照前面的"哈希码结合 equals() 的用法"相关内容。

13.3 List 队列

List 队列包括 List 接口和 List 接口的所有实现类。List 队列中的元素允许重复，且集合中元素的顺序就是元素被添加时的顺序，用户可通过索引（元素在集合中的位置）访问集合中的元素。

13.3.1 List 接口

因为 List 接口继承了 Collection 接口，所以 List 接口可以使用 Collection 接口中的所有方法。除 Collection 接口中的所有方法外，List 接口还提供了两个非常重要的方法，如表 13.4 所示。

表 13.4 List 接口的两个重要方法

方法	功能描述
get(int index)	获得指定索引位置上的元素
set(int index , Object obj)	将集合中指定索引位置的对象修改为指定的对象

13.3.2 List 接口的实现类

因为 List 接口不能被实例化，所以 Java 语言为其提供了实现类，其中最常用的实现类是 ArrayList 类与 LinkedList 类。

ArrayList 以数组的形式保存集合中的元素，能够根据索引位置随机且快速地访问集合中的元素。

LinkedList 以链表结构（是一种数据结构）保存集合中的元素，随机访问集合中元素的性能较差，但向集合中插入元素和删除集合中的元素的性能出色。

分别使用 ArrayList 类和 LinkedList 类实例化 List 接口的关键代码如下所示：

```
01    List<E> list = new ArrayList<>( );
02    List<E> list2 = new LinkedList<>( );
```

其中，E 代表元素的数据类型。例如，如果集合中的元素均为字符串类型，那么 E 为 String。

虽然 ArrayList 类和 LinkedList 类采用的数据结构不一样，但使用的方式基本一致。

 [实例 13.3]
（源码位置：资源包 \Code\13\03）

使用 ArrayList 类实例化 List 接口

向 ArrayList 中添加元素并依次将元素输出在控制台上，代码如下所示：

```
01    import java.util.*;
02    public class ListTest {
03        public static void main(String[] args) {
04            List<String> list = new ArrayList<>();        // 创建数组队列
05            list.add(" 零基础学 Java");                     // 向集合添加元素
06            list.add("Java 从入门到精通 ");
07            list.add("Java 从入门到项目实践 ");
08            list.add("Python 从入门到项目实践 ");
09            list.add("Android 从入门到精通 ");
10
11            for (int j = 0; j < list.size(); j++) {        // 循环遍历集合
12                System.out.println(list.get(j));           // 获取指定索引处的值
13            }
14        }
15    }
```

上述代码的运行结果如下所示：

```
零基础学 Java
Java 从入门到精通
Java 从入门到项目实践
Python 从入门到项目实践
Android 从入门到精通
```

如果想删除某个元素，将该元素的索引作为 remove() 方法的参数即可，例如删除队列中索引为 2 的元素，代码如下所示：

```
list.remove(2);
```

👑 注意：

① 队列与数组相同，索引也是从 0 开始。

② 当队列删除一个元素之后，队列的长度会减少 1，因此某些情况下，使用 for 循环删除 List 元素会出现"失准"，

 [实例 13.4]
（源码位置：资源包 \Code\13\04）

删除队列中的元素

先删除索引 2 的元素，再删除索引 3 的元素，错误写法如下所示：

```
01    import java.util.*;
02    public class Demo {
03        public static void main(String args[]) {
04            List<Integer> list = new ArrayList<>();
```

第 2 篇　面向对象编程篇

```
05          list.add(0);
06          list.add(1);
07          list.add(2);
08          list.add(3);
09          list.add(4);
10
11          list.remove(2);
12          list.remove(3);
13
14          System.out.println(list);
15      }
16  }
```

开发者想要删除的是"2"和"3"这两个数字，但程序执行的结果为：

```
[0, 1, 3]
```

结果中删除的却是"2"和"4"这两个数字。出现"误删"的原因是因为第一次删除索引为 2 的元素后，后面的元素全部向前移动一位，导致这些元素的索引全都改变了，效果如图 13.3 所示，所以在索引 3 位置上的数字实际上是"4"。

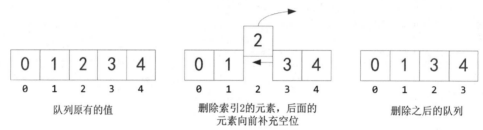

图 13.3 队里删除元素"2"之后，后面的元素会向前补位

有两种方案可以避免这种问题：

① for 循环中执行 remove() 方法后，让循环变量 i 的值不变。

② 优先删除索引大的元素。

在 JDK8 版本之后，List 队列添加了 sort() 方法，该方法可以重新排列元素的顺序，方法参数是 Comparator 比较器接口对象，该接口中的 compare() 方法可以指定元素排序规则，逻辑与 Comparable 接口的 compareTo() 方法一样。

例如，创建一个 ArrayList 对象，并添加一些数字，代码如下所示：

```
01  ArrayList<Integer> l = new ArrayList<>();
02  l.add(4);
03  l.add(1);
04  l.add(9);
05  l.add(8);
```

直接输出这个队列对象，输出值为：

```
[4, 1, 9, 8]
```

调用队列的 sort() 方法，并创建比较器的匿名对象，让队列中的元素按照从小到大排列，代码如下所示：

```
01  l.sort(new Comparator<Integer>() {
02      public int compare(Integer o1, Integer o2) {
```

```
03              return o1-o2;
04          }
05    });
```

执行 sort() 方法之后，再输出队列对象，输出值为：

```
[1, 4, 8, 9]
```

除了 List 的 sort() 方法外，java.util.Collections 类提供的 sort() 方法也可以实现对 List 排序，直接将 List 对象作为参数传入即可，使用方法如下所示：

```
Collections.sort(l);
```

执行此方法后，List 中的元素会从小到大排序，队列输出的值为：

```
[1, 4, 8, 9]
```

队列最大的特点就是长度可以动态变化，删除元素之后，其他元素会迅速补位。利用这个特点可以模拟随机抽扑克牌的功能。

忽略花色的情况下，扑克牌有 13 张不同字面的牌，分别是数字 "2" ～ "10" 和字母 "A" "J" "Q" "K"。将这 13 张牌放入 List 中，然后随机抽牌。下面将按照不重复抽牌和重复抽牌两种需求来设计代码：

（1）不重复抽牌

不重复抽牌指牌堆里每张牌只能抽一次，抽出之后不会再放回到牌堆中。想要实现这个功能，可以使用 remove() 方法。remove() 方法在删除一个元素的同时也会将删除的元素返回，正好符合"抽牌且不放回"的要求。使用 Random 随机数类提供的 nextInt(int i) 方法随机创建一张牌的索引，方法参数使用队列长度 size() 方法。每抽出一张牌，队列的长度就会 −1，size() 方法的返回值就是牌堆里剩余的牌数。

[实例 13.5]　　　　　　　　　　　　　　　　　　　　（源码位置：资源包 \Code\13\05）

在 13 张牌中随机抽取不重复的 10 张牌

在 13 张牌中随机抽取 10 张牌，要求每张牌都不能重复，代码如下所示：

```
01    import java.util.*;
02    public class Demo {
03        public static void main(String[] args) {
04            String pokers[] =
05                { "A", "2", "3", "4", "5", "6", "7", "8", "9", "10", "J", "Q", "K" };
06            List<String> list = Arrays.asList(pokers);         // 将数组封装成 List 对象
07            // 将 list 封装成 ArrayList 对象，这样就可以调用 remove 方法了
08            list = new ArrayList<>(list);
09            Random r = new Random();                           // 随机数
10            for (int i = 0; i < 10; i++) {
11                int randomIndex = r.nextInt(list.size());      // 从当前队列里随机取值
12                // 删除某一个元素，并返回此元素值
13                String randomPoker = list.remove(randomIndex);
14                System.out.println("第 " + (i + 1) + " 次抽出: " + randomPoker);
15            }
16        }
17    }
```

上述代码的运行结果如下所示:

```
第 1 次抽出: A
第 2 次抽出: 2
第 3 次抽出: J
第 4 次抽出: 3
第 5 次抽出: 9
第 6 次抽出: 7
第 7 次抽出: 4
第 8 次抽出: K
第 9 次抽出: 10
第 10 次抽出: 8
```

这个是随机抽牌的结果, 每次运行抽出的牌都不一样, 但永远不会抽出相同的牌。

（2）可重复抽牌

将实例 13.5 中的 remove() 方法改成 get() 方法, 在抽牌的时候就不会删除元素了, 每次抽出的牌还会放回牌堆中, 下一次抽牌还有可能抽出同样的牌。

原代码第 13 行:

```
String randomPoker = list.remove(randomIndex);
```

改为:

```
String randomPoker = list.get(randomIndex);
```

修改之后的运行结果如下所示:

```
第 1 次抽出: 7
第 2 次抽出: A
第 3 次抽出: 10
第 4 次抽出: J
第 5 次抽出: 5
第 6 次抽出: 2
第 7 次抽出: 4
第 8 次抽出: 3
第 9 次抽出: 9
第 10 次抽出: 4
```

这个是随机抽牌的结果, 每次运行抽出的牌都不一样, 但这个结果中就重复抽到数字 "4"。

13.4　Map 键值对

如果想使用 Java 语言存储具有映射关系的数据, 那么就需要使用 Map 键值对。Map 键值对由 Map 接口和 Map 接口的实现类组成。

13.4.1　Map 接口

Map 接口虽然没有继承 Collection 接口, 但提供了 key 到 value 的映射关系。Map 接口中不能包含相同的 key, 并且每个 key 只能映射一个 value。Map 接口的常用方法如表 13.5 所示。

表 13.5　Map 接口的常用方法

方法	功能描述
put(Object key, Object value)	向 Map 键值对中添加 key 和 value
containsKey(Object key)	如果 Map 键值对中包含指定的 key，则返回 true
containsValue(Object value)	如果 Map 键值对中包含指定的 value，则返回 true
get(Object key)	如果 Map 键值对中包含指定的 key，则返回与 key 映射的 value，否则返回 null
keySet( )	返回一个新的 Set 集合，用来存储 Map 键值对中所有的 key
values( )	返回一个新的 Collection 集合，用来存储 Map 键值对中的 value

13.4.2　Map 接口的实现类

Map 接口常用的实现类有 HashMap 和 TreeMap。

HashMap 类虽然能够通过哈希表快速查找其内部的映射关系，但不保证映射的顺序。在 key-value 对（键值对）中，因为 key 不能重复，所以最多只有一个 key 为 null，但可以有无数多个 value 为 null。

TreeMap 类不仅实现了 Map 接口，还实现了 java.util.SortedMap 接口。由于使用 TreeMap 类实现的 Map 键值对存储 key-value 对（键值对）时需要根据 key 进行排序，因此 key 不能为 null。

👑 技巧：

建议使用 HashMap 类实现 Map 键值对，因为由 HashMap 类实现的 Map 键值对添加和删除映射关系效率更高。但是，如果希望 Map 键值对中的元素存在一定的顺序，应该使用 TreeMap 类实现 Map 键值对。

根据不同需求可灵活选用 HashMap 和 TreeMap。以效率最高的 HashMap 为例，在 Map 中写一个简历，内容包括姓名、年龄、学历、职业和工作经历，代码如下所示：

```
01   Map<String, String> map = new HashMap<>();
02   map.put(" 姓名 ", " 孙悟空 ");
03   map.put(" 年龄 ", "500 岁 ");
04   map.put(" 学历 ", " 菩提祖师培训班 ");
05   map.put(" 职业 ", " 神仙 ");
06   map.put(" 工作经验 ", " 种过桃、养过马、砸过凌霄殿、取过大乘经 ");
```

想要读取简历中的值，需要调用 Map 的 get() 方法，方法参数是 Map 中的键，方法返回对应的值，例如：

```
01   String value1 = map.get(" 姓名 ");        //value1 获得的值是 " 孙悟空 "
02   String value2 = map.get(" 职业 ");        //value2 获得的值是 " 神仙 "
03   String value3 = map.get(" 父母 ");        //value3 获得的值是 null
```

keySet() 方法可以获取 Map 中全部的 key 值，并封装成一个集合，使用方式如下所示：

```
01   Set<String> set = map.keySet();              // 构建 Map 键值对中所有 key 的 Set 集合
02   Iterator<String> it = set.iterator();        // 创建 Iterator 迭代器
03   System.out.println("key 值: ");
04   while (it.hasNext()) {                        // 遍历并输出 Map 键值对中的 key 值
05       System.out.print(it.next() + "  ");
06   }
```

上述代码的运行结果如下所示:

```
key 值:
姓名  职业  学历  年龄  工作经验
```

values() 方法可以获取 Map 中全部的 value 值,并封装到一个 Collection 集合接口对象中,值的存放顺序与 keySet() 方法中 key 值的存放顺序一一对应,使用方式如下所示:

```
01   Collection<String> coll = map.values();        // 构建 Map 键值对中所有 value 值的集合
02   it = coll.iterator();
03   System.out.println("\nvalue 值: ");
04   while (it.hasNext()) {                          // 遍历并输出 Map 键值对中的 value 值
05       System.out.print(it.next() + "  ");
06   }
```

上述代码的运行结果如下所示:

```
value 值:
孙悟空  神仙  菩提祖师培训班  500 岁  种过桃,养过马,砸过凌霄殿,取过大乘经
```

那么,什么时候用 Set 集合? 什么时候用 List 队列? 什么时候用 Map 键值对?

① List 队列关注的是索引,List 队列中的元素有存放顺序的,例如一个班的学生成绩,成绩可以重复,就可以使用 List 队列存取,如图 13.4 所示。

② Set 集合关注唯一性,它的值不允许重复,例如每个班的学生的学号,每个学生的学号是不能重复的,如图 13.4 所示。

③ Map 键值对关注的是唯一的标识符(key),它将唯一的键映射到某个元素,例如每个班学生的学号与姓名的映射,每个学号对应一个学生的姓名,学号是不能重复的,但是学生的姓名有可能重复,如图 13.4 所示。

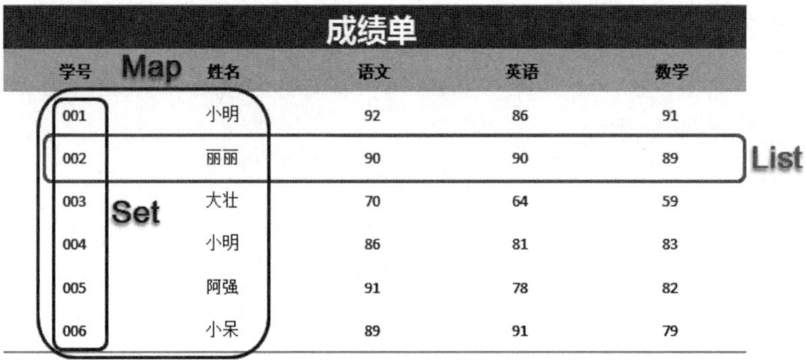

图 13.4　List 队列、Set 集合和 Map 键值对的适用场景的示意图

本章知识思维导图

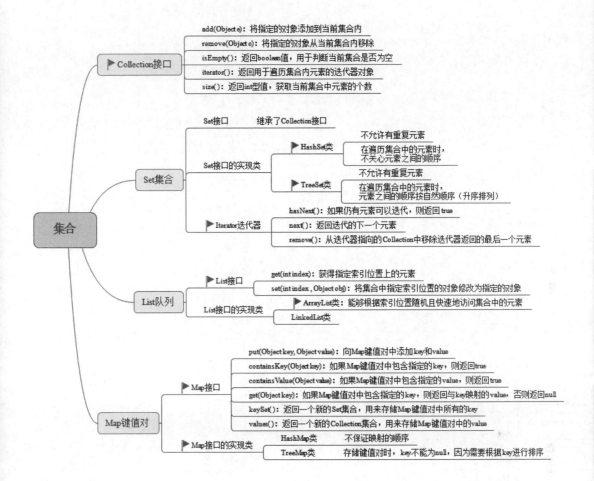

Java

从零开始学　Java

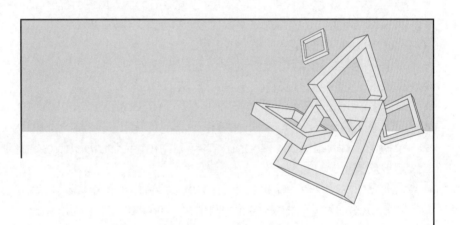

第3篇
进阶知识篇

第 14 章

I/O 流

 本章学习目标

- 明确输入、输出的方向。
- 明确字节流和字符流在操作流的数据单元方面上的异同。
- 掌握 InputStream 类、Reader 类、OutputStream 类和 Writer 类的常用方法。
- 熟练掌握使用 File 类的 3 种构造方法创建文件对象。
- 掌握 File 类中操作文件的常用方法。
- 明确 File 类不仅能够操作文件，还能够操作文件夹。
- 掌握 File 类中操作文件夹的常用方法。
- 掌握 FileInputStream 类与 FileOutputStream 类的构造方法及其参数含义。
- 明确 FileReader 类与 FileWriter 类的作用和操作流的数据单元。
- 掌握 BufferedInputStream 类与 BufferedOutputStream 类的构造方法及其参数含义。
- 明确 BufferedReader 类与 BufferedWriter 类是以行为单位进行输入 / 输出的。
- 掌握 BufferedReader 类与 BufferedWriter 类中的常用方法。

14.1 流概述

在程序开发过程中，将输入与输出设备之间的数据传递抽象为流，例如键盘可以输入数据，显示器可以显示键盘输入的数据等。按照不同的分类方式，可以将流分为不同的类型：根据操作流的数据单元，可以将流分为字节流（操作的数据单元是一个字节）和字符流（操作的数据单元是两个字节或一个字符，因为一个字符占两个字节）；根据流的流向，可以将流分为输入流和输出流。

以内存的角度出发，输入是指数据从数据源（如文件、压缩包或者视频等）流入到内存的过程，输入示意图如图 14.1 所示；输出是指数据从内存流出到数据源的过程，输出示意图如图 14.2 所示。

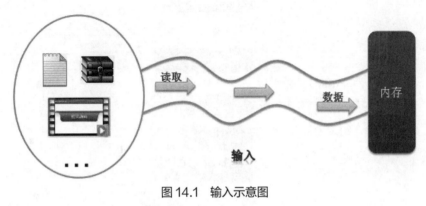

图 14.1 输入示意图

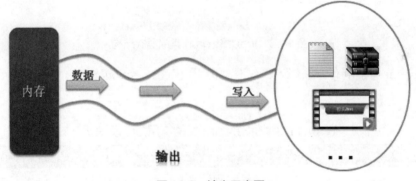

图 14.2 输出示意图

👑 说明：

输入流被用来读取数据，输出流被用来写入数据。

14.2 输入 / 输出流

Java 语言把与输入 / 输出流有关的类都被放在了 java.io 包中。其中，所有与输入流有关的类都是抽象类 InputStream（字节输入流）或抽象类 Reader（字符输入流）的子类；而所有与输出流有关的类都是抽象类 OutputStream（字节输出流）或抽象类 Writer（字符输出流）的子类。

14.2.1 输入流

输入流抽象类有两种，分别是 InputStream 字节输入流和 Reader 字符输入流。

（1）InputStream 类

InputStream 类是字节输入流的抽象类，是所有字节输入流的父类。InputStream 类的具体层次结构如图 14.3 所示。

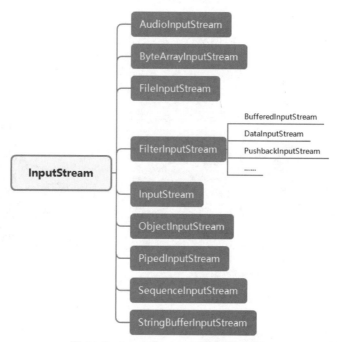

图 14.3　InputStream 类的层次结构

InputStream 类中所有方法遇到错误时都会引发 IOException 异常，该类的常用方法及说明如表 14.1 所示。

表 14.1　InputStream 类的常用方法及说明

方法	返回值	说明
read( )	int	从输入流中读取数据的下一个字节。返回 0 ～ 255 范围内的 int 字节值。如果因为已经到达流末尾而没有可用的字节，则返回值 -1
read(byte[ ] b)	int	从输入流中读入一定长度的字节，并以整数的形式返回字节数
mark(int readlimit)	void	在输入流的当前位置放置一个标记，readlimit 参数告知此输入流在标记位置失效之前允许读取的字节数
reset( )	void	将输入指针返回到当前所做的标记处
skip(long n)	long	跳过输入流上的 n 个字节并返回实际跳过的字节数
markSupported( )	boolean	如果当前流支持 mark( )/reset( ) 操作就返回 True
close( )	void	关闭此输入流并释放与该流关联的所有系统资源

👑 说明：

并不是所有的 InputStream 类的子类都支持 InputStream 中定义的所有方法，如 skip( )、mark( )、reset( ) 等方法只对某些子类有用。

（2）Reader 类

Java 中的字符是 Unicode 编码，是双字节的，而 InputStream 类是用来处理字节的，并不适合处理字符。为此，Java 提供了专门用来处理字符的 Reader 类，Reader 类是字符输入流的抽象类，也是所有字符输入流的父类。Reader 类的具体层次结构如图 14.4 所示。

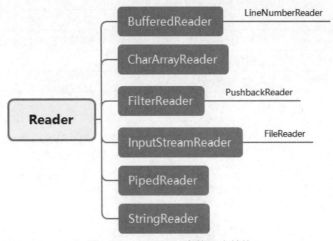

图 14.4　Reader 类的层次结构

Reader 类中的方法与 InputStream 类中的方法类似，但需要注意的一点是，Reader 类中的 read( ) 方法的参数为 char 类型的数组；另外，除了表 14.1 中的方法外，它还提供了一个 ready( ) 方法，该方法用来判断是否准备读取流，其返回值为 boolean 类型。

14.2.2　输出流

输出流抽象类也有两种，分别是 OutputStream 字节输出流和 Writer 字符输出流。

（1）OutputStream 类

OutputStream 类是字节输出流的抽象类，是所有字节输出流的父类。OutputStream 类的具体层次如图 14.5 所示。

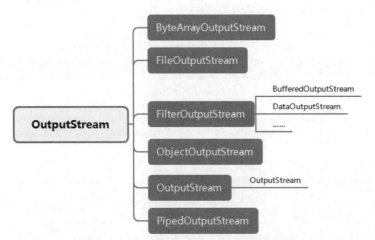

图 14.5　OutputStream 类的层次结构

OutputStream 类中的所有方法均没有返回值，在遇到错误时会引发 IOException 异常，该类的常用方法及说明如表 14.2 所示。

表 14.2 OutputStream 类的常用方法及说明

方法	说明
write(int b)	将指定的字节写入此输出流
write(byte[ ] b)	将 b 个字节从指定的 byte 数组写入此输出流
write(byte[ ] b, int off, int len)	将指定 byte 数组中从偏移量 off 开始的 len 个字节写入此输出流
flush( )	彻底完成输出并清空缓冲区
close( )	关闭输出流

（2）Writer 类

Writer 类是字符输出流的抽象类，是所有字符输出流的父类。Writer 类的层次结构如图 14.6 所示。

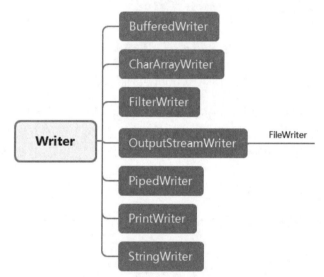

图 14.6 Writer 类的层次结构

Writer 类的常用方法及说明如表 14.3 所示。

表 14.3 Writer 类的常用方法及说明

方法	说明
append(char c)	将指定字符添加到此 writer
append(CharSequence csq)	将指定字符序列添加到此 writer
append(CharSequence csq, int start, int end)	将指定字符序列的子序列添加到此 writer.Appendable
close( )	关闭此流，但要先刷新它
flush( )	刷新该流的缓冲
write(char[ ] cbuf)	写入字符数组
write(char[ ] cbuf, int off, int len)	写入字符数组的某一部分
write(int c)	写入单个字符
write(String str)	写入字符串
write(String str, int off, int len)	写入字符串的某一部分

14.3　File 类

　　File 类是 java.io 包中用来操作文件的类，通过调用 File 类中的方法，可实现创建、删除、重命名文件等功能。使用 File 类的对象可以获取文件的基本信息，如文件所在的目录、文件名、文件大小、文件的修改时间等。

14.3.1　创建文件对象

　　使用 File 类的构造方法能够创建文件对象，常用的 File 类的构造方法有如下 3 种：

（1）File(String pathname)

　　根据传入的路径名称创建文件对象。

　　pathname：被传入的路径名称（包含文件名）。

　　例如，在 D 盘的根目录下创建文本文件学习笔记 .txt，代码如下所示：

```
File file = new File("D:/ 学习笔记 .txt");
```

（2）File(String parent, String child)

　　根据传入的父路径（磁盘根目录或磁盘中的某一文件夹）和子路径（文件名）创建文件对象。

　　parent：父路径（磁盘根目录或磁盘中的某一文件夹）。例如 "D:/" 或 "D:/doc/"。

　　child：子路径（文件名）。例如 letter.txt。

　　例如，在 D 盘的 Java 资料文件夹中创建文本文件学习笔记 .txt，代码如下所示：

```
File file = new File("D:/Java 资料 /", " 学习笔记 .txt");
```

（3）File(File f, String child)

　　根据传入的父文件对象（磁盘中的某一文件夹）和子路径（文件名）创建文件对象。

　　parent：父文件对象（磁盘中的某一文件夹），例如 D:/doc/。

　　child：子路径（文件名），例如 letter.txt。

　　例如，先在 D 盘中创建 Java 资料文件夹，再在 Java 资料文件夹中创建文本文件 1.txt，代码如下所示：

```
01    File folder = new File("D:/Java 资料 /");
02    File file = new File(folder, "1.txt");
```

　　👑 说明：

　　　　对于 Microsoft Windows 平台，包含盘符的路径名前缀由驱动器号和一个 ":" 组成，文件夹分隔符可以是 "/" 也可以是 "\\"（即 "\" 的转义字符）。

　　文件的路径该怎么写？

　　Java 支持文件的绝对路径和相对路径。绝对路径也叫完整路径，绝对路径包括文件所在的盘符、文件夹结构和文件全名。如果被调用的文件是 Java 项目中的文件，则同项目中的 Java 代码可以使用相对路径获取该文件对象。相对路径不需要写明文件所在的盘符，只要写明文件在 Java 项目中的路径即可。

表 14.4 展示了 Java 代码读取不同路径文件时对应路径字符串写法。

表 14.4 文件所在位置与其对应路径字符串的写法

文件所在位置	代码中的路径字符串	路径类型
✔ 📁 MyProject 　› 📚 JRE System Library [JavaSE-10] 　✔ 📁 src 　　✔ 📁 com.mr.note 　　　📄 学习笔记.txt	new File("src/com/mr/note/学习笔记.txt"); new File("src\\com\\mr\\note\\学习笔记.txt");	相对路径
✔ 📁 MyProject 　› 📚 JRE System Library [JavaSE-10] 　✔ 📁 src 　　📄 学习笔记.txt	new File("src /学习笔记.txt"); new File("src\\学习笔记.txt");	相对路径
✔ 📁 MyProject 　› 📚 JRE System Library [JavaSE-10] 　📁 src 　📄 学习笔记.txt	new File("学习笔记.txt"); new File("学习笔记.txt");	相对路径
✔ 📁 MyProject 　› 📚 JRE System Library [JavaSE-10] 　📁 src 　✔ 📁 files 　　📄 学习笔记.txt	new File("file/学习笔记.txt"); new File("file\\学习笔记.txt");	相对路径
▶ › 此电脑 › 本地磁盘 (D:) › Java资料 ˅ 📄 学习笔记.txt	new File("D:/Java资料/学习笔记.txt"); new File("D:\\Java资料\\学习笔记.txt");	绝对路径

14.3.2　文件操作

　　File 类提供了操作文件的相应方法，常见的文件操作主要包括判断文件是否存在、创建文件、重命名文件、删除文件以及获取文件基本信息等。File 类中操作文件的常用方法及说明如表 14.5 所示。

表 14.5　File 类中操作文件的常用方法及说明

方法	返回值	说明
canRead( )	boolean	判断文件是否是可读的
canWrite( )	boolean	判断文件是否可被写入
createNewFile( )	boolean	当且仅当不存在具有指定名称的文件时，创建一个新的空文件
createTempFile(String prefix, String suffix)	File	在默认临时文件夹中创建一个空文件，使用给定前缀和后缀生成其名称
createTempFile(String prefix, String suffix, File directory)	File	在指定文件夹中创建一个新的空文件，使用给定的前缀和后缀字符串生成其名称
delete( )	boolean	删除指定的文件或文件夹

方法	返回值	说明
exists( )	boolean	测试指定的文件或文件夹是否存在
getAbsoluteFile( )	File	返回抽象路径名的绝对路径名形式
getAbsolutePath( )	String	获取文件的绝对路径
getName( )	String	获取文件或文件夹的名称
getParent( )	String	获取文件的父路径
getPath( )	String	获取路径名字符串
getFreeSpace( )	long	返回此抽象路径名指定的分区中未分配的字节数
getTotalSpace( )	long	返回此抽象路径名指定的分区大小
length( )	long	获取文件的长度（以字节为单位）
isFile( )	boolean	判断是不是文件
isHidden( )	boolean	判断文件是否是隐藏文件
lastModified( )	long	获取文件最后修改时间
renameTo(File dest)	boolean	重新命名文件
setLastModified(long time)	boolean	设置文件或文件夹的最后一次修改时间
setReadOnly( )	boolean	将文件或文件夹设置为只读
toURI( )	URI	构造一个表示此抽象路径名的 file: URI

👑 说明：

表 14.4 中的 delete( ) 方法、exists( ) 方法、getName( ) 方法、getAbsoluteFile( ) 方法、getAbsolutePath( ) 方法、getParent( ) 方法、getPath( ) 方法、setLastModified(long time) 方法和 setReadOnly( ) 方法同样适用于文件夹操作。

下面通过一个实例演示利用 Java 代码创建文件、删除文件和读取文件属性。

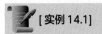 [实例 14.1]

（源码位置：资源包 \Code\14\01 ）

创建、删除文件和读取文件属性

创建类 FileTest，在主方法中判断"程序日志 .log"文件是否存在，如果不存在，则创建该文件；如果存在，则获取文件的相关信息，文件的相关信息包括文件是否可读、文件的名称、绝对路径、是否隐藏、字节数、最后修改时间，获得这些信息之后，将文件删除。代码如下所示：

```
01    import java.io.File;
02    import java.io.IOException;
03    import java.text.SimpleDateFormat;
04    import java.util.Date;
05    public class FileTest {
06        public static void main(String[] args) {
07            File file = new File(" 程序日志 .log"); // 创建文件对象
08            if (!file.exists()) { // 如果文件不存在（程序第一次运行时，执行的语句块）
09                System.out.println(" 未在指定目录下找到文件名为 '" +
10                    file.getName() + "' 的文本文件! 正在创建 ...");
11                try {
12                    file.createNewFile(); // 创建该文件
13                } catch (IOException e) {
14                    e.printStackTrace();
15                }
16                System.out.println(" 文件创建成功！ ");
17            } else { // 文件存在（程序第二次运行时，执行的语句块）
```

第 3 篇 进阶知识篇

```
18              System.out.println(" 找到文件名为 '" + file.getName() + "' 的文件! ");
19              // 该文件文件是一个标准文件且该文件可读
20              if (file.isFile() && file.canRead()) {
21                  System.out.println(" 文件可读! 正在读取文件信息 ...");
22                  System.out.println(" 文件名: " + file.getName()); // 输出文件名
23                  // 输出文件的绝对路径
24                  System.out.println(" 文件的绝对路径: " + file.getAbsolutePath());
25                  // 输出文件是否被隐藏
26                  System.out.println(" 文件是否是隐藏文件: " + file.isHidden());
27                  // 输出该文件中的字节数
28                  System.out.println(" 文件中的字节数: " + file.length());
29                  long tempTime = file.lastModified(); // 获取该文件最后的修改时间
30                  // 日期格式化对象
31                  SimpleDateFormat sdf = new SimpleDateFormat(
32                      "yyyy/MM/dd HH:mm:ss");
33                  // 使用 " 文件最后修改时间 " 创建 Date 对象
34                  Date date = new Date(tempTime);
35                  // 格式化 " 文件最后的修改时间 "
36                  String time = sdf.format(date);
37                  // 输出该文件最后的修改时间
38                  System.out.println(" 文件最后的修改时间: " + time);
39                  file.delete(); // 查完该文件信息后, 删除文件
40                  System.out.println(" 文件是否被删除了: " + !file.exists());
41              } else { // 文件不可读
42                  System.out.println(" 文件不可读! ");
43              }
44          }
45      }
46  }
```

第一次运行程序时，因为当前文件夹中不存在 test.txt 文件，所以需要先创建 test.txt 文件，运行结果图如图 14.7 所示。

图 14.7　创建 test.txt 文件

第二次运行程序时，获取 test.txt 文件的相关信息后，再删除 test.txt 文件，运行结果图如图 14.8 所示。

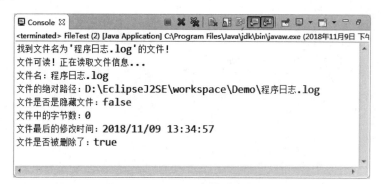

图 14.8　获取 test.txt 文件信息后删除 test.txt 文件

14.3.3　文件夹操作

File 类不仅提供了操作文件的相应方法，还提供了操作文件夹的相应方法。常见的文件夹操作主要包括判断文件夹是否存在、创建文件夹、删除文件夹、获取文件夹中的子文件夹及文件等。File 类中操作文件夹的常用方法及说明如表 14.6 所示。

表 14.6　File 类中操作文件夹的常用方法及说明

方法	返回值	说明
isDirectory( )	boolean	判断是不是文件夹
list( )	String[ ]	返回字符串数组，这些字符串指定此抽象路径名表示的目录中的文件和目录
list(FilenameFilter filter)	String[ ]	返回字符串数组，这些字符串指定此抽象路径名表示的目录中满足指定过滤器的文件和目录
listFiles( )	File[ ]	返回抽象路径名数组，这些路径名表示此抽象路径名表示的目录中的文件
listFiles(FileFilter filter)	File[ ]	返回抽象路径名数组，这些路径名表示此抽象路径名表示的目录中满足指定过滤器的文件和目录
listFiles(FilenameFilter filter)	File[ ]	返回抽象路径名数组，这些路径名表示此抽象路径名表示的目录中满足指定过滤器的文件和目录
mkdir( )	boolean	创建此抽象路径名指定的目录
mkdirs( )	boolean	创建此抽象路径名指定的目录，包括所有必需但不存在的父目录

下面通过一个实例演示如何使用 File 类的相关方法操作文件夹。

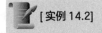

[实例 14.2]
（源码位置：资源包 \Code\14\02）

操作文件夹

创建类 FolderTest，首先在主方法中判断 C 盘下是否存在 Test 文件夹，如果不存在，则创建 Test 文件夹，并在 Test 文件夹下创建 10 个子文件夹；然后获取并输出 C 盘根目录下的所有文件及文件夹（包括隐藏的文件夹）。代码如下所示：

```
01    import java.io.File;
02    public class FolderTest {
03        public static void main(String[] args) {
04            String path = "C:\\ 测试文件夹 "; // 声明文件夹 Test 所在的目录
05            for (int i = 1; i <= 10; i++) { // 循环获得 i 值，并用 i 命名新的文件夹
06                File folder = new File(path + "\\" + i); // 根据新的目录创建 File 对象
07                if (!folder.exists()) { // 文件夹不存在
08                    folder.mkdirs(); // 创建新的文件夹 ( 包括不存在的父文件夹 )
09                }
10            }
11            System.out.println(" 文件夹创建成功，请打开 C 盘查看！ \n\n" +
12                "C 盘文件及文件夹列表如下所示: ");
13            File file = new File("C:\\"); // 根据路径名创建 File 对象
14            File[] files = file.listFiles(); // 获得 C 盘的所有文件和文件夹
15            for (File folder : files) { // 遍历 files 数组
16                if (folder.isFile()) // 判断是否为文件
17                    // 输出 C 盘下所有文件的名称
18                    System.out.println(folder.getName() + " 文件 ");
19                else if (folder.isDirectory()) // 判断是否为文件夹
```

```
20                    // 输出 C 盘下所有文件夹的名称
21                    System.out.println(folder.getName() + " 文件夹 ");
22               }
23          }
24     }
```

上述程序的运行结果如图 14.9 所示，创建的文件夹效果如图 14.10 所示。

图 14.9　使用 File 类对文件夹进行操作

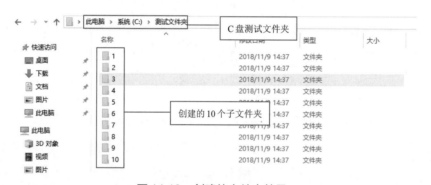

图 14.10　创建的文件夹效果

日常使用电脑办公时，经常会遇到要给文件重新命名的情况，如果是一两个文件，手动改一下就可以了，但如果需要重新命名几十个甚至上百个文件，这种工作就应该交给计算机自动完成。File 类提供的 renameTo(File f) 方法就可以实现更改文件名称的功能。

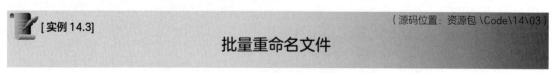

[实例 14.3]　　　　　　　　　　　　　　　　　　　　　（源码位置：资源包 \Code\14\03）

批量重命名文件

把每个文件的文件名里的 "mrkj" 字样都改成 "明日科技"，代码如下所示：

```
01   import java.io.File;
02   public class RenameFiles {
03       public static void main(String[] args) {
04           File dir = new File("D:\\ 视频文件 \\");
05           File fs[] = dir.listFiles();
06           for (File f : fs) {
07               String filename = f.getName();
08               filename = filename.replace("mrkj", " 明日科技 ");
09               f.renameTo(new File(f.getParentFile(), filename)); // 重命名
10           }
11       }
12   }
```

程序运行之前，"D:\视频文件\"目录下的文件列表如图 14.11 所示；程序运行之后，该目录下所有文件名字中的"mrkj"字样都被替换为"明日科技"字样，效果如图 14.12 所示。

mrkj-1-什么是Java.mp4	明日科技-1-什么是Java.mp4
mrkj-2-Java的版本.mp4	明日科技-2-Java的版本.mp4
mrkj-3-Java API文档.mp4	明日科技-3-Java API文档.mp4
mrkj-4-JDK的下载.mp4	明日科技-4-JDK的下载.mp4
mrkj-5-JDK的安装.mp4	明日科技-5-JDK的安装.mp4
mrkj-5-配置JDK.mp4	明日科技-5-配置JDK.mp4

图 14.11 程序运行前的文件列表 　　图 14.12 程序运行之后的文件列表

批量删除文件与批量重命名的逻辑类似，File 类提供的 delete() 方法可以删除文件。

[实例 14.4]
（源码位置：资源包 \Code\14\04）

批量删除文件

把所有后缀名为".jpg"或".png"的文件全部删除，代码如下所示：

```
01   import java.io.File;
02   public class DeleteFiles {
03       public static void main(String[] args) {
04           File dir = new File("D:/临时文件夹/");
05           File fs[] = dir.listFiles();
06           for (File f : fs) {
07               String filename = f.getName();
08               // 如果文件是 .jpg 或 .png 为后缀
09               if (filename.endsWith(".jpg") || filename.endsWith(".png")) {
10                   f.delete(); // 删除
11               }
12           }
13       }
14   }
```

14.4　文件输入 / 输出流

程序运行期间，大部分数据都被存储在内存中；当程序结束或被关闭时，存储在内存中的数据将会消失。如果需要永久保存数据，那么最好的办法就是把数据保存到磁盘的文件中。为此，Java 提供了文件输入 / 输出流，即 FileInputStream 类与 FileOutputStream 类。

14.4.1　FileInputStream 类与 FileOutputStream 类

Java 提供了操作磁盘文件的 FileInputStream 类与 FileOutputStream 类。其中，读取文件内容使用的是 FileInputStream 类；向文件中写入内容使用的是 FileOutputStream 类。

FileInputStream 类常用的构造方法如下所示：

● FileInputStream(String name)：使用给定的文件名 name 创建一个 FileInputStream 对象。

● FileInputStream(File file)：使用 File 对象创建 FileInputStream 对象，该方法允许在把文件连接输入流之前对文件作进一步分析。

FileOutputStream 类常用的构造方法如下所示：

● FileOutputStream(File file)：创建一个向指定 File 对象表示的文件中写入数据的文件输出流。

● FileOutputStream(File file, boolean append)：创建一个向指定 File 对象表示的文件中写入数据的文件输出流。如果第二个参数为 true，则将字节写入文件末尾处，而不是写入文件开始处。

● FileOutputStream(String name)：创建一个向具有指定名称的文件中写入数据的输出文件流。

● FileOutputStream(String name, boolean append)：创建一个向具有指定名称的文件中写入数据的输出文件流。如果第二个参数为 true，则将字节写入文件末尾处，而不是写入文件开始处。

 说明：

> FileInputStream 类是 InputStream 类的子类，FileInputStream 类的常用方法请参见表 14.1；FileOutputStream 类是 OutputStream 类的子类，FileOutputStream 类的常用方法请参见表 14.2。

FileInputStream 类与 FileOutputStream 类操作的数据单元是一个字节，如果文件中有中文字符（占两个字节），那么使用 FileInputStream 类与 FileOutputStream 类读 / 写文件的过程中会产生乱码。那么，如何能够避免乱码的出现呢？下面将通过一个实例来解决乱码问题。

[实例 14.5]　　　　　　　　　　　　　　　　　　　　（源码位置：资源包 \Code\14\05）

避免乱码的出现

创建 FileStreamTest 类，在主方法中先使用 FileOutputStream 类向文件 word.txt 写入"盛年不重来，一日难再晨。\n 及时当勉励，岁月不待人。"，再使用 FileInputStream 类将 word.txt 中的数据读取到控制台上。

```
01    import java.io.*;
02    public class FileStreamTest {
03        public static void main(String[] args) {
04            File file = new File("word.txt");        // 创建文件对象
05            try {                                    // 捕捉异常
06                // 创建 FileOutputStream 对象，用来向文件中写入数据
07                FileOutputStream out = new FileOutputStream(file);
08                // 定义字符串，用来存储要写入文件的内容
09                String content = "盛年不重来，一日难再晨。\n 及时当勉励，岁月不待人。";
10                // 创建 byte 型数组，将要写入文件的内容转换为字节数组
11                byte buy[] = content.getBytes();
12                out.write(buy);                      // 将数组中的信息写入文件中
13                out.close();                         // 将流关闭
14            } catch (IOException e) {                // catch 语句处理异常信息
15                e.printStackTrace();                 // 输出异常信息
16            }
17            try {
18                // 创建 FileInputStream 对象，用来读取文件内容
19                FileInputStream in = new FileInputStream(file);
20                byte byt[] = new byte[1024];         // 创建 byte 数组，用来存储读取到的内容
21                int len = in.read(byt);              // 从文件中读取信息，并存入字节数组中
22                // 将文件中的信息输出
23                System.out.println(" 文件中的信息是: ");
24                System.out.println(new String(byt, 0, len));
25                in.close(); // 关闭流
26            } catch (Exception e) {
27                e.printStackTrace();
```

```
28          }
29      }
30  }
```

运行结果如下所示：

文件中的信息是：
盛年不重来，一日难再晨。
及时当勉励，岁月不待人。

👑 注意：
虽然 Java 在程序结束时会自动关闭所有打开的流，但是当使用完流后，显式地关闭所有打开的流仍是一个好习惯。

从 JDK 7 之后，有两种关闭数据流的方法，分别如下所示。
① 使用 close() 显式关闭，例如：

```
01  FileInputStream in = null;                      // 创建文件输入流
02  try {
03      in = new FileInputStream("123.txt");        // 读取文件
04      in.read();                                  // 读取一个字节
05  } catch (FileNotFoundException e) {
06      e.printStackTrace();
07  } finally {
08      if (in != null) {                           // 如果文件输入流不是 null
09          try {
10              in.close();                         // 关闭文件输入流
11          } catch (IOException e) {
12              e.printStackTrace();
13          }
14      }
15  }
```

② 将创建流对象的代码写在 try 语句后面的 ( ) 中，try-catch 执行完之后会自动关闭 try 语句中创建的流对象，例如：

```
01  try (FileInputStream in = new FileInputStream("123.txt");) { // 读取文件
02      in.read(); // 读取一个字节
03  } catch (IOException e1) {
04      e1.printStackTrace();
05  }// try - catch 语句结束后，自动关闭 in
```

从上面两个例子来看，很明显第二种要优于第一种，但第二种方式无法用于 JDK 7 以下版本的 Java 环境。两种关闭方法的效果是相同的，开发人员可以根据环境参数和自身需求灵活选用其一。

14.4.2　FileReader 类与 FileWriter 类

FileReader 类和 FileWriter 类对应了 FileInputStream 类和 FileOutputStream 类。其中，读取文件内容使用的是 FileReader 类；向文件中写入内容使用的是 FileWriter 类。FileReader 类与 FileWriter 类操作的数据单元是一个字符，如果文件中有中文字符，那么使用 FileReader 类与 FileOutputStream 类读 / 写文件的过程中则会避免乱码的产生。

👑 说明：
FileReader 类是 Reader 类的子类，其常用方法与 Reader 类似，而 Reader 类中的方法又与 InputStream 类中的方法类似，所以 Reade 类的方法请参见表 14.1；FileWriter 类是 Writer 类的子类，该类的常用方法请参见表 14.3。

下面通过一个实例介绍 FileReader 与 FileWriter 类的用法。

[实例 14.6]

（源码位置：资源包 \Code\14\06）

把控制台上的内容写入文件

创建 ReaderAndWriter 类，在主方法中先使用 FileWriter 类向文件 word.txt 中写入控制台输入的内容，再使用 FileReader 类将 word.txt 中的数据读取到控制台上。代码如下所示：

```
01  import java.io.*;
02  import java.util.*;
03  public class ReaderAndWriter {
04      public static void main(String[] args) {
05          while (true) {                          // 设置无限循环，实现控制台的多次输入
06              try {
07                  // 在当前目录下创建名为 "word.txt" 的文本文件
08                  File file = new File("word.txt");
09                  if (!file.exists()) {           // 如果文件不存在，创建新的文件
10                      file.createNewFile();
11                  }
12                  System.out.println(" 请输入要执行的操作序号: (1. 写入文件; 2. 读取文件 )");
13                  Scanner sc = new Scanner(System.in); // 控制台输入
14                  int choice = sc.nextInt();      // 获得 " 要执行的操作序号 "
15                  switch (choice) {               // 以 " 操作序号 " 为关键字的多分支语句
16                  case 1: // 控制台输入 1
17                      System.out.println(" 请输入要写入文件的内容: ");
18                      String tempStr = sc.next(); // 获得控制台上要写入文件的内容
19                      FileWriter fw = null;       // 声明字符输出流
20                      try {
21                          // 创建可扩展的字符输出流,
22                          // 向文件中写入新数据时不覆盖已存在的数据
23                          fw = new FileWriter(file, true);
24                          // 把控制台上的文本内容写入 "word.txt" 中
25                          fw.write(tempStr + "\r\n");
26                      } catch (IOException e) {
27                          e.printStackTrace();
28                      } finally {
29                          fw.close();             // 关闭字符输出流
30                      }
31                      System.out.println(" 上述内容已写入文本文件中! ");
32                      break;
33                  case 2:                         // 控制台输入 2
34                      FileReader fr = null;       // 声明字符输入流
35                      // "word.txt" 中的字符数为 0 时，控制台输出 " 文本中的字符数为 0！！！ "
36                      if (file.length() == 0) {
37                          System.out.println(" 文本中的字符数为 0！！！ ");
38                      } else {                    // "word.txt" 中的字符数不为 0 时
39                          try {
40                              // 创建用来读取 "word.txt" 中的字符输入流
41                              fr = new FileReader(file);
42                              // 创建可容纳 1024 个字符的数组，用来储存读取的字符数的缓冲区
43                              char[] cbuf = new char[1024];
44                              int hasread = -1; // 初始化已读取的字符数
45                              // 循环读取 "word.txt" 中的数据
46                              while ((hasread = fr.read(cbuf)) != -1) {
47                                  // 把 char 数组中的内容转换为 String 类型输出
48                                  System.out.println(" 文件 "word.txt" 中的内容: \n"
49                                      + new String(cbuf, 0, hasread));
50                              }
51                          } catch (IOException e) {
52                              e.printStackTrace();
```

```
53                  } finally {
54                      fr.close();  // 关闭字符输入流
55                  }
56              }
57              break;
58          default:
59              System.out.println(" 请输入符合要求的有效数字! ");
60              break;
61          }
62      } catch (InputMismatchException imexc) {
63          System.out.println(" 输入的文本格式不正确! 请重新输入 ...");
64      } catch (IOException e) {
65          e.printStackTrace();
66      }
67      }
68  }
69  }
```

运行程序，按照提示输入 1，可以向 word.txt 中写入控制台输入的内容；输入 2，可以读取 word.txt 中的数据。上述程序的运行结果如图 14.13 所示。

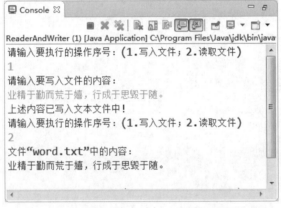

图 14.13　向文件中写入、读取控制台输入的内容

14.5　带缓冲的输入 / 输出流

缓冲是 I/O 的一种性能优化。缓冲流为 I/O 流增加了内存缓冲区。有了缓冲区，使得在 I/O 流上执行 skip( )、mark( ) 和 reset( ) 方法都成为可能。

14.5.1　BufferedInputStream 类与 BufferedOutputStream 类

BufferedInputStream 类可以对所有 InputStream 的子类进行带缓冲区的包装，以达到性能的优化。BufferedInputStream 类有两个构造方法：

● BufferedInputStream(InputStream in)：创建了一个带有大小为 8KB（8192 字节）的缓冲区的缓冲输入流。

● BufferedInputStream(InputStream in, int size)：按指定的大小来创建缓冲输入流。

👑 说明：
一个最优的缓冲区的大小，取决于它所在的操作系统、可用的内存空间以及机器配置。

BufferedOutputStream 类中的 flush( ) 方法被用来把缓冲区中的字节写入文件中，并清空缓存。BufferedOutputStream 类也有两个构造方法：

● BufferedOutputStream(OutputStream in)：创建一个带有大小为 8KB（8192 字节）的缓冲区的缓冲输出流。

● BufferedOutputStream(OutputStream in, int size)：以指定的大小来创建缓冲输出流。

👑 注意：

即使在缓冲区没有满的情况下，使用 flush( ) 方法也会将缓冲区的字节强制写入文件中，习惯上称这个过程为刷新。

下面通过一个实例演示缓冲流在提升效率方面的效果。

[实例 14.7]
（源码位置：资源包 \Code\14\07）

缓冲流能够提升效率

创建 BufferedStreamTest 类，在类中创建一个超长的字符串 value，首先使用 FileOutputStream 文件字节输出流将该字符串写入文件中，然后使用 BufferedOutputStream 缓冲字节输出流类封装文件字节输出流将字符串写入文件中。记录两次写入的前后时间，并在控制台中输出。代码如下所示：

```
01    import java.io.*;
02    public class BufferedStreamTest {
03        static String value = "";              // 准备写入文件的字符串
04        static void initString() {             // 为字符串赋值
05            StringBuilder sb = new StringBuilder();
06            for (int i = 0; i < 1000000; i++) {  // 循环一百万次
07                sb.append(i);                  // 字符串后拼接数字
08            }
09            value = sb.toString();
10        }
11
12        static void noBuffer(){                // 只用文件流写数据，不用缓冲流
13            long start = System.currentTimeMillis(); // 记录运行前时间
14            try (FileOutputStream fos = new FileOutputStream("不使用缓冲.txt");) {
15                byte b[] = value.getBytes();   // 字符串的字节数组
16                fos.write(b);                  // 文件输出流写入字节
17                fos.flush();                   // 刷新
18            } catch (FileNotFoundException e) {
19                e.printStackTrace();
20            } catch (IOException e) {
21                e.printStackTrace();
22            }
23            long end = System.currentTimeMillis();// 记录运行完毕时间
24            System.out.println("无缓冲运行毫秒数: " + (end - start));
25        }
26
27        static void useBuffer() {              // 使用缓冲流写数据
28            long start = System.currentTimeMillis();// 记录运行前时间
29            try (FileOutputStream fos = new FileOutputStream("不使用缓冲.txt");
30                    BufferedOutputStream bos = new BufferedOutputStream(fos)) {
31                byte b[] = value.getBytes();
32                bos.write(b);                  // 缓冲输出流写入字节
33                bos.flush();                   // 刷新
34            } catch (FileNotFoundException e) {
35                e.printStackTrace();
36            } catch (IOException e) {
```

```
37                e.printStackTrace();
38            }
39            long end = System.currentTimeMillis();// 记录运行完毕时间
40            System.out.println(" 有缓冲运行毫秒数: " + (end - start));
41        }
42
43        public static void main(String args[]) {
44            initString();                        // 拼接出一个超长的字符串
45            noBuffer();                          // 先用普通文件流的方式写入文件
46            useBuffer();                         // 再用缓冲流的方式写入文件
47        }
48    }
```

运行结果如图 14.14 所示。

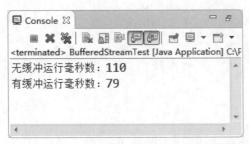

图 14.14　使用缓冲流和不使缓冲流的运行效率对比

从这个结果可以看出，使用缓冲流可以提高写入速度。写入的数据量越大，缓冲流的优势就越明显。

14.5.2　BufferedReader 类与 BufferedWriter 类

BufferedReader 类与 BufferedWriter 类分别继承 Reader 类与 Writer 类，这两个类同样具有内部缓冲机制，并以行为单位进行输入 / 输出。

BufferedReader 类的常用方法及说明如表 14.7 所示。

表 14.7　BufferedReader 类的常用方法及说明

方法	返回值	说明
read( )	int	读取单个字符
readLine( )	String	读取一个文本行，并将其返回为字符串。若无数据可读，则返回null

BufferedWriter 类的常用方法及说明如表 14.8 所示。

表 14.8　BufferedWriter 类的常用方法及说明

方法	返回值	说明
write(String s, int off, int len)	void	写入字符串的某一部分
flush( )	void	刷新该流的缓冲
newLine( )	void	写入一个行分隔符

下面通过一个实例演示 BufferedReader 和 BufferedWriter 最常用的方法。

231

[实例 14.8]

（源码位置：资源包 \Code\14\08）

BufferedReader 和 BufferedWriter 的常用方法

创建 BufferedTest 类，在主方法中先使用 BufferedWriter 类将字符串数组中的元素写入 word.txt 中，再使用 BufferedReader 类读取 word.txt 中的数据并将 word.txt 中的数据输出在控制台上。

```
01    import java.io.*;
02    public class BufferedTest {
03        public static void main(String args[]) {
04            // 定义字符串数组
05            String content[] = {"种豆南山下", "草盛豆苗稀", "晨兴理荒秽",
06                "带月荷锄归", "道狭草木长", "夕露沾我衣", "衣沾不足惜", "但使愿无违"};
07            File file = new File("word.txt");        // 创建文件对象
08            try (FileWriter fw = new FileWriter(file);
09                 BufferedWriter bufw = new BufferedWriter(fw);) {
10                // 遍历字符串数组
11                for (int k = 0, length = content.length; k < length; k++) {
12                    bufw.write(content[k]);        // 将字符串数组中元素写入磁盘文件中
13                    bufw.newLine();                // 换行
14                }
15            } catch (IOException e) {
16                e.printStackTrace();
17            }
18
19            try (FileReader fr = new FileReader(file);
20                    BufferedReader bufr = new BufferedReader(fr);) {
21                String tmp = null;                // 保存数据的临时字符串
22                int i = 1;                        // 输出的行数
23                // 一次读出一行内容，如果读出的是有效字符串，则进入循环
24                while ((tmp = bufr.readLine()) != null) {
25                    System.out.println("第" + (i++) + "行:" + tmp); // 输出文件数据
26                }
27            } catch (IOException e) {
28                e.printStackTrace();
29            }
30        }
31    }
```

运行结果如下所示：

```
第 1 行：种豆南山下
第 2 行：草盛豆苗稀
第 3 行：晨兴理荒秽
第 4 行：带月荷锄归
第 5 行：道狭草木长
第 6 行：夕露沾我衣
第 7 行：衣沾不足惜
第 8 行：但使愿无违
```

字节流的相关类名称都是以"Stream"结尾的，字符流相关类名称都是以"Reader"或"Writer"结尾的。字节流的使用场景最多，字符流使用起来最方便，是否可以把字节流按照字符流的方式进行读写呢？ Java 提供的字节流转字符流工具类可以实现这个功能。

InputStreamReader 是把字节输入流转为字符输入流的工具类，该类的常用构造方法如下所示：

● InputStreamReader(InputStream in)：将字节输入流作为构造参数，将其转为字符输

入流。

● InputStreamReader(InputStream in, String charsetName)：将字节输入流作为构造参数，将其转为字符输入流。字节转为字符时，按照 charsetName 指定的字符编码转换。

OutputStreamWriter 是把字节输出流转为字符输出流的工具类，该类的常用构造方法如下所示：

OutputStreamWriter(OutputStream out)：将字节输出流作为构造参数，将其转为字符输出流。

OutputStreamWriter(OutputStream out, String charsetName)：将字节输出流作为构造参数，将其转为字符输出流。字节转为字符时，按照 charsetName 指定的字符编码转换。

例如，文件字节输入流转为缓冲字符输入流的代码如下所示：

```
01    FileInputStream fis =new FileInputStream("D:/ 学习笔记 ");
02    InputStreamReader isr=new InputStreamReader(fis);
03    BufferedReader br=new BufferedReader(isr);
```

文件字节输出流转为缓冲字符输出流的代码如下所示：

```
01    FileOutputStream fos = new FileOutputStream("D:/ 学习笔记 ");
02    OutputStreamWriter osw = new OutputStreamWriter(fos);
03    BufferedWriter bw = new BufferedWriter(osw);
```

InputStreamReader 类和 OutputStreamWriter 类在转换字节流的同时可以指定采用哪种字符编码进行转换。

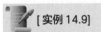 [实例 14.9]

（源码位置：资源包 \Code\14\09 ）

转换字节流时指定字符编码

项目中有一个名为"日志 .txt"的文件，该文件使用的是 UTF-8 字符编码记录了一些信息。现在使用两种方式将文件中的内容通过 I/O 流读取出来，第一种采用默认字符编码（通常 Windows 系统的默认字符编码是 GBK），第二种采用 UTF-8 字符编码。读取完文件内容之后输出到控制台中，代码如下所示：

```
01    import java.io.*;
02    public class Demo {
03        public static void main(String[] args) {
04            System.out.println("------------ 使用默认字符编码 --------------");
05            try (FileInputStream fis = new FileInputStream(" 日志 .txt");
06                    InputStreamReader isr = new InputStreamReader(fis);
07                    BufferedReader br = new BufferedReader(isr)) {
08                String tmp = null;
09                while ((tmp = br.readLine()) != null) {
10                    System.out.println(tmp);
11                }
12            } catch (IOException e) {
13                e.printStackTrace();
14            }
15
16            System.out.println("\n----------- 使用 UTF-8 字符编码 -------------");
17            try (FileInputStream fis = new FileInputStream(" 日志 .txt");
18                    InputStreamReader isr = new InputStreamReader(fis, "UTF-8");
19                    BufferedReader br = new BufferedReader(isr)) {
20                String tmp = null;
21                while ((tmp = br.readLine()) != null) {
```

```
22                      System.out.println(tmp);
23                  }
24          } catch (IOException e) {
25              e.printStackTrace();
26          }
27      }
28  }
```

运行结果如图 14.15 所示。

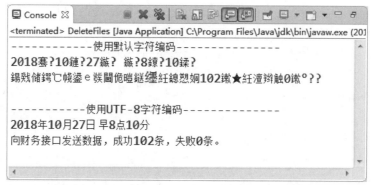

图 14.15　使用默认字符编码读出的是乱码，使用 UTF-8 字符编码读出正确信息

从这个结果可以看出，UTF-8 的中文内容按照默认字符编码（GBK）读取出的都是乱码，按照 UTF-8 字符编码才能读出正确信息。

同样的道理，如果想生成 UTF-8 字符编码的文件，应在字符流转为字节流时指定字符编码，例如：

```
01  FileOutputStream fos=new FileOutputStream("后台日志.log");
02  OutputStreamWriter osw=new OutputStreamWriter(fos, "UTF-8");
03  BufferedWriter bw=new BufferedWriter(osw);
```

除此之外，String 类也提供了一个转换字符编码构造方法，使用方式如下所示：

```
01  byte b[] = "抓紧时间学习！".getBytes();
02  String str = new String(b, "UTF-8");
```

File 类没有移动文件的方法，想要移动文件需要先将文件转成数据流，再把数据流写入其他位置。如果想要批量移动文件，可以把遍历文件的代码封装成一个方法，把流操作封装成另一个方法，这样可以让程序功能模块化。

[实例 14.10] 　　　　　　　　　　　　　　　　　　（源码位置：资源包 \Code\14\10）

移动文件

创建 MoveFiles 类，在类中创建两个静态属性，一个用于记录文件移动之后的位置，也就是目标文件夹，一个用于判断是否启用移动后删除源文件的功能。类的定义如下所示：

```
01  public class MoveFiles {
02      static String moveTo = "";              // 移动之后的位置
03      static boolean delFile = false;         // 移动之后是否删除源文件
04  }
```

读取和写入的操作使用"文件流 + 缓冲流"的形式，这样可以大大提高运行效率。流的操作封装成 fileMove() 方法，方法第一个参数是源文件的完整文件名，第二个参数是文件移动之后的完整文件名。缓冲流的缓冲区设为 1024 字节，输入流每次读出 1024 字节数据之后，直接交给输出流写到硬盘上，直到整个文件都读取完毕。fileMove() 方法的代码如下所示：

```
01   static void fileMove(String oldFile, String newFile) {
02       int bytered = 0;                                        // 一次读取出的字节数
03       byte[] buffer = new byte[1024];                         // 缓冲区
04       try (InputStream in = new FileInputStream(oldFile);     // 文件字节输入流
05           FileOutputStream ou = new FileOutputStream(newFile);      // 文件字节输出流
06           BufferedInputStream bi = new BufferedInputStream(in);     // 缓冲流
07           BufferedOutputStream bo = new BufferedOutputStream(ou);) {
08           while ((bytered = bi.read(buffer)) != -1) {         // 如果向缓冲区输入有效数据
09               bo.write(buffer, 0, bytered);                   // 将读出的数据写到硬盘上
10               bo.flush();                                     // 刷新流
11           }
12           System.out.println(" 完成移动 " + newFile);
13       } catch (IOException e) {
14           e.printStackTrace();
15       }
16   }
```

有了移动文件的方法之后，就设计遍历文件的 move() 方法。方法的参数是等待转移文件的文件夹地址。方法采用递归的方式进入源文件下的每一个子文件夹，只要发现文件，就调用 fileMove() 方法转移文件。如果删除源文件的标志 delFile 是 true，在转移之后还会调用源文件的 delete() 方法将其从硬盘上删除。move() 方法的代码如下所示：

```
01   static void move(String fileAddre) {
02       File file = new File(fileAddre);
03       if (file.isDirectory()) {                        // 如果是文件夹，则进入文件夹继续遍历
04           File[] filelist = file.listFiles();
05           for (File temp : filelist) {
06               move(temp.getAbsolutePath());            // 递归
07           }
08       } else {                                         // 如果是文件
09           if (file.getName().endsWith("mp4")) {        // 移动所有的 .mp4 后缀的文件
10               String oldFile = file.getAbsolutePath();
11               String newFile = moveTo + file.getName();
12               fileMove(oldFile, newFile);
13               if (delFile) {                           // 如果删除源文件
14                   file.delete();                       // 删除源文件
15               }
16           }
17       }
18   }
```

最后在主方法中为 MoveFiles 类的两个静态属性赋值，在调用移动方法之前，先判断一个移动的目标文件夹是否存在，如果不存在则使用 mkdirs() 创建这个路径，在目标路径不存在的情况下强行移动文件会发生异常。主方法的代码如下所示：

```
01   public static void main(String[] args) {
02       delFile = true;                          // 移动之后删除源文件
03       moveTo = "D:/Java 学习资料 / 视频 /";      // 移动到的目标文件夹
04       File f = new File(moveTo);               // 目标文件夹对象
05       if (!f.exists()) {                       // 如果没有这个文件夹
06           f.mkdirs();                          // 就创建文件夹
07       }
08       move("G:/ 视频 /");                       // 其实把 G 盘下 " 视频 " 文件夹中的文件移动出来
09   }
```

本章知识思维导图

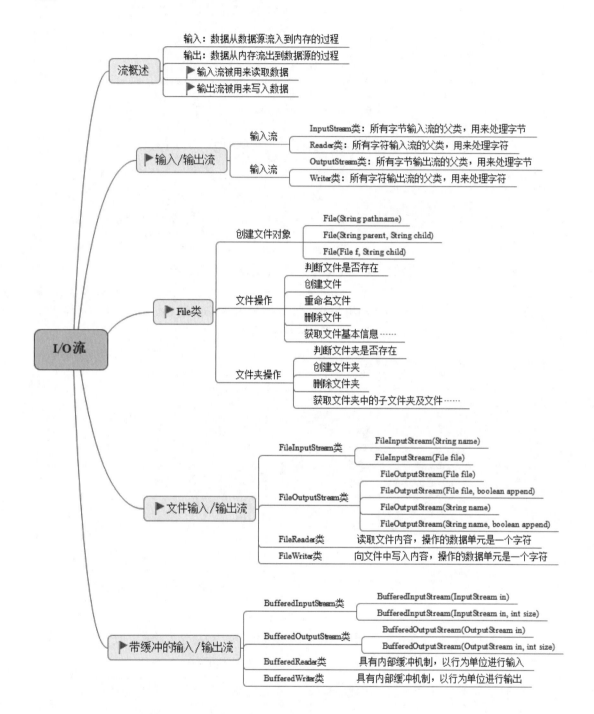

第 15 章

Swing 程序设计

本章学习目标

- 明确 Swing 的用途，熟悉 Swing 的常用组件。
- 掌握 JFrame 窗体和 JDialog 对话框的使用方法。
- 熟练掌握常用的 4 种布局管理器。
- 掌握 JPanel 面板和 JScrollPane 面板的使用方法。
- 明确使用 JPanel 面板时，须依赖 JFrame 窗体。
- 明确 JScrollPane 滚动面板不能使用布局管理器，且只能容纳一个组件。
- 掌握 JLabel 标签组件的使用方法和如何依据现有的图片创建图标。
- 掌握按钮组件、单选按钮组件和复选框组件的使用方法。
- 掌握 JComboBox 下拉列表框组件和 JList 列表框组件的使用方法。
- 掌握 JTextField 文本框组件、JPasswordField 密码框组件和 JTextArea 文本域组件的使用方法。
- 掌握行为事件、键盘事件和鼠标事件的使用方法。

15.1 Swing 概述

Swing 主要用来开发 GUI 程序，GUI（Graphical User Interface）是应用程序提供给用户操作的图形界面，包括窗体、菜单、按钮等图形界面元素，例如经常使用的 QQ 软件、360 安全卫士等均为 GUI 程序。Java 语言为 Swing 程序的开发提供了丰富的类库，这些类分别被存储在 java.awt 和 javax.swing 包中。Swing 提供了丰富的组件，在开发 Swing 程序时，这些组件被广泛地应用。

Swing 组件是完全由 Java 语言编写的组件。因为 Java 语言不依赖于本地平台（即"操作系统"），所以 Swing 组件可以被应用于任何平台。基于"跨平台"这一特性，Swing 组件被称作"轻量级组件"；反之，依赖于本地平台的组件被称作"重量级组件"。

在 Swing 包的层次结构和继承关系中，比较重要的类是 Component 类（组件类）、Container 类（容器类）和 JComponent 类（Swing 组件父类）。Swing 包的层次结构和继承关系如图 15.1 所示。

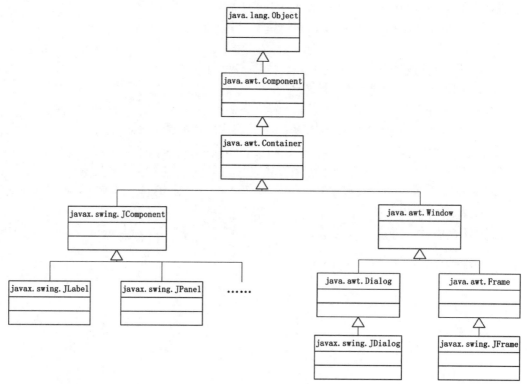

图 15.1　Swing 包的层次结构和继承关系

图 15.1 包含了一些 Swing 组件，常用的 Swing 组件及其含义如表 15.1 所示。

表 15.1　常用的 Swing 组件

组件名称	定义
JButton	代表按钮
JCheckBox	代表复选框
JComBox	代表下拉列表框

组件名称	定义
JFrame	代表窗体
JDialog	代表对话框
JLabel	代表标签
JRadioButton	代表单选按钮
JList	代表列表框
JTextField	代表文本框
JPasswordField	代表密码框
JTextArea	代表文本域
JOptionPane	代表选择面板

15.2 Swing 常用窗体

在开发 Swing 程序时，窗体是 Swing 组件的承载体。Swing 中常用的窗体包括 JFrame 和 JDialog，本节将分别对其予以讲解。

15.2.1 JFrame 窗体

开发 Swing 程序的流程可以被简单地概括为首先通过继承 javax.swing.JFrame 类创建一个窗体，然后向这个窗体中添加组件，最后为添加的组件设置监听事件。下面将详细讲解 JFrame 窗体的使用方法。

JFrame 类常用的构造方法包括以下两种形式：

● public JFrame()：创建一个初始不可见、没有标题的窗体。

● public JFrame(String title)：创建一个不可见、具有标题的窗体。

例如，创建一个不可见、具有标题的窗体，代码如下所示：

```
01    JFrame jf = new JFrame("登录系统");
02    Container container = jf.getContentPane();
```

在创建窗体后，先调用 getContentPane() 方法将窗体转换为容器，再调用 add() 方法或者 remove() 方法向容器中添加组件或者删除容器中的组件。

向容器中添加按钮，代码如下所示：

```
01    JButton okBtn = new JButton("确定")
02    container.add(okBtn);
```

删除容器中的按钮，代码如下所示：

```
container.remove(okBtn);
```

创建窗体后，要对窗体进行设置，例如设置窗体的位置、大小、是否可见等。JFrame 类提供的相应方法实现上述设置操作，具体如下所示：

● setBounds(int x, int y, int width, int height)：设置窗体左上角在屏幕中的坐标为 (x, y)，

窗体的宽度为 width，窗体的高度为 height。

- setLocation(int x, int y)：设置窗体左上角在屏幕中的坐标为 (x, y)。
- setSize(int width, int height)：设置窗体的宽度为 width，高度为 height。
- setVisibale(boolean b)：设置窗体是否可见。b 为 true 时，表示可见；b 为 false 时，表示不可见。
- setDefaultCloseOperation(int operation)：设置窗体的关闭方式，默认值为 DISPOSE_ON_CLOSE。Java 语言提供了多种窗体的关闭方式，常用的有 4 种，如表 15.2 所示。

表 15.2　JFrame 窗体关闭的几种方式

窗体关闭方式	实现功能
DO_NOTHING_ON_CLOSE	表示单击"关闭"按钮时，窗体无任何操作
DISPOSE_ON_CLOSE	表示单击"关闭"按钮时，隐藏并释放窗体
HIDE_ON_CLOSE	表示单击"关闭"按钮时，隐藏窗体
EXIT_ON_CLOSE	表示单击"关闭"按钮时，退出窗体并关闭程序

 [实例 15.1]

（源码位置：资源包 \Code\15\01）

创建第一个窗体

创建 JFreamTest 类，使之继承 JFrame 类，在 JFreamTest 类中创建一个内容为"这是一个 JFrame 窗体"的标签后，把这个标签添加到窗体中。

```
01   import java.awt.*;                                    // 导入 AWT 包
02   import javax.swing.*;                                 // 导入 Swing 包
03   public class JFreamTest extends JFrame {              // 继承 JFrame 类
04       public void CreateJFrame(String title) {
05           JFrame jf = new JFrame(title);
06           Container container = jf.getContentPane();    // 获取主容器
07           JLabel jl = new JLabel("这是一个 JFrame 窗体");
08           jl.setHorizontalAlignment(SwingConstants.CENTER); // 使标签上的文字居中
09           container.add(jl);                            // 将标签添加到容器中
10           container.setBackground(Color.white);         // 设置容器的背景颜色
11           jf.setVisible(true);                          // 使窗体可见
12           jf.setSize(300, 150);                         // 设置窗体大小
13           jf.setDefaultCloseOperation(WindowConstants.EXIT_ON_CLOSE);// 关闭窗体停止程序
14       }
15       public static void main(String args[]) {          // 主方法
16           new JFreamTest().CreateJFrame("创建一个 JFrame 窗体");
17       }
18   }
```

👑 说明：

上面代码中使用 import 关键字导入了 java.awt.* 和 javax.swing.* 这两个包，在开发 Swing 程序时，通常都需要使用这两个包。

运行结果如图 15.2 所示。

图 15.2　向窗体中添加标签

15.2.2　JDialog 对话框

JDialog 对话框继承了 java.awt.Dialog 类，其功能是

从一个窗体中弹出另一个窗体,例如使用 IE 浏览器时弹出的确定对话框。JDialog 对话框与 JFrame 窗体类似,被使用时也需要先调用 getContentPane() 方法把 JDialog 对话框转换为容器,再对 JDialog 对话框进行设置。

JDialog 类常用的构造方法如下所示:

● public JDialog():创建一个没有标题和父窗体的对话框。

● public JDialog(Frame f):创建一个没有标题但指定父窗体的对话框。

● public JDialog(Frame f, boolean model):创建一个没有标题但指定父窗体和模式的对话框。如果 model 为 true,那么弹出对话框之后,用户无法操作父窗体。

● public JDialog(Frame f, String title):创建一个指定标题和父窗体的对话框。

● public JDialog(Frame f, String title, boolean model):创建一个指定标题、父窗体和模式的对话框。

 [实例 15.2]

（源码位置：资源包 \Code\15\02）

创建第一个对话框

创建 MyJDialog 类,使之继承 JDialog 窗体,在父窗体中添加按钮,当用户单击按钮时,弹出对话框。

```java
01    import java.awt.*;
02    import java.awt.event.*;
03    import javax.swing.*;
04    class MyJDialog extends JDialog {                    // 继承 JDialog 类
05        public MyJDialog(MyFrame frame) {
06            // 实例化一个 JDialog 类对象,指定对话框的父窗体、窗体标题和类型
07            super(frame, "第一个 JDialog 窗体", true);
08            Container container = getContentPane();      // 获取主容器
09            container.add(new JLabel("这是一个对话框"));  // 在容器中添加标签
10            setBounds(120, 120, 100, 100);               // 设置对话框窗体在桌面显示的坐标和大小
11        }
12    }
13    public class MyFrame extends JFrame {                // 创建父窗体类
14        public MyFrame() {
15            Container container = getContentPane();       // 获得窗体主容器
16            container.setLayout(null)                     // 容器使用 null 布局
17            JButton bl = new JButton("弹出对话框");        // 定义一个按钮
18            bl.setBounds(10, 10, 100, 21);                // 定义按钮在容器中的坐标和大小
19            bl.addActionListener(new ActionListener() { // 为按钮添加点击事件
20                public void actionPerformed(ActionEvent e) {
21                    MyJDialog dialog = new MyJDialog(MyFrame.this); // 创建 MyJDialog 对话框
22                    dialog.setVisible(true);              // 使对话框可见
23                }
24            });
25            container.add(bl);                            // 将按钮添加到容器中
26            container.setBackground(Color.WHITE);         // 容器背景色为白色
27            setSize(200, 200);                            // 窗体大小
28            setDefaultCloseOperation(WindowConstants.EXIT_ON_CLOSE);// 关闭窗体停止程序
29            setVisible(true);                             // 使窗体可见
30        }
31        public static void main(String args[]) {
32            new MyFrame();
33        }
34    }
```

运行结果如图 15.3 所示。

第 3 篇　进阶知识篇

在本实例中，为了使对话框从父窗体弹出，首先创建了一个 JFrame 窗体，然后向父窗体中添加一个按钮，接着为按钮添加一个鼠标单击监听事件，最后通过用户单击按钮实现弹出对话框的功能。

图 15.3　从父窗体中弹出对话框

15.3　常用布局管理器

开发 Swing 程序时，在容器中使用布局管理器能够设置窗体的布局，进而控制 Swing 组件的位置和大小。Swing 常用的布局管理器为绝对布局管理器、流布局管理器、边界布局管理器和网格布局管理器。本节将分别对其予以讲解。

15.3.1　绝对布局

绝对布局指的是硬性指定组件在容器中的位置和大小，其中组件的位置通过绝对坐标的方式来指定。使用绝对布局的步骤如下所示：

① 使用 Container.setLayout(null) 取消容器的布局管理器；

② 使用 Component.setBounds(int x, int y, int width, int height) 设置每个组件在容器中的位置和大小。

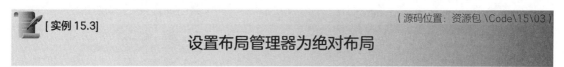

[实例 15.3]　　　　　　　　　　　　　　　　　　　　　（源码位置：资源包 \Code\15\03）

设置布局管理器为绝对布局

创建继承 JFrame 窗体的 AbsolutePosition 类，设置布局管理器为绝对布局，在窗体中创建两个按钮组件，将按钮分别定位在不同的位置上。

```
01    import java.awt.*;
02    import javax.swing.*;
03    public class AbsolutePosition extends JFrame {
04        public AbsolutePosition() {
05            setTitle(" 本窗体使用绝对布局 ");           // 窗体标题
06            setLayout(null);                         // 使用 null 布局
07            setBounds(0, 0, 250, 150);               // 设置窗体的坐标与宽高
08            Container c = getContentPane();          // 获取主容器
09            JButton b1 = new JButton(" 按钮 1");      // 创建按钮
10            JButton b2 = new JButton(" 按钮 2");
11            b1.setBounds(10, 30, 80, 30);            // 设置按钮的位置与大小
12            b2.setBounds(60, 70, 100, 20);
13            c.add(b1);                               // 将按钮添加到容器中
14            c.add(b2);
15            setVisible(true);                        // 使窗体可见
16
17            setDefaultCloseOperation(WindowConstants.EXIT_ON_CLOSE); // 关闭窗体则停止程序
18        }
19        public static void main(String[] args) {
20            new AbsolutePosition();
21        }
22    }
```

运行结果如图 15.4 所示。

15.3.2　流布局管理器

流布局（FlowLayout）管理器是 Swing 中最基本的布局管理器。使用流布局管理器摆放组件时，组件被从左到右地摆放；当组件占据了当前行的所有空间时，溢出的组件会被移动到当前行的下一行。默认情况下，每一行组件的排列方式被指定为居中对齐，但是通过设置可以更改每一行组件的排列方式。

图 15.4　使用绝对布局设置两个按钮在窗体中的位置

FlowLayout 类具有以下常用的构造方法：

● public FlowLayout()。

● public FlowLayout(int alignment)。

● public FlowLayout(int alignment,int horizGap,int vertGap)。

构造方法中的 alignment 参数表示使用流布局管理器时每一行组件的排列方式，该参数可以被赋予 FlowLayout.LEFT、FlowLayout.CENTER 或 FlowLayout.RIGHT，这 3 个值的详细说明如表 15.3 所示。

表 15.3　alignment 参数值及其说明

alignment 参数值	说明
FlowLayout.LEFT	每一行组件的排列方式被指定为左对齐
FlowLayout.CENTER	每一行组件的排列方式被指定为居中对齐
FlowLayout.RIGHT	每一行组件的排列方式被指定为右对齐

在 public FlowLayout(int alignment, int horizGap, int vertGap) 构造方法中，还存在 horizGap 与 vertGap 两个参数，这两个参数分别以像素为单位指定组件与组件之间的水平间隔与垂直间隔。

[实例 15.4]

（源码位置：资源包 \Code\15\04）

设置布局管理器为流布局

创建 FlowLayoutPosition 类，并继承 JFrame 类。设置当前窗体的布局管理器为流布局管理器，运行程序后调整窗体大小，查看流布局管理器对组件的影响。

```
01    import java.awt.*;
02    import javax.swing.*;
03    public class FlowLayoutPosition extends JFrame {
04        public FlowLayoutPosition() {
05            setTitle(" 本窗体使用流布局管理器 ");    // 设置窗体标题
06            Container c = getContentPane();
07            // 窗体使用流布局，组件右对齐，组件之间的水平间隔为 10 像素，垂直间隔 10 像素
08            setLayout(new FlowLayout(FlowLayout.RIGHT, 10, 10));
09            for (int i = 0; i < 10; i++) {         // 在容器中循环添加 10 个按钮
10                c.add(new JButton("button" + i));
11            }
12            setSize(300, 200);                      // 设置窗体大小
13
14            setDefaultCloseOperation(WindowConstants.DISPOSE_ON_CLOSE);// 关闭窗体停止程序
15            setVisible(true);                        // 设置窗体可见
16        }
```

```
17        public static void main(String[] args) {
18            new FlowLayoutPosition();
19        }
20    }
```

运行结果如图 15.5 所示，使用鼠标改变窗体大小，组件的摆放位置也会相应地发生变化。

图 15.5　使用流布局管理器摆放按钮

15.3.3　边界布局管理器

使用 Swing 创建窗体后，容器默认的布局管理器是边界布局（BorderLayout），边界布局管理器把容器划分为东、南、西、北、中 5 个区域，如图 15.6 所示。

当组件被添加到被设置为边界布局管理器的容器时，需要使用 BorderLayout 类中的成员变量指定被添加的组件在边界布局管理器的区域，BorderLayout 类中的成员变量及其说明如表 15.4 所示。

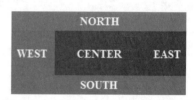

图 15.6　边界布局管理器的区域划分

表 15.4　BorderLayout 类中的成员变量及其说明

成员变量	含义
BorderLayout.NORTH	在容器中添加组件时，组件被置于北部
BorderLayout.SOUTH	在容器中添加组件时，组件被置于南部
BorderLayout.EAST	在容器中添加组件时，组件被置于东部
BorderLayout.WEST	在容器中添加组件时，组件被置于西部
BorderLayout.CENTER	在容器中添加组件时，组件被置于中间

　说明：

　　如果使用了边界布局管理器，在向容器中添加组件时，如果不指定要把组件添加到哪个区域，那么当前组件会被默认添加到 CENTER 区域；如果向同一个区域中添加多个组件，那么后放入的组件会覆盖先放入的组件。

add() 方法被用于实现向容器中添加组件的功能，并设置组件的摆放位置，add() 方法常用的语法格式如下所示：

```
public void add(Component comp, Object constraints)
```

● comp：被添加的组件。
● constraints：被添加组件的布局约束对象。

 [实例 15.5]

（源码位置：资源包 \Code\15\05）

设置布局管理器为边界布局

创建 BorderLayoutPosition 类，并继承 JFrame 类，设置该窗体的布局管理器为边界布局管理器，分别在窗体的东、南、西、北、中添加 5 个按钮。

```java
01  import java.awt.*;
02  import javax.swing.*;
03  public class BorderLayoutPosition extends JFrame {
04      public BorderLayoutPosition() {
05          setTitle(" 这个窗体使用边界布局管理器 ");
06          Container c = getContentPane();                         // 获取主容器
07          setLayout(new BorderLayout());                          // 容器使用边界布局
08          JButton centerBtn = new JButton(" 中 ");
09          JButton northBtn = new JButton(" 北 ");
10          JButton southBtn = new JButton(" 南 ");
11          JButton westBtn = new JButton(" 西 ");
12          JButton eastBtn = new JButton(" 东 ");
13          c.add(centerBtn, BorderLayout.CENTER);                  // 中部添加按钮
14          c.add(northBtn, BorderLayout.NORTH);                    // 北部添加按钮
15          c.add(southBtn, BorderLayout.SOUTH);                    // 南部添加按钮
16          c.add(westBtn, BorderLayout.WEST);                      // 西部添加按钮
17          c.add(eastBtn, BorderLayout.EAST);                      // 东部添加按钮
18          setSize(350, 200);                                      // 设置窗体大小
19          setVisible(true);                                       // 设置窗体可见
20          setDefaultCloseOperation(WindowConstants.DISPOSE_ON_CLOSE); // 关闭窗体停止程序
21      }
22      public static void main(String[] args) {
23          new BorderLayoutPosition();
24      }
25  }
```

运行结果如图 15.7 所示。

15.3.4 网格布局管理器

网格布局（GridLayout）管理器能够把容器划分为网格，组件可以按行、列进行排列。在网格布局管理器中，网格的个数由行数和列数决定，且每个网格的大小都相同，例如一个两行两列的网格布局管理器能够产生 4 个大小相等的网格。

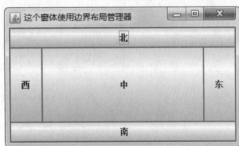

图 15.7　使用边界布局管理器摆放按钮

组件从网格的左上角开始，按照从左到右、从上到下的顺序被添加到网格中，且每个组件都会填满整个网格。改变窗体大小时，组件的大小也会随之改变。

网格布局管理器主要有以下两个常用的构造方法：
● public GridLayout(int rows, int columns)。
● public GridLayout(int rows, int columns, int horizGap, int vertGap)。

其中，参数 rows 和 columns 分别代表网格的行数和列数，这两个参数只允许有一个参数可以为 0，被用于表示一行或一列可以排列任意多个组件；参数 horizGap 和 vertGap 分别代表网格之间的水平间距和垂直间距。

[实例 15.6]　　　　　　　　　　　　　　（源码位置：资源包 \Code\15\06 ）

设置布局管理器为网格布局

创建 GridLayoutPosition 类，并继承 JFrame 类，设置该窗体使用网格布局管理器，实现一个 7 行 3 列的网格后，向每个网格中添加按钮组件。

```java
01    import java.awt.*;
02    import javax.swing.*;
03    public class GridLayoutPosition extends JFrame {
04        public GridLayoutPosition() {
05            Container c = getContentPane();
06    // 设置容器使用网格布局管理器，设置7行3列的网格。组件间水平间距为5像素，垂直间距为5像素
07            setLayout(new GridLayout(7, 3, 5, 5));
08            for (int i = 0; i < 20; i++) {
09                c.add(new JButton("button" + i)); // 循环添加按钮
10            }
11            setSize(300, 300);
12            setTitle(" 这是一个使用网格布局管理器的窗体 ");
13            setVisible(true);
14            setDefaultCloseOperation(WindowConstants.EXIT_ON_CLOSE);
15        }
16        public static void main(String[] args) {
17            new GridLayoutPosition();
18        }
19    }
```

运行结果如图 15.8 所示。当改变窗体的大小时，组件的大小也会随之改变。

图 15.8　使用网格布局的窗体即使变形也不会改变组件排列顺序

15.4　常用面板

在 Swing 程序设计中，面板是一个容器，被用于容纳其他组件，但面板必须被添加到其

他容器中。Swing 中常用的面板包括 JPanel 面板和 JScrollPane 面板。下面将分别予以讲解。

15.4.1 JPanel 面板

JPanel 面板继承 java.awt.Container 类。使用 JPanel 面板时，须依赖于 JFrame 窗体。

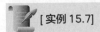 [实例 15.7]
（源码位置：资源包 \Code\15\07）

为 4 个面板设置布局管理器

创建 JPanelTest 类，并继承 JFrame 类。首先设置窗体的布局管理器为两行两列的网格布局管理器，然后创建 4 个面板，并为这 4 个面板设置不同的布局管理器，最后向每个面板中添加按钮。

```
01    import java.awt.*;
02    import javax.swing.*;
03    public class JPanelTest extends JFrame {
04        public JPanelTest() {
05            Container c = getContentPane();
06            // 将整个容器设置为 2 行 2 列的网格布局，组件水平间隔 10 像素，垂直间隔 10 像素
07            c.setLayout(new GridLayout(2, 2, 10, 10));
08            // 初始化一个面板，此面板使用 1 行 4 列的网格布局，组件水平间隔 10 像素，垂直间隔 10 像素
09            JPanel p1 = new JPanel(new GridLayout(1, 4, 10, 10));
10            // 初始化一个面板，此面板使用边界布局
11            JPanel p2 = new JPanel(new BorderLayout());
12            // 初始化一个面板，此面板使用 1 行 2 列的网格布局，组件水平间隔 10 像素，垂直间隔 10 像素
13            JPanel p3 = new JPanel(new GridLayout(1, 2, 10, 10));
14            // 初始化一个面板，此面板使用 2 行 1 列的网格布局，组件水平间隔 10 像素，垂直间隔 10 像素
15            JPanel p4 = new JPanel(new GridLayout(2, 1, 10, 10));
16            // 给每个面板都添加边框和标题，使用 BorderFactory 工厂类生成带标题的边框对象
17            p1.setBorder(BorderFactory.createTitledBorder(" 面板 1"));
18            p2.setBorder(BorderFactory.createTitledBorder(" 面板 2"));
19            p3.setBorder(BorderFactory.createTitledBorder(" 面板 3"));
20            p4.setBorder(BorderFactory.createTitledBorder(" 面板 4"));
21            // 在面板 1 中添加按钮
22            p1.add(new JButton("b1"));
23            p1.add(new JButton("b1"));
24            p1.add(new JButton("b1"));
25            p1.add(new JButton("b1"));
26            // 向面板 2 中添加按钮
27            p2.add(new JButton("b2"), BorderLayout.WEST);
28            p2.add(new JButton("b2"), BorderLayout.EAST);
29            p2.add(new JButton("b2"), BorderLayout.NORTH);
30            p2.add(new JButton("b2"), BorderLayout.SOUTH);
31            p2.add(new JButton("b2"), BorderLayout.CENTER);
32            // 向面板 3 中添加按钮
33            p3.add(new JButton("b3"));
34            p3.add(new JButton("b3"));
35            // 向面板 4 中添加按钮
36            p4.add(new JButton("b4"));
37            p4.add(new JButton("b4"));
38            // 向容器中添加面板
39            c.add(p1);
40            c.add(p2);
41            c.add(p3);
42            c.add(p4);
43            setTitle(" 在这个窗体中使用了面板 ");
44            setSize(500, 300);
45            setVisible(true);
46            setDefaultCloseOperation(WindowConstants.DISPOSE_ON_CLOSE);// 关闭窗体停止程序
```

第3篇　进阶知识篇

```
47          }
48      public static void main(String[] args) {
49          new JPanelTest();
50      }
51  }
```

运行结果如图 15.9 所示。

图 15.9　JPanel 面板的应用

15.4.2　JScrollPane 滚动面板

JScrollPane 面板是带滚动条的面板，被用于在较小的窗体中显示较大篇幅的内容。需要注意的是，JScrollPane 滚动面板不能使用布局管理器，且只能容纳一个组件。如果需要向 JScrollPane 面板中添加多个组件，那么需要先将多个组件添加到 JPanel 面板，再将 JPanel 面板添加到 JScrollPane 滚动面板。

 [实例 15.8]　　　　　　　　　　　　　　　　　　　　（源码位置：资源包 \Code\15\08）
把文本域组件添加到 JScrollPane 面板

创建 JScrollPaneTest 类，并继承 JFrame 类，首先初始化文本域组件，并指定文本域组件的大小；然后创建一个 JScrollPane 面板，并把文本域组件添加到 JScrollPane 面板；最后把 JScrollPane 面板添加到窗体。

```
01  import java.awt.*;
02  import javax.swing.*;
03  public class JScrollPaneTest extends JFrame {
04      public JScrollPaneTest() {
05          Container c = getContentPane(); // 获取主容器
06          // 创建文本区域组件，文本域默认大小为 20 行、50 列
07          JTextArea ta = new JTextArea(20, 50);
08          // 创建 JScrollPane 滚动面板，并将文本域放到滚动面板中
09          JScrollPane sp = new JScrollPane(ta);
10          c.add(sp); // 将该面板添加到主容器中
11          setTitle(" 带滚动条的文字编译器 ");
12          setSize(200, 200);
13          setVisible(true);
14          setDefaultCloseOperation(WindowConstants.DISPOSE_ON_CLOSE);
15      }
16      public static void main(String[] args) {
17          new JScrollPaneTest();
18      }
19  }
```

运行结果如图 15.10 所示。

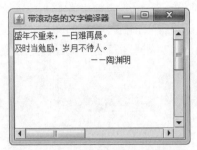

图 15.10　JScrollPane 面板的应用

15.5　标签组件与图标

在 Swing 程序设计中，标签（JLabel）被用于显示文本、图标等内容。在 Swing 应用程序的用户界面中，用户能够通过标签上的文本、图标等内容获得相应的提示信息。本节将对 Swing 标签的用法、如何创建标签和如何在标签上显示文本、图标等内容予以讲解。

15.5.1　JLabel 标签组件

标签（JLabel）的父类是 JComponent 类。虽然标签不能被添加监听器，但是标签显示的文本、图标等内容可以被指定对齐方式。

通过 JLabel 类的构造方法，可以创建多种标签，例如显示只有文本的标签、只有图标的标签或包含文本和图标的标签等。JLabel 类常用的构造方法如下所示：

● public JLabel()：创建一个不带图标或文本的标签。

● public JLabel(Icon icon)：创建一个带图标的标签。

● public JLabel(Icon icon, int alignment)：创建一个带图标的标签，并设置图标的水平对齐方式。

● public JLabel(String text, int alignment)：创建一个带文本的标签，并设置文本的水平对齐方式。

● public JLabel(String text, Icon icon, int alignment)：创建一个带文本和图标的 JLabel 对象，并设置文本和图标的水平对齐方式。

例如，向 JPanel 面板中添加一个 JLabel 标签组件，代码如下所示：

```
01    JLabel labelContacts = new JLabel(" 联系人 "); // 设置标签的文本内容
02    labelContacts.setForeground(new Color(0, 102, 153)); // 设置标签的字体颜色
03    labelContacts.setFont(new Font(" 宋体 ", Font.BOLD, 13)); // 设置标签的字体、样式、大小
04    labelContacts.setBounds(0, 0, 194, 28); // 设置标签的位置及大小
05    panelTitle.add(labelContacts); // 把标签放到面板中
```

15.5.2　图标的使用

在 Swing 程序设计中，图标经常被添加到标签、按钮等组件，使用 javax.swing.ImageIcon 类可以依据现有的图片创建图标。ImageIcon 类实现了 Icon 接口，ImageIcon 类有多个构造方法，常用的构造方法如下所示：

● public ImageIcon()：创建一个 ImageIcon 对象；创建 ImageIcon 对象后，使用 ImageIcon 对象调用 setImage(Image image) 方法设置图片。

● public ImageIcon(Image image)：依据现有的图片创建图标。

● public ImageIcon(URL url)：依据现有图片的路径创建图标。

 [实例 15.9]　（源码位置：资源包 \Code\15\09）

为标签设置图标

创建 MyImageIcon 类，并继承 JFrame 类，在类中创建 ImageIcon 对象，首先使用 ImageIcon 对象依据现有的图片创建图标，然后使用 public JLabel(String text, int aligment) 构造方法创建一个 JLabel 对象，最后使用 JLabel 对象调用 setIcon() 方法为标签设置图标。

```
01    import java.awt.*;
02    import java.net.URL;
03    import javax.swing.*;
04    public class MyImageIcon extends JFrame {
05        public MyImageIcon() {
06            Container container = getContentPane();
07            JLabel jl = new JLabel("这是一个 JFrame 窗体 ");          // 创建标签
08            URL url = MyImageIcon.class.getResource("pic.png");      // 获取图片所在的 URL
09            Icon icon = new ImageIcon(url);       // 获取图片的 Icon 对象
10            jl.setIcon(icon);                     // 为标签设置图片
11            jl.setHorizontalAlignment(SwingConstants.CENTER);   // 设置文字放置在标签中间
12            jl.setOpaque(true);                   // 设置标签为不透明状态
13            container.add(jl);                    // 将标签添加到容器中
14            setSize(300, 200);                    // 设置窗体大小
15            setVisible(true);                     // 使窗体可见
16            setDefaultCloseOperation(WindowConstants.EXIT_ON_CLOSE);   // 关闭窗体停止程序
17        }
18        public static void main(String args[]) {
19            new MyImageIcon();
20        }
21    }
```

运行结果如图 15.11 所示。

图 15.11　依据现有的图片创建图标

✎ 注意：

java.lang.Class 类中的 getResource() 方法可以获取资源文件的路径。

15.6　按钮组件

在 Swing 程序设计中，按钮是较为常见的组件，被用于触发特定的动作。Swing 提供了

多种按钮组件：按钮、单选按钮、复选框等；本节将分别对其进行讲解。

15.6.1 按钮组件

Swing 按钮由 JButton 对象表示，JButton 常用的构造方法如下所示。

● public JButton()：创建一个不带文本或图标的按钮。

● public JButton(String text)：创建一个带文本的按钮。

● public JButton(Icon icon)：创建一个带图标的按钮。

● public JButton(String text, Icon icon)：创建一个带文本和图标的按钮。

创建 JButton 对象后，如果要对 JButton 对象进行设置，那么可以使用 JButton 类提供的方法，JButton 类的常用方法及说明如表 15.5 所示。

表 15.5　JButton 类的常用方法及说明

方法	说明
setIcon(Icon defaultIcon)	设置按钮的图标
setToolTipText(String text)	为按钮设置提示文字
setBorderPainted(boolean b)	如果 b 的值为 true 且按钮有边框，那么绘制边框；borderPainted 属性的默认值为 true
setEnabled(boolean b)	设置按钮是否可用；b 的值为 true 时，表示按钮可用，b 的值为 false 时，表示按钮不可用

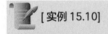[实例 15.10]

（源码位置：资源包 \Code\15\10）

按钮组件

创建 JButtonTest 类，并继承 JFrame 类，在窗体中创建按钮组件，设置按钮的图标，为按钮添加动作监听器。

```
01   import java.awt.*;
02   import java.awt.event.*;
03   import javax.swing.*;
04   public class JButtonTest extends JFrame {
05       public JButtonTest() {
06           Icon icon = new ImageIcon("src/imageButtoo.jpg");       // 获取图片文件
07           setLayout(new GridLayout(3, 2, 5, 5));                   // 设置网格布局管理器
08           Container c = getContentPane();                         // 获取主容器
09           JButton btn[] = new JButton[6];                         // 创建按钮数组
10           for (int i = 0; i < btn.length; i++) {
11               btn[i] = new JButton();                             // 实例化数组中的对象
12               c.add(btn[i]);                                      // 将按钮添加到容器中
13           }
14           btn[0].setText(" 不可用 ");
15           btn[0].setEnabled(false);                               // 设置按钮不可用
16           btn[1].setText(" 有背景色 ");
17           btn[1].setBackground(Color.YELLOW);
18           btn[2].setText(" 无边框 ");
19           btn[2].setBorderPainted(false);                         // 设置按钮边框不显示
20           btn[3].setText(" 有边框 ");
21           btn[3].setBorder(BorderFactory.createLineBorder(Color.RED));// 添加红色边框
22           btn[4].setIcon(icon);                                   // 为按钮设置图标
23           btn[4].setToolTipText(" 图片按钮 ");                      // 设置鼠标悬停时提示的文字
```

```
24          btn[5].setText(" 可点击 ");
25          btn[5].addActionListener(new ActionListener() { // 为按钮添加监听事件
26              public void actionPerformed(ActionEvent e) {
27                  // 弹出确认对话框
28                  JOptionPane.showMessageDialog(JButtonTest.this, " 点击按钮 ");
29              }
30          });
31          setDefaultCloseOperation(EXIT_ON_CLOSE);
32          setVisible(true);
33          setTitle(" 创建不同样式的按钮 ");
34          setBounds(100, 100, 400, 200);
35      }
36      public static void main(String[] args) {
37          new JButtonTest();
38      }
39  }
```

运行结果如图 15.12 所示。

15.6.2 单选按钮组件

Swing 单选按钮由 JRadioButton 对象表示。在 Swing 程序设计中，需要把多个单选按钮添加到按钮组，当用户选中某个单选按钮时，按钮组中的其他单选按钮将不能被同时选中。

图 15.12 按钮组件的应用

（1）单选按钮

创建 JRadioButton 对象需要使用 JRadioButton 类的构造方法。JRadioButton 类常用的构造方法如下所示：

● public JRadioButton()：创建一个未被选中、文本未被设定的单选按钮。

● public JRadioButton(Icon icon)：创建一个未被选中、文本未被设定，但具有指定图标的单选按钮。

● public JRadioButton(Icon icon, boolean selected)：创建一个具有指定图标、选择状态，但文本未被设定的单选按钮。

● public JRadioButton(String text)：创建一个具有指定文本，但未被选中的单选按钮。

● public JRadioButton(String text, Icon icon)：创建一个具有指定文本、指定图标但未被选中的单选按钮。

● public JRadioButton(String text, Icon icon, boolean selected)：创建一个具有指定的文本、指定图标和选择状态的单选按钮。

根据上述构造方法的相关介绍，不难发现，单选按钮的图标、文本和选择状态等属性能够被同时设定。例如，使用 JRadioButton 类的构造方法创建一个文本为 "选项 A" 的单选按钮，代码如下所示：

```
JRadioButton rbtn = new JRadioButton(" 选项 A");
```

（2）按钮组

Swing 按钮组由 ButtonGroup 对象表示，多个单选按钮被添加到按钮组后，能够实现 "选项有多个，但只能选中一个" 的效果。ButtonGroup 对象被创建后，可以使用 add() 方法把多个单选按钮添加到 ButtonGroup 对象中。

例如，在应用程序窗体中定义一个单选按钮组，代码如下所示：

```
01    JRadioButton jr1 = new JRadioButton();
02    JRadioButton jr2 = new JRadioButton();
03    JRadioButton jr3 = new JRadioButton();
04    ButtonGroup group = new ButtonGroup(); // 按钮组
05    group.add(jr1);
06    group.add(jr2);
07    group.add(jr3);
```

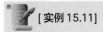 [实例 15.11]

（源码位置：资源包 \Code\15\11)

单选按钮组件

创建 RadioButtonTest 类，并继承 JFrame 类，窗体中有男女两个性别可以选择，且只能选择其一，代码如下所示：

```
01    import javax.swing.*;
02    public class RadioButtonTest extends JFrame {
03        public RadioButtonTest() {
04            setDefaultCloseOperation(JFrame.EXIT_ON_CLOSE);
05            setTitle(" 单选按钮的使用 ");
06            setBounds(100, 100, 240, 120);
07            getContentPane().setLayout(null); // 设置绝对布局
08            JLabel lblNewLabel = new JLabel(" 请选择性别: ");
09            lblNewLabel.setBounds(5, 5, 120, 15);
10            getContentPane().add(lblNewLabel);
11            JRadioButton rbtnNormal = new JRadioButton(" 男 ");
12            rbtnNormal.setSelected(true);
13            rbtnNormal.setBounds(40, 30, 75, 22);
14            getContentPane().add(rbtnNormal);
15            JRadioButton rbtnPwd = new JRadioButton(" 女 ");
16            rbtnPwd.setBounds(120, 30, 75, 22);
17            getContentPane().add(rbtnPwd);
18            /**
19             * 创建按钮组，把交互面板中的单选按钮添加到按钮组中
20             */
21            ButtonGroup group = new ButtonGroup();
22            group.add(rbtnNormal);
23            group.add(rbtnPwd);
24        }
25        public static void main(String[] args) {
26            RadioButtonTest frame = new RadioButtonTest(); // 创建窗体对象
27            frame.setVisible(true); // 使窗体可见
28        }
29    }
```

运行结果如图 15.13 所示，当选中某一个单选按钮时，另一个单选按钮会取消选中状态。

图 15.13 单选按钮组件的应用

第 3 篇 进阶知识篇

15.6.3 复选框组件

复选框组件由 JCheckBox 对象表示。与单选按钮不同的是，窗体中的复选框可以被选中多个，这是因为每一个复选框都提供"被选中"和"不被选中"两种状态。

JCheckBox 的常用构造方法如下所示：

● public JCheckBox()：创建一个文本、图标未被设定且默认未被选中的复选框。

● public JCheckBox(Icon icon, Boolean checked)：创建一个具有指定图标，指定初始时是否被选中，但文本未被设定的复选框。

● public JCheckBox(String text, Boolean checked)：创建一个具有指定文本，指定初始时是否被选中，但图标未被设定的复选框。

[实例 15.12]　　（源码位置：资源包 \Code\15\12）

复选框组件

创建 CheckBoxTest 类，并继承 JFrame 类，窗体中有 3 个复选框按钮和一个普通按钮，当单击普通按钮时，在控制台上分别输出 3 个复选框的选中状态。

```
01    import java.awt.*;
02    import java.awt.event.*;
03    import javax.swing.*;
04    public class CheckBoxTest extends JFrame {
05        public CheckBoxTest() {
06            setVisible(true);
07            setBounds(100, 100, 170, 110);              // 窗体坐标和大小
08            setDefaultCloseOperation(EXIT_ON_CLOSE);
09            Container c = getContentPane();             // 获取主容器
10            c.setLayout(new FlowLayout());              // 容器使用流布局
11            JCheckBox c1 = new JCheckBox("1");          // 创建复选框
12            JCheckBox c2 = new JCheckBox("2");
13            JCheckBox c3 = new JCheckBox("3");
14            c.add(c1);                                  // 容器添加复选框
15            c.add(c2);
16            c.add(c3);
17            JButton btn = new JButton(" 打印 ");          // 创建打印按钮
18            btn.addActionListener(new ActionListener() {  // 打印按钮动作事件
19                public void actionPerformed(ActionEvent e) {
20                    // 在控制台分别输出三个复选框的选中状态
21                    System.out.println(c1.getText() + " 按钮选中状态: " +
22                        c1.isSelected());
23                    System.out.println(c2.getText() + " 按钮选中状态: " +
24                        c2.isSelected());
25                    System.out.println(c3.getText() + " 按钮选中状态: " +
26                        c3.isSelected());
27                }
28            });
29            c.add(btn); // 容器添加打印按钮
30        }
31        public static void main(String[] args) {
32            new CheckBoxTest();
33        }
34    }
```

运行程序后，先选中第一、三个复选框，再单击"打印"按钮，会得到如图 15.14 所示的运行结果。

 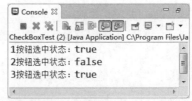

图 15.14　复选框组件的应用

15.7　列表组件

Swing 中提供两种列表组件，分别为下拉列表框（JComboBox）与列表框（JList）。下拉列表框与列表框都是带有一系列列表项的组件，用户可以从中选择需要的列表项。列表框较下拉列表框更直观，它将所有的列表项罗列在列表框中；但下拉列表框较列表框更为便捷、美观，它将所有的列表项隐藏起来，当用户选用其中的列表项时才会显现出来。本节将详细讲解列表框与下拉列表框的应用。

15.7.1　JComboBox 下拉列表框组件

初次使用 Swing 中的下拉列表框时，会感觉到 Swing 中的下拉列表框与 Windows 操作系统中的下拉列表框有一些相似，实质上两者并不完全相同，因为 Swing 中的下拉列表框不仅可以供用户从中选择列表项，也提供编辑列表项的功能。

下拉列表框是一个条状的显示区，它具有下拉功能，在下拉列表框的右侧存在一个倒三角形的按钮，当用户单击该按钮时，下拉列表框中的项目将会以列表形式显示出来。

下拉列表框组件由 JComboBox 对象表示，JComboBox 类是 javax.swing.JComponent 类的子类。JComboBox 类的常用构造方法如下所示：

● public JComboBox(ComboBoxModel dataModel)：创建一个 JComboBox 对象，下拉列表中的列表项使用 ComboBoxModel 中的列表项，ComboBoxModel 是一个用于组合框的数据模型。

● public JComboBox(Object[] arrayData)：创建一个包含指定数组中的元素的 JComboBox 对象。

● public JComboBox(Vector vector)：创建一个包含指定 Vector 对象中的元素的 JComboBox 对象；Vector 对象中的元素可以通过整数索引进行访问，而且 Vector 对象中的元素可以根据需求被添加或者移除。

JComboBox 类的常用方法及说明如表 15.6 所示。

表 15.6　JComboBox 类的常用方法及说明

方法	说明
addItem(Object anObject)	为项列表添加项
getItemCount()	返回列表中的项数
getSelectedItem()	返回当前所选项
getSelectedIndex()	回列表中与给定项匹配的第一个选项
removeItem(Object anObject)	项列表中移除项
setEditable(boolean aFlag)	确定 JComboBox 中的字段是否可编辑，参数设置为 true，表示可以编辑，否则不能编辑

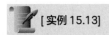

[实例 15.13]

（源码位置：资源包 \Code\15\13）

下拉列表框组件

创建 JComboBoxTest 类，并继承 JFrame 类，窗体中有一个包含多个列表项的下拉列表框，当单击"确定"按钮时，把被选中的列表项显示在标签上。

```java
01  import java.awt.event.*;
02  import javax.swing.*;
03  public class JComboBoxTest extends JFrame {
04      public JComboBoxTest() {
05          setDefaultCloseOperation(JFrame.EXIT_ON_CLOSE);
06          setTitle(" 下拉列表框的使用 ");
07          setBounds(100, 100, 317, 147);
08          getContentPane().setLayout(null);        // 设置绝对布局
09          JLabel lblNewLabel = new JLabel(" 请选择证件: ");
10          lblNewLabel.setBounds(28, 14, 80, 15);
11          getContentPane().add(lblNewLabel);
12          JComboBox<String> comboBox = new JComboBox<String>();        // 创建一个下拉列表框
13          comboBox.setBounds(110, 11, 80, 21); // 设置坐标
14          comboBox.addItem(" 身份证 ");          // 为下拉列表中添加项
15          comboBox.addItem(" 军人证 ");
16          comboBox.addItem(" 学生证 ");
17          comboBox.addItem(" 工作证 ");
18          comboBox.setEditable(true);
19          getContentPane().add(comboBox);         // 将下拉列表添加到容器中
20          JLabel lblResult = new JLabel("");
21          lblResult.setBounds(0, 57, 146, 15);
22          getContentPane().add(lblResult);
23          JButton btnNewButton = new JButton(" 确定 ");
24          btnNewButton.setBounds(200, 10, 67, 23);
25          getContentPane().add(btnNewButton);
26          btnNewButton.addActionListener(new ActionListener() {        // 为按钮添加监听事件
27              @Override
28              public void actionPerformed(ActionEvent arg0) {
29                  // 获取下拉列表中的选中项
30                  lblResult.setText(" 您选择的是: " + comboBox.getSelectedItem());
31              }
32          });
33      }
34      public static void main(String[] args) {
35          JComboBoxTest frame = new JComboBoxTest();        // 创建窗体对象
36          frame.setVisible(true);        // 使窗体可见
37      }
38  }
```

运行结果如图 15.15 所示。

15.7.2 JList 列表框组件

列表框组件被添加到窗体中后，就会被指定长和宽。如果列表框的大小不足以容纳列表项的个数，那么需要设置列表框具有滚动效果，即把列表框添加到滚动面板。用户在选择列表框中

图 15.15 下拉列表框组件的应用

的列表项时，既可以通过单击列表项的方式选择列表项，也可以通过"单击列表项 + 按住 Shift 键"的方式连续选择列表项，又可以通过"单击列表项 + 按住 Ctrl 键"的方式跳跃式选择列表项，并能够在非选择状态和选择状态之间反复切换。

列表框组件由 JList 对象表示，JList 类的常用构造方法如下所示：

● public void JList()：创建一个空的 JList 对象。

● public void JList(Object[] listData)：创建一个显示指定数组中的元素的 JList 对象。

● public void JList(Vector listData)：创建一个显示指定 Vector 中的元素的 JList 对象。

● public void JList(ListModel dataModel)：创建一个显示指定的非 null 模型的元素的
JList 对象。

例如，使用数组类型的数据作为创建 JList 对象的参数，代码如下所示：

```
01   String[] contents = {"列表 1","列表 2","列表 3","列表 4"};
02   JList jl = new JList(contents);
```

例如，使用 Vector 类型的数据作为创建 JList 对象的参数，代码如下所示：

```
01   Vector contents = new Vector();
02   JList jl = new JList(contents);
03   contents.add("列表 1");
04   contents.add("列表 2");
05   contents.add("列表 3");
06   contents.add("列表 4");
```

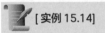 [实例 15.14]

（源码位置：资源包 \Code\15\14）

列表框组件

创建 JListTest 类，并继承 JFrame 类，在窗体中创建列表框对象，当单击"确认"按钮时，
把被选中的列表项显示在文本域上。

```
01   import java.awt.Container;
02   import java.awt.event.*;
03   import javax.swing.*;
04   public class JListTest extends JFrame {
05       public JListTest() {
06           Container cp = getContentPane();              // 获取窗体主容器
07           cp.setLayout(null);                           // 容器使用绝对布局
08           // 创建字符串数组，保存列表的中的数据
09           String[] contents = {"列表 1", "列表 2", "列表 3", "列表 4", "列表 5", "列表 6"};
10           JList<String> jl = new JList<>(contents);  // 创建列表，并将数据作为构造参数
11           JScrollPane js = new JScrollPane(jl);        // 将列表放入滚动面板
12           js.setBounds(10, 10, 100, 109);              // 设定滚动面板的坐标和大小
13           cp.add(js);
14           JTextArea area = new JTextArea();            // 创建文本域
15           JScrollPane scrollPane = new JScrollPane(area);  // 将文本域放入滚动面板
16           scrollPane.setBounds(118, 10, 73, 80);       // 设定滚动面板的坐标和大小
17           cp.add(scrollPane);
18           JButton btnNewButton = new JButton("确认 ");      // 创建确认按钮
19           btnNewButton.setBounds(120, 96, 71, 23);         // 设定按钮的坐标和大小
20           cp.add(btnNewButton);
21           btnNewButton.addActionListener(new ActionListener() { // 添加按钮事件
22               public void actionPerformed(ActionEvent e) {
23                   // 获取列表中选中的元素，返回 java.util.List 类型
24                   java.util.List<String> values = jl.getSelectedValuesList();
25                   area.setText("");                            // 清空文本域
26                   for (String value : values) {
27                       area.append(value + "\n");       // 在文本域循环追加 List 中的元素值
28                   }
29               }
30           });
```

第 3 篇　进阶知识篇

```
31            setTitle(" 在这个窗体中使用了列表框 ");
32            setSize(217, 167);
33            setVisible(true);
34            setDefaultCloseOperation(EXIT_ON_CLOSE);
35        }
36        public static void main(String args[]) {
37            new JListTest();
38        }
39    }
```

运行结果如图 15.16 所示。

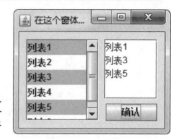

图 15.16　列表框的使用

15.8　文本组件

文本组件在开发 Swing 程序过程中经常被用到，尤其是文本框组件和密码框组件。使用文本组件可以很轻松地操作单行文字、多行文字、口令字段等文本内容。

15.8.1　JTextField 文本框组件

文本框组件由 JTextField 对象表示。JTextField 类的常用构造方法如下所示：

- public JTextField()：创建一个文本未被指定的文本框。
- public JTextField(String text)：创建一个指定文本的文本框。
- public JTextField(int fieldwidth)：创建一个指定列宽的文本框。
- public JTextField(String text, int fieldwidth)：创建一个指定文本和列宽的文本框。
- public JTextField(Document docModel, String text, int fieldwidth)：创建一个指定文本模型和列宽的文本框。

如果要为一个文本未被指定的文本框设置文本内容，那么需要使用 setText() 方法。setText() 方法的语法如下所示：

```
public void setText(String t)
```

参数 t 表示文本框要显示的文本内容。

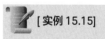 **[实例 15.15]** （源码位置：资源包 \Code\15\15）

文本框组件

创建 JTextFieldTest 类，并继承 JFrame 类，在窗体中创建一个指定文本的文本框，当单击"清除"按钮时，文本框中的文本内容将被清除。

```
01    import java.awt.*;
02    import java.awt.event.*;
03    import javax.swing.*;
04    public class JTextFieldTest extends JFrame {
05        public JTextFieldTest() {
06            Container c = getContentPane();                   // 获取窗体主容器
07            c.setLayout(new FlowLayout());
08            JTextField jt = new JTextField(" 请点击清除按钮 ");  // 设定文本框初始值
09            jt.setColumns(20);                                // 设置文本框长度
10            jt.setFont(new Font(" 宋体 ", Font.PLAIN, 20));    // 设置字体
```

```
11          JButton jb = new JButton(" 清除 ");
12          jt.addActionListener(new ActionListener() {          // 为文本框添加回车事件
13              public void actionPerformed(ActionEvent arg0) {
14                  jt.setText(" 触发事件 ");                      // 设置文本框中的值
15              }
16          });
17          jb.addActionListener(new ActionListener() {          // 为按钮添加事件
18              public void actionPerformed(ActionEvent arg0) {
19                  System.out.println(jt.getText());            // 输出当前文本框的值
20                  jt.setText("");                              // 将文本框置空
21                  jt.requestFocus();                           // 焦点回到文本框
22              }
23          });
24          c.add(jt);                                           // 窗体容器添加文本框
25          c.add(jb);                                           // 窗体添加按钮
26          setBounds(100, 100, 250, 110);
27          setVisible(true);
28          setDefaultCloseOperation(EXIT_ON_CLOSE);
29      }
30      public static void main(String[] args) {
31          new JTextFieldTest();
32      }
33  }
```

运行结果如图 15.17 所示。

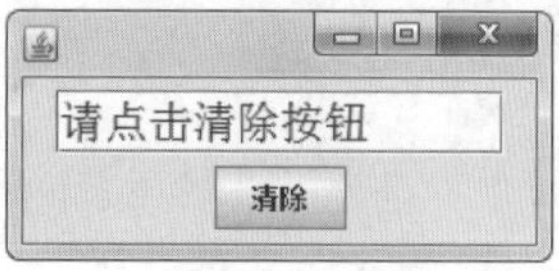

15.8.2　JPasswordField 密码框组件

密码框组件由 JPasswordField 对象表示，其作用是把用户输入的字符串以某种符号进行加密。JPasswordField 类的常用构造方法如下所示：

图 15.17　清除文本框中的文本内容

- public JPasswordField()：创建一个文本未被指定的密码框。
- public JPasswordFiled(String text)：创建一个指定文本的密码框。
- public JPasswordField(int fieldwidth)：创建一个指定列宽的密码框。
- public JPasswordField(String text, int fieldwidth)：创建一个指定文本和列宽的密码框。
- public JPasswordField(Document docModel, String text, int fieldwidth)：创建一个指定文本模型和列宽的密码框。

JPasswordField 类提供了 setEchoChar() 方法，这个方法被用于改变密码框的回显字符。setEchoChar() 方法的语法如下所示：

```
public void setEchoChar(char c)
```

c：密码框要显示的回显字符。

例如，创建 JPasswordField 对象，并设置密码框的回显字符为 "#"。代码如下所示：

```
01  JPasswordField jp = new JPasswordField();
02  jp.setEchoChar('#'); // 设置回显字符
```

那么，如何获取 JPasswordField 对象中的字符呢？代码如下所示：

```
01  JPasswordField passwordField = new JPasswordField();          // 密码框对象
02  char ch[] = passwordField.getPassword();                      // 获取密码字符数组
03  String pwd = new String(ch);                                  // 将字符数组转换为字符串
```

15.8.3 JTextArea 文本域组件

文本域组件由 JTextArea 对象表示，其作用是接收用户的多行文本输入。JTextArea 类的常用构造方法如下所示：

● public JTextArea()：创建一个文本未被指定的文本域。

● public JTextArea(String text)：创建一个指定文本的文本域。

● public JTextArea(int rows,int columns)：创建一个指定行高和列宽，但文本未被指定的文本域。

● public JTextArea(Document doc)：创建一个指定文档模型的文本域。

● public JTextArea(Document doc,String Text,int rows,int columns)：创建一个指定文档模型、文本内容以及行高和列宽的文本域。

JTextArea 类提供了一个 setLineWrap(boolean wrap) 方法，这个方法被用于设置文本域中的文本内容是否可以自动换行。如果参数 wrap 的值为 true，那么文本域中的文本内容会自动换行，否则不会自动换行。

此外，JTextArea 类还提供了一个 append(String str) 方法，这个方法被用于向文本域中添加文本内容。

 **[实例 15.16]**
（源码位置：资源包 \Code\15\16）

文本域组件

创建 JTextAreaTest 类，并继承 JFrame 类，在窗体中创建文本域对象，设置文本域自动换行，向文本域中添加文本内容。

```
01   import java.awt.*;
02   import javax.swing.*;
03   public class JTextAreaTest extends JFrame {
04       public JTextAreaTest() {
05           setSize(200, 100);
06           setTitle(" 定义自动换行的文本域 ");
07           setDefaultCloseOperation(WindowConstants.DISPOSE_ON_CLOSE);
08           Container cp = getContentPane();      // 获取窗体主容器
09           // 创建一个文本内容为 " 文本域 "、行高和列宽均为 6 的文本域
10           JTextArea jt = new JTextArea(" 文本域 ", 6, 6);
11           jt.setLineWrap(true);                 // 可以自动换行
12           cp.add(jt);
13           setVisible(true);
14       }
15       public static void main(String[] args) {
16           new JTextAreaTest();
17       }
18   }
```

运行结果如图 15.18 所示。

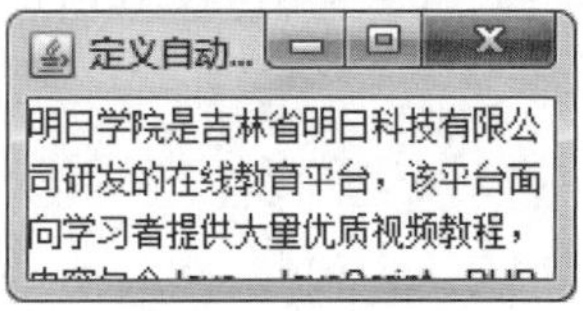

15.9 事件监听器

前文中一直在讲解组件，这些组件本身并不带有任
何功能。例如，在窗体中定义一个按钮，当用户单击该按钮时，虽然按钮可以凹凸显示，但在窗体中并没有实现任何功能。这时需要为按钮添加特定事件监听器，该监听器负责处

图 15.18　向文本域中添加文本内容

理用户单击按钮后实现的功能。本节将着重讲解 Swing 中的动作事件监听器、键盘动作监听器和鼠标事件监听器。

15.9.1 动作事件

动作事件（ActionEvent）监听器是 Swing 中比较常用的事件监听器，很多组件的动作都会使用它监听，如按钮被单击。表 15.7 描述了动作事件监听器的接口与事件源。

表 15.7　动作事件监听器

事件名称	事件源	监听接口	添加或删除相应类型监听器的方法
ActionEvent	JButton、JList、JTextField 等	ActionListener	addActionListener()、removeActionListener()

下面以单击按钮事件为例来说明动作事件监听器，当用户单击按钮时，将触发动作事件。

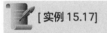 **[实例 15.17]**

（源码位置：资源包 \Code\15\17）

为按钮组件添加动作监听器

创建 SimpleEvent 类，使该类继承 JFrame 类，在类中创建按钮组件，为按钮组件添加动作监听器，然后将按钮组件添加到窗体中。代码如下所示：

```
01   public class SimpleEvent extends JFrame{
02       private JButton jb=new JButton(" 我是按钮，单击我 ");
03       public SimpleEvent(){
04           setLayout(null);
05           …  // 省略非关键代码
06           cp.add(jb);
07           jb.setBounds(10, 10,100,30);
08           // 为按钮添加一个实现 ActionListener 接口的对象
09           jb.addActionListener(new jbAction());
10       }
11       // 定义内部类实现 ActionListener 接口
12       class jbAction implements ActionListener{
13           // 重写 actionPerformed() 方法
14           public void actionPerformed(ActionEvent arg0) {
15               jb.setText(" 我被单击了 ");
16           }
17       }
18       …// 省略主方法
19   }
```

运行本实例，结果如图 15.19 所示。

图 15.19　按钮添加动作事件后的点击效果

在本实例中，为按钮设置了动作监听器。因为获取事件监听时需要获取实现 ActionListener 接口的对象，所以定义了一个内部类 jbAction 实现 ActionListener 接口，同时在该内部类中实现了 actionPerformed() 方法，也就是在 actionPerformed() 方法中定义当用户单击该按钮后实现怎样的功能。

15.9.2　键盘事件

当向文本框中输入内容时，将发生键盘事件。KeyEvent 类负责捕获键盘事件，可以通过为组件添加实现了 KeyListener 接口的监听器类来处理相应的键盘事件。

KeyListener 接口共有 3 个抽象方法，分别在发生击键事件（按下并释放键）、按键被按下（手指按下键但不松开）和按键被释放（手指从按下的键上松开）时被触发。KeyListener 接口的具体定义如下所示：

```
01  public interface KeyListener extends EventListener {
02      public void keyTyped(KeyEvent e); // 发生击键事件时被触发
03      public void keyPressed(KeyEvent e); // 按键被按下时被触发
04      public void keyReleased(KeyEvent e); // 按键被释放时被触发
05  }
```

在每个抽象方法中均传入了 KeyEvent 类的对象，KeyEvent 类中比较常用的方法如表 15.8 所示。

表 15.8　KeyEvent 类中的常用方法

方法	功能简介
getSource()	用来获得触发此次事件的组件对象，返回值为 Object 类型
getKeyChar()	用来获得与此事件中的键相关联的字符
getKeyCode()	用来获得与此事件中的键相关联的整数 keyCode
getKeyText(int keyCode)	用来获得描述 keyCode 的标签，如 A、F1 和 HOME 等
isActionKey()	用来查看此事件中的键是否为"动作"键
isControlDown()	用来查看"Ctrl"键在此次事件中是否被按下，当返回 true 时表示被按下
isAltDown()	用来查看"Alt"键在此次事件中是否被按下，当返回 true 时表示被按下
isShiftDown()	用来查看"Shift"键在此次事件中是否被按下，当返回 true 时表示被按下

👑 技巧：

在 KeyEvent 类中以"VK_"开头的静态常量代表各个按键的 keyCode，可以通过这些静态常量判断事件中的按键，获得按键的标签。

通过键盘事件模拟一个虚拟键盘。首先需要自定义一个 addButtons 方法，用来将所有的按键添加到一个 ArrayList 集合中，然后添加一个 JTextField 组件，并为该组件添加 addKeyListener 事件监听，在该事件监听中重写 keyPressed 和 keyReleased 方法，分别用来在按下和释放键时执行相应的操作。代码如下所示：

```
01  Color green = Color.GREEN; // 定义 Color 对象，用来表示按下键的颜色
02  Color white = Color.WHITE; // 定义 Color 对象，用来表示释放键的颜色
03  ArrayList<JButton> btns = new ArrayList<JButton>();// 定义一个集合，用来存储所有的按键 ID
04  // 自定义一个方法，用来将容器中的所有 JButton 组件添加到集合中
05  private void addButtons() {
06      for (Component cmp : contentPane.getComponents()) { // 遍历面板中的所有组件
07          if (cmp instanceof JButton) { // 判断组件的类型是否为 JButton 类型
08              btns.add((JButton) cmp); // 将 JButton 组件添加到集合中
09          }
10      }
```

```
11      }
12      public KeyBoard() { //KeyBoard 的构造方法
13          ......// 省略部分代码
14          textField = new JTextField();
15          textField.addKeyListener(new KeyAdapter() { // 文本框添加键盘事件的监听
16              char word; // 用于记录按下的字符
17              public void keyPressed(KeyEvent e) { // 按键被按下时被触发
18                  word = e.getKeyChar(); // 获取按下键表示的字符
19                  for (int i = 0; i < btns.size(); i++) { // 遍历存储按键 ID 的 ArrayList 集合
20                      // 判断按键是否与遍历到的按键的文本相同
21                      if (String.valueOf(word).equalsIgnoreCase(btns.get(i).getText())) {
22                          btns.get(i).setBackground(green); // 将指定按键颜色设置为绿色
23                      }
24                  }
25              }
26              public void keyReleased(KeyEvent e) { // 按键被释放时被触发
27                  word = e.getKeyChar(); // 获取释放键表示的字符
28                  for (int i = 0; i < btns.size(); i++) { // 遍历存储按键 ID 的 ArrayList 集合
29                      // 判断按键是否与遍历到的按键的文本相同
30                      if (String.valueOf(word).equalsIgnoreCase(btns.get(i).getText())) {
31                          btns.get(i).setBackground(white); // 将指定按键颜色设置为白色
32                      }
33                  }
34              }
35          });
36          panel.add(textField, BorderLayout.CENTER);
37          textField.setColumns(10);
38      }
```

运行本实例，将鼠标定位到文本框组件中，然后按下键盘上的按键，窗体中的相应按钮会变为绿色，释放按键时，相应按钮变为白色，效果如图 15.20 所示。

图 15.20　键盘事件

15.9.3　鼠标事件

所有组件都能发生鼠标事件，MouseEvent 类负责捕获鼠标事件，可以通过为组件添加实现了 MouseListener 接口的监听器类来处理相应的鼠标事件。

MouseListener 接口共有 5 个抽象方法，分别在光标移入或移出组件、鼠标按键被按下或释放和发生单击事件时被触发。所谓单击事件，就是按键被按下并释放。需要注意的是，如果按键是在移出组件之后才被释放，则不会触发单击事件。MouseListener 接口的具体定义如下所示：

第 3 篇　进阶知识篇

```
01    public interface MouseListener extends EventListener {
02        public void mouseEntered(MouseEvent e);   // 光标移入组件时被触发
03        public void mousePressed(MouseEvent e);    // 鼠标按键被按下时被触发
04        public void mouseReleased(MouseEvent e);   // 鼠标按键被释放时被触发
05        public void mouseClicked(MouseEvent e);    // 发生单击事件时被触发
06        public void mouseExited(MouseEvent e);     // 光标移出组件时被触发
07    }
```

在每个抽象方法中均传入了 MouseEvent 类的对象，MouseEvent 类中比较常用的方法如表 15.9 所示。

表 15.9　MouseEvent 类中的常用方法

方法	功能简介
getSource()	用来获得触发此次事件的组件对象，返回值为 Object 类型
getButton()	用来获得代表此次按下、释放或单击的按键的 int 型值
getClickCount()	用来获得单击按键的次数

当需要判断触发此次事件的按键时，可以通过表 15.10 中的静态常量判断由 getButton() 方法返回的 int 型值代表的键。

表 15.10　MouseEvent 类中代表鼠标按键的静态常量

静态常量	常量值	代表的键
BUTTON1	1	代表鼠标左键
BUTTON2	2	代表鼠标滚轮
BUTTON3	3	代表鼠标右键

通过下面这实例，演示鼠标事件监听器接口 MouseListener 中各个方法的使用场景，代码如下所示：

```
01    /**
02     * 判断按下的鼠标键，并输出相应提示
03     * @param e 鼠标事件
04     */
05    private void mouseOper(MouseEvent e){
06        int i = e.getButton(); // 通过该值可以判断按下的是哪个键
07        if (i == MouseEvent.BUTTON1)
08            System.out.println(" 按下的是鼠标左键 ");
09        else if (i == MouseEvent.BUTTON2)
10            System.out.println(" 按下的是鼠标滚轮 ");
11        else if (i == MouseEvent.BUTTON3)
12            System.out.println(" 按下的是鼠标右键 ");
13    }
14    public MouseEvent_Example() {
15        …… // 省略部分代码
16        final JLabel label = new JLabel();
17        label.addMouseListener(new MouseListener() {
18            public void mouseEntered(MouseEvent e) { // 光标移入组件时被触发
19                System.out.println(" 光标移入组件 ");
20            }
21            public void mousePressed(MouseEvent e) { // 鼠标按键被按下时被触发
22                System.out.print(" 鼠标按键被按下，");
23                mouseOper(e);
```

```
24                  }
25              public void mouseReleased(MouseEvent e) { // 鼠标按键被释放时被触发
26                  System.out.print(" 鼠标按键被释放, ");
27                  mouseOper(e);
28              }
29              public void mouseClicked(MouseEvent e) { // 发生单击事件时被触发
30                  System.out.print(" 单击了鼠标按键, ");
31                  mouseOper(e);
32                  int clickCount = e.getClickCount(); // 获取鼠标单击次数
33                  System.out.println(" 单击次数为 " + clickCount + " 下 ");
34              }
35              public void mouseExited(MouseEvent e) { // 光标移出组件时被触发
36                  System.out.println(" 光标移出组件 ");
37              }
38          });
39          ...... // 省略部分代码
```

运行本实例，首先将光标移入窗体，然后单击鼠标左键，接着双击鼠标左键，最后将光标移出窗体，在控制台将得到如图 15.21 所示的信息。

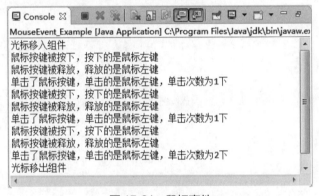

图 15.21　鼠标事件

注意：
从图 15.21 中可以发现，当双击鼠标时，第一次点击鼠标将触发一次单击事件。

本章知识思维导图

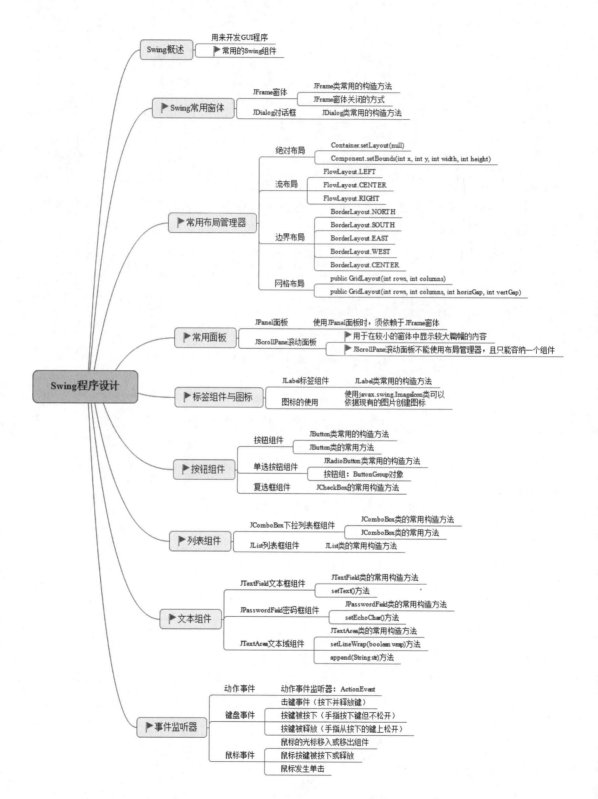

第 16 章

AWT 绘图

 本章学习目标

- 明确 Graphics 绘图类和 Graphics2D 绘图类的异同点。
- 熟练掌握如何创建一个画布对象。
- 熟练掌握 Graphics2D 类中的 draw() 方法和 fill() 方法。
- 掌握如何运用 Color 类设置颜色。
- 掌握如何运用 Graphics2D 类设置画笔和创建画笔属性不同的对象。
- 运用 drawImage() 方法及其重载方法实现绘制图像、图像缩放和图像翻转的功能。
- 掌握用于实现图像旋转的 Graphics2D 类的 rotate() 方法。
- 掌握用于实现图像倾斜的 Graphics2D 类的 shear() 方法。

16.1　Java 绘图基础

绘图是高级程序设计中非常重要的技术，例如，应用程序需要绘制闪屏图像、背景图像、组件外观，Web 程序可以绘制统计图、数据库存储的图像资源等。正所谓"一图胜千言"，使用图像能够更好地表达程序运行结果，进行细致的数据分析与保存等。本节将介绍 Java 语言程序设计的绘图类 Graphics 与 Graphics2D，及画布类 Canvas。

16.1.1　Graphics 绘图类

Graphics 类是所有图形上下文的抽象基类，它允许应用程序在组件以及闭屏图像上进行绘制。Graphics 类封装了 Java 支持的基本绘图操作所需的状态信息，主要包括颜色、字体、画笔、文本、图像等。

Graphics 类提供了绘图常用的方法，利用这些方法可以实现直线、矩形、多边形、椭圆、圆弧等形状和文本、图像的绘制操作。另外，在执行这些操作之前，还可以使用相应的方法，设置绘图的颜色和字体等状态属性。

16.1.2　Graphics2D 绘图类

使用 Graphics 类可以完成简单的图形绘制任务，但是它所实现的功能非常有限，如无法改变线条的粗细、不能对图像使用旋转和模糊等过滤效果。

Graphics2D 继承 Graphics 类，实现了功能更加强大的绘图操作的集合。由于 Graphics2D 类是 Graphics 类的扩展，也是推荐使用的 Java 绘图类，因此本章主要介绍如何使用 Graphics2D 类实现 Java 绘图。

👑 说明：

　　Graphics2D 是推荐使用的绘图类，但是程序设计中提供的绘图对象大多是 Graphics 类的实例对象，这时应该使用强制类型转换将其转换为 Graphics2D 类型。例如：

```
01    public void paint(Graphics g) {
02        Graphics2D g2 = (Graphics2D) g;     // 强制类型转换为 Graphics2D 类型
03    }
```

16.1.3　Canvas 画布类

Canvas 类是一个画布组件，它表示屏幕上一个空白矩形区域，应用程序可以在该区域内绘图，或者可以从该区域捕获用户的输入事件。使用 Java 在窗体中绘图时，必须创建继承 Canvas 类的子类，以获得有用的功能（如创建自定义组件），然后必须重写其 paint 方法，以便在 Canvas 上执行自定义图形，paint 方法的语法格式如下所示：

```
public void paint(Graphics g)
```

g：指定的 Graphics 上下文。

另外，如果需要重绘图形，则需要调用 repaint() 方法，该方法是从 Component 继承的一个方法，用来重绘此组件，其语法格式如下所示：

```
public void repaint()
```

例如，创建一个画布，并重写其 paint 方法，代码如下所示：

```
01    class CanvasTest extends Canvas {          // 创建画布
02        public void paint(Graphics g) {        // 重写 paint 方法
03            Graphics2D g2 = (Graphics2D) g;     // 创建 Graphics2D 对象，用于画图
04            ...// 绘制图形的代码
05        }
06    }
```

16.2　绘制几何图形

Java 可以分别使用 Graphics 和 Graphics2D 绘制图形，Graphics 类使用不同的方法实现不同图形的绘制，例如，drawLine() 方法可以绘制直线，drawRect() 方法用于绘制矩形，drawOval() 方法用于绘制椭圆形等。

Graphics 类常用的图形绘制方法如表 16.1 所示。

表 16.1　Graphics 类常用的图形绘制方法

方法	说明	举例	绘图效果
drawArc(int x, int y, int width, int height, int startAngle, int arcAngle)	弧形	drawArc(100,100,100,50,270,200);	
drawLine(int x1, int y1, int x2, int y2)	直线	drawLine(10,10,50,10); drawLine(30,10,30,40);	
drawOval(int x, int y, int width, int height)	椭圆	drawOval(10,10,50,30);	
drawPolygon(int[] xPoints, int[] yPoints, int nPoints)	多边形	int[] xs={10,50,10,50}; int[] ys={10,10,50,50}; drawPolygon(xs, ys, 4);	
drawPolyline(int[] xPoints, int[] yPoints, int nPoints)	多边线	int[] xs={10,50,10,50}; int[] ys={10,10,50,50}; drawPolyline(xs, ys, 4);	
drawRect(int x, int y, int width, int height)	矩形	drawRect(10, 10, 100, 50);	
drawRoundRect(int x, int y, int width, int height, int arcWidth, int arcHeight)	圆角矩形	drawRoundRect(10, 10, 50, 30,10,10);	
fillArc(int x, int y, int width, int height, int startAngle, int arcAngle)	实心弧形	fillArc(100,100,50,30,270,200);	
fillOval(int x, int y, int width, int height)	实心椭圆	fillOval(10,10,50,30);	
fillPolygon(int[] xPoints, int[] yPoints, int nPoints)	实心多边形	int[] xs={10,50,10,50}; int[] ys={10,10,50,50}; fillPolygon(xs, ys, 4);	
fillRect(int x, int y, int width, int height)	实心矩形	fillRect(10, 10, 50, 30);	
fillRoundRect(int x, int y, int width, int height, int arcWidth, int arcHeight)	实心圆角矩形	g.fillRoundRect(10, 10, 50, 30,10,10);	

Graphics2D 类是继承 Graphics 类编写的，它包含了 Graphics 类的绘图方法并添加了更强的功能，在创建绘图类时推荐使用该类。Graphics2D 可以分别使用不同的类来表示不同的形状，如 Line2D、Rectangle2D 等。

要绘制指定形状的图形，首先需要创建并初始化该图形类的对象，这些图形类必须是 Shape 接口的实现类，然后使用 Graphics2D 类的 draw() 方法绘制该图形对象或者使用 fill() 方法填充该图形对象，这两个方法的语法分别如下所示：

```
draw(Shape form)
fill(Shape form)
```

其中，form 是指实现 Shape 接口的对象。java.awt.geom 包中提供了如下一些常用的图形类，这些图形类都实现了 Shape 接口。

● Arc2D：所有存储 2D 弧度的对象的抽象超类，其中 2D 弧度由窗体矩形、起始角度、角跨越（弧的长度）和闭合类型（OPEN、CHORD 或 PIE）定义。

● CubicCurve2D：定义 (x,y) 坐标空间内的三次参数曲线段。

● Ellipse2D：描述窗体矩形定义的椭圆。

● Line2D：(x,y) 坐标空间中的线段。

● Path2D：提供一个表示任意几何形状路径的简单而又灵活的形状

● QuadCurve2D：定义 (x,y) 坐标空间内的二次参数曲线段。

● Rectangle2D：描述通过位置 (x,y) 和尺寸 (w,x,h) 定义的矩形。

● RoundRectangle2D：定义一个矩形，该矩形具有由位置 (x,y)、尺寸 (w,x,h) 以及圆角弧的宽度和高度定义的圆角。

另外，还有一个实现 Cloneable 接口的 Point2D 类，该类定义了表示 (x,y) 坐标空间中位置的点。

👑 注意：

各图形类都是抽象类型的，在不同图形类中有 Double 和 Float 两个实现类，这两个实现类以不同精度构建图形对象。为方便计算，在程序开发中经常使用 Double 类的实例对象进行图形绘制，但是如果程序中要使用成千上万个图形，则建议使用 Float 类的实例对象进行绘制，这样会节省内存空间。

在 Java 程序中绘制图形的基本步骤如下所示：

① 创建 JFrame 窗体对象；

② 创建 Canvas 画布，并重写其 paint 方法；

③ 创建 Graphics2D 或者 Graphics 对象，推荐使用 Graphics2D；

④ 设置颜色及画笔（可选）；

⑤ 调用 Graphics2D 对象的相应方法绘制图形。

下面通过一个实例演示如何按照上述步骤在 Swing 窗体中绘制图形。

 [实例 16.1]　　　　　　　　　　　　　　　　　　（源码位置：资源包 \Code\16\01）

绘制图形

创建 DrawTest 类，在类中创建图形类的对象，然后使用 Graphics2D 类的对象调用从 Graphics 类继承的 drawOval 方法绘制一个圆形，调用从 Graphics 类继承的 fillRect 方法填充一个矩形；最后分别使用 Graphics2D 类的 draw 方法和 fill 方法绘制一个矩形和填充一个圆形。代码如下所示：

```
01    import java.awt.*;
02    import java.awt.geom.*;
03    public class DrawTest extends JFrame {
04        public DrawTest() {
05            super();
06            initialize();                                    // 调用初始化方法
07        }
08        private void initialize() {                          // 初始化方法
09            this.setSize(300, 200);                          // 设置窗体大小
10            setDefaultCloseOperation(JFrame.EXIT_ON_CLOSE);  // 设置窗体关闭模式
11            add(new CanvasTest());                           // 设置窗体面板为绘图面板对象
12            this.setTitle(" 绘制几何图形 ");                   // 设置窗体标题
13        }
14        public static void main(String[] args) {             // 主方法
15            new DrawTest().setVisible(true);                 // 创建本类对象，让窗体可见
16        }
17        class CanvasTest extends Canvas {                    // 创建画布
18            public void paint(Graphics g) {
19                super.paint(g);
20                Graphics2D g2 = (Graphics2D) g;              // 创建 Graphics2D 对象，用于画图
21                // 调用从 Graphics 类继承的 drawOval 方法绘制圆形
22                g2.drawOval(5, 5, 100, 100);
23                // 调用从 Graphics 类继承的 fillRect 方法填充矩形
24                g2.fillRect(15, 15, 80, 80);
25                Shape[] shapes = new Shape[2];               // 声明图形数组
26                shapes[0] = new Rectangle2D.Double(110, 5, 100, 100);  // 创建矩形对象
27                shapes[1] = new Ellipse2D.Double(120, 15, 80, 80);     // 创建圆形对象
28                for (Shape shape : shapes) {                 // 遍历图形数组
29                    Rectangle2D bounds = shape.getBounds2D();
30                    if (bounds.getWidth() == 80)
31                        g2.fill(shape);                      // 填充图形
32                    else
33                        g2.draw(shape);                      // 绘制图形
34                }
35            }
36        }
37    }
```

程序运行结果如图 16.1 所示。

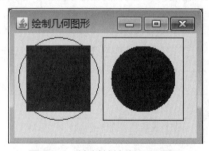

图 16.1　绘制并填充几何图形

16.3　设置颜色与画笔

Java 语言使用 java.awt.Color 类封装颜色的各种属性，并对颜色进行管理。另外，在绘制图形时还可以指定线条的粗细和虚实等画笔属性，该属性通过 Stroke 接口指定。本节对如何设置颜色与画笔进行详细讲解。

16.3.1 设置颜色

使用 Color 类可以创建任何颜色的对象，不用担心不同平台是否支持该颜色，因为 Java 以跨平台和与硬件无关的方式支持颜色管理。

创建 Color 对象的构造方法如下所示：

```
Color col = new Color(int r, int g, int b)
```

或者

```
Color col = new Color(int rgb)
```

rgb：颜色值，该值是红、绿、蓝三原色的总和。

r：该参数是三原色中红色的取值。

g：该参数是三原色中绿色的取值。

b：该参数是三原色中蓝色的取值。

Color 类定义了常用色彩的常量值，如表 16.2 所示，这些常量都是静态的 Color 对象，可以直接使用这些常量值定义的颜色对象。

表16.2 常用的 Color 常量

常量名	颜色值
Color BLACK	黑色
Color BLUE	蓝色
Color CYAN	青色
Color DARK_GRAY	深灰色
Color GRAY	灰色
Color GREEN	绿色
Color LIGHT_GRAY	浅灰色
Color MAGENTA	洋红色
Color ORANGE	橘黄色
Color PINK	粉红色
Color RED	红色
Color WHITE	白色
Color YELLOW	黄色

👑 说明：

Color 类提供了大写和小写两种常量书写形式，它们表示的颜色是一样的，例如，Color.RED 和 Color.red 表示的都是红色，推荐使用大写。

绘图类可以使用 setColor() 方法设置当前颜色，其语法格式如下所示：

```
setColor(Color color);
```

其中，参数 color 是 Color 对象，代表一个颜色值，如红色、黄色或默认的黑色。

[**实例 16.2**]

（源码位置：资源包 \Code\16\02）

绘制两条不同颜色的线条

在窗口中绘制一条红色的横线和一条蓝色的竖线，代码如下所示：

```
01  import java.awt.*;
02  import javax.swing.JFrame;
03  public class ColorTest extends JFrame {
04      public ColorTest() {
05          setSize(200, 120);                         // 设置窗体大小
06          setDefaultCloseOperation(JFrame.EXIT_ON_CLOSE);    // 设置窗体关闭模式
07          add(new CanvasTest());                     // 设置窗体面板为绘图面板对象
08          setTitle(" 设置颜色 ");                      // 设置窗体标题
09          setVisible(true);
10      }
11      public static void main(String[] args) {
12          new ColorTest();
13      }
14  }
15  class CanvasTest extends Canvas {              // 创建自定义画布
16      public void paint(Graphics g) {            // 重写 paint() 方法
17          Graphics2D g2 = (Graphics2D) g;        // 转为 Graphics2D 对象，用于画图
18          g2.setColor(Color.RED);                // 设置颜色为红色
19          g2.drawLine(5, 30, 100, 30);           // 绘制横线
20          g2.setColor(Color.BLUE);               // 设置颜色为蓝色
21          g2.drawLine(30, 5, 30, 60);            // 绘制竖线
22      }
23  }
```

运行结果如图 16.2 所示。

说明：

　　设置绘图颜色以后，再进行绘图或者绘制文本，都会采用该颜色作为前景色；如果想再绘制其他颜色的图形或文本，则需要再次调用 setColor() 方法设置其他颜色。

图 16.2　设置颜色

16.3.2　设置画笔

　　默认情况下，Graphics 绘图类使用的画笔属性是粗细为 1 个像素的正方形，而 Graphics2D 类可以调用 setStroke() 方法设置画笔的属性，如改变线条的粗细、虚实和定义线段端点的形状、风格等。setStroke() 方法的语法格式如下所示：

```
setStroke(Stroke stroke)
```

stroke：Stroke 接口的实现类。

setStroke() 方法必须接收一个 Stroke 接口的实现类作参数，java.awt 包中提供了 BasicStroke 类，它实现了 Stroke 接口，并且通过不同的构造方法创建画笔属性不同的对象。这些构造方法包括：

```
BasicStroke()
BasicStroke(float width)
BasicStroke(float width, int cap, int join)
BasicStroke(float width, int cap, int join, float miterlimit)
BasicStroke(float width, int cap, int join, float miterlimit, float[] dash,
float dash_phase)
```

这些构造方法中的参数说明如表 16.3 所示。

表 16.3　参数说明

参数	说明
width	画笔宽度，此宽度必须大于或等于 0.0f。如果将宽度设置为 0.0f，则将画笔设置为当前设备的默认宽度
cap	线端点的装饰
join	应用在路径线段交汇处的装饰
miterlimit	斜接处的剪裁限制。该参数值必须大于或等于 1.0f
dash	表示虚线模式的数组
dash_phase	开始虚线模式的偏移量

cap 参数可以使用 CAP_BUTT、CAP_ROUND 和 CAP_SQUARE 常量，这 3 个常量属于 BasicStroke 类，它们对线端点的装饰效果如图 16.3 所示。

join 参数用于修饰线段交汇效果，可以使用 JOIN_BEVEL、JOIN_MITER 和 JOIN_ROUND 常量，这 3 个常量属于 BasicStroke 类，它们的效果如图 16.4 所示。

图 16.3　cap 参数对线端点的装饰效果

图 16.4　join 参数修饰线段交汇的效果

下面通过一个实例演示使用不同属性的画笔绘制线条的效果。

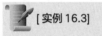 [实例 16.3] 　　　　　　　　　　　　　　　　　　　　　　　　（源码位置：资源包 \Code\16\03）

使用不同的画笔绘制直线

创建 StrokeTest 类，在类中创建图形类的对象，分别使用 BasicStroke 类的两种构造方法创建两个不同的画笔，然后分别使用这两个画笔绘制直线。代码如下所示：

```
01    import java.awt.*;
02    import javax.swing.JFrame;
03    public class StrokeTest extends JFrame {
04        public StrokeTest() {
05            setSize(200, 120);                          // 设置窗体大小
06            setDefaultCloseOperation(JFrame.EXIT_ON_CLOSE);      // 设置窗体关闭模式
07            add(new CanvasTest());                      // 设置窗体面板为绘图面板对象
08            setTitle(" 设置画笔 ");                       // 调用初始化方法
09            setVisible(true);
10        }
11        public static void main(String[] args) {
12            new StrokeTest();
13        }
14    }
15    class CanvasTest extends Canvas {                    // 创建自定义画布
16        public void paint(Graphics g) {                 // 重写 paint() 方法
```

```
17          Graphics2D g2 = (Graphics2D) g;        // 创建 Graphics2D 对象，用于画图
18          Stroke stroke = new BasicStroke(8);    // 创建画笔，宽度为 8
19          g2.setStroke(stroke);                  // 设置画笔
20          g2.drawLine(20, 30, 120, 30);          // 调用从 Graphics 类继承的 drawLine 方法绘制直线
21          // 创建画笔，宽度为 12，线端点的装饰为 CAP_ROUND,
22          // 应用在路径线段交汇处的装饰为 JOIN_BEVEL
23          Stroke roundStroke = new BasicStroke(12, BasicStroke.CAP_ROUND,
24                  BasicStroke.JOIN_BEVEL);
25          g2.setStroke(roundStroke);
26          g2.drawLine(20, 50, 120, 50);          // 调用从 Graphics 类继承的 drawLine 方法绘制直线
27      }
28  }
```

程序运行结果如图 16.5 所示。

图 16.5 设置画笔

16.4 图像处理

开发高级的桌面应用程序，必须掌握一些图像处理与动画制作的技术，比如在程序中显示统计图、销售趋势图、动态按钮等。本节将对如何使用 Java 对图像处理进行详细讲解。

16.4.1 绘制图像

绘图类不仅可以绘制几何图形和文本，还可以绘制图像，绘制图像时需要使用 drawImage()方法，该方法用来将图像资源显示到绘图上下文中，其语法格式如下所示：

```
drawImage(Image img, int x, int y, ImageObserver observer)
```

该方法将 img 图像显示在 x、y 指定的位置上，方法中涉及的参数说明如表 16.4 所示。

表 16.4 参数说明

参数	说明
img	要显示的图像对象
x	图像左上角的 x 坐标
y	图像左上角的 y 坐标
observer	当图像重新绘制时要通知的对象

👑 说明：

Java 中默认支持的图像格式主要有 jpg（jpeg）、gif 和 png 这 3 种。

下面通过一个实例演示如何在画布绘制图片文件中的图像。

 [实例 16.4]

（源码位置：资源包 \Code\16\04）

绘制文件夹下的图像

创建 DrawImage 类，使用 drawImage 方法在窗体中绘制图像，并使图像的大小保持不变。图片文件 img.png 放到项目中 src 源码文件夹下的默认包中，其位置如图 16.6 所示。

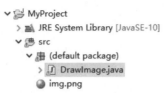

图 16.6　图片文件和 Java 文件在项目中的位置

DrawImage 类的具体代码如下所示：

```
01    import java.awt.*;
02    import java.net.*;
03    import javax.swing.*;
04
05    public class DrawImage extends JFrame {
06        Image img;                                                    // 显示的图片
07
08        public DrawImage() {
09            URL imgUrl = DrawImage.class.getResource("img.png");      // 获取图片资源的路径
10            img = Toolkit.getDefaultToolkit().getImage(imgUrl);       // 获取图片资源
11            this.setSize(500, 250);                                   // 设置窗体大小
12            setDefaultCloseOperation(JFrame.EXIT_ON_CLOSE);           // 设置窗体关闭模式
13            add(new CanvasPanel());                                   // 设置窗体面板为绘图面板对象
14            this.setTitle(" 绘制图片 ");                               // 设置窗体标题
15        }
16
17        public static void main(String[] args) {
18            new DrawImage().setVisible(true);
19        }
20
21        class CanvasPanel extends Canvas {
22            public void paint(Graphics g) {
23                Graphics2D g2 = (Graphics2D) g;
24                g2.drawImage(img, 0, 0, this);                        // 显示图片
25            }
26        }
27    }
```

程序运行结果如图 16.7 所示。

图 16.7　在窗体中绘制图像

16.4.2 图像缩放

在 16.4.1 节讲解绘制图像时，使用了 drawImage() 方法将图像以原始大小显示在窗体中，要想实现图像的放大与缩小，则需要使用它的重载方法。

drawImage() 方法的重载方法的语法格式如下所示：

```
drawImage(Image img, int x, int y, int width, int height, ImageObserver observer)
```

该方法将 img 图像显示在 *x*、*y* 指定的位置上，并指定图像的宽度和高度属性，方法中涉及的参数说明如表 16.5 所示。

表 16.5　参数说明

参数	说明
img	要显示的图像对象
x	图像左上角的 *x* 坐标
y	图像左上角的 *y* 坐标
width	图像的宽度
height	图像的高度
observer	当图像重新绘制时要通知的对象

下面通过一个实例演示通过 drawImage() 方法放大和缩小图片效果。

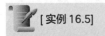

[实例 16.5]　（源码位置：资源包 \Code\16\05）

放大与缩小图像

创建 ZoomImage 类，在窗体中显示原始大小的图像，然后通过两个按钮的单击事件，分别显示该图像放大与缩小后的效果。代码如下所示：

```
01    import java.awt.*;
02    import javax.swing.*;
03    public class ZoomImage extends JFrame {
04        private int imgWidth, imgHeight;              // 定义图像的宽和高
05        private double num;                           // 图片变化增量
06        private JPanel jPanImg = null;                // 显示图像的面板
07        private JPanel jPanBtn = null;                // 显示控制按钮的面板
08        private JButton jBtnBig = null;               // 放大按钮
09        private JButton jBtnSmall = null;             // 缩小按钮
10        private CanvasTest canvas = null;             // 绘图面板
11        public ZoomImage() {
12            initialize();                             // 调用初始化方法
13        }
14        private void initialize() {                   // 界面初始化方法
15            this.setBounds(100, 100, 500, 420);       // 设置窗体大小和位置
16            setDefaultCloseOperation(JFrame.EXIT_ON_CLOSE);      // 设置窗体关闭模式
17            this.setTitle(" 图像缩放 ");                // 设置窗体标题
18            jPanImg = new JPanel();                   // 主容器面板
19            canvas = new CanvasTest();                // 获取画布
20            jPanImg.setLayout(new BorderLayout());    // 主容器面板
21            jPanImg.add(canvas, BorderLayout.CENTER); // 将画布放到面板中央
22            setContentPane(jPanImg);                  // 将主容器面板作为窗体容器
23            jBtnBig = new JButton(" 放大 (+)");         // 放大按钮
24            jBtnBig.addActionListener(new java.awt.event.ActionListener() {
```

```
25              public void actionPerformed(java.awt.event.ActionEvent e) {
26                  num += 20;                          // 设置正整数增量，每次点击图片宽高加 20
27                  canvas.repaint();                   // 重绘放大的图像
28              }
29          });
30          jBtnSmall = new JButton(" 缩小 (-)");         // 缩小按钮
31          jBtnSmall.addActionListener(new java.awt.event.ActionListener() {
32              public void actionPerformed(java.awt.event.ActionEvent e) {
33                  num -= 20;                          // 设置负整数增量，每次点击图片宽高减 20
34                  canvas.repaint();                   // 重绘缩小的图像
35              }
36          });
37          jPanBtn = new JPanel();                     // 按钮面板
38          jPanBtn.setLayout(new FlowLayout());        // 采用流布局
39          jPanBtn.add(jBtnBig);                       // 添加按钮
40          jPanBtn.add(jBtnSmall);                     // 添加按钮
41          jPanImg.add(jPanBtn, BorderLayout.SOUTH);          // 放到容器底部
42      }
43      public static void main(String[] args) {               // 主方法
44          new ZoomImage().setVisible(true);                  // 创建主类对象并显示窗体
45      }
46      class CanvasTest extends Canvas {                      // 创建画布
47          public void paint(Graphics g) {                    // 重写 paint 方法，用来重绘图像
48              // 使用 ImageIcon 类获取图片资源，图片文件在项目的 src 源码文件夹的默认包中
49              Image img = new ImageIcon("src/img.png").getImage();
50              imgWidth = img.getWidth(this);                 // 获取图像宽度
51              imgHeight = img.getHeight(this);               // 获取图像高度
52              int newW = (int) (imgWidth + num);             // 计算图像放大后的宽度
53              int newH = (int) (imgHeight + num);            // 计算图像放大后的高度
54              g.drawImage(img, 0, 0, newW, newH, this);      // 绘制指定大小的图像
55          }
56      }
57  }
```

👑 说明：

repaint() 方法将调用 paint() 方法，实现组件或画布的重画功能，类似于界面刷新。

运行程序，效果如图 16.8 所示，单击 "放大 (+)" 按钮，效果如图 16.9 所示，单击 "缩小 (-)" 按钮，效果如图 16.10 所示。

图 16.8　原始效果　　　　　图 16.9　图像放大效果　　　　　图 16.10　图像缩小效果

16.4.3　图像翻转

图像的翻转需要使用 drawImage() 方法的另一个重载方法，其语法格式如下所示：

```
drawImage(Image img, int dx1, int dy1, int dx2, int dy2, int sx1, int sy1, int sx2,
int sy2, ImageObserver observer)
```

此方法总是用非缩放的图像来呈现缩放的矩形，并动态地执行所需的缩放。此操作不使用缓存的缩放图像。执行图像从源到目标的缩放，要将源矩形的第一个坐标映射到目标矩形的第一个坐标，源矩形的第二个坐标映射到目标矩形的第二个坐标，按需要缩放和翻转子图像以保持这些映射关系。方法中涉及的参数说明如表 16.6 所示。

表 16.6　参数说明

参数	说明
img	要绘制的指定图像
dx1	目标矩形第一个坐标的 x 位置
dy1	目标矩形第一个坐标的 y 位置
dx2	目标矩形第二个坐标的 x 位置
dy2	目标矩形第二个坐标的 y 位置
sx1	源矩形第一个坐标的 x 位置
sy1	源矩形第一个坐标的 y 位置
sx2	源矩形第二个坐标的 x 位置
sy2	源矩形第二个坐标的 y 位置
observer	要通知的图像观察者

源矩形的第一个坐标和第二个坐标指的就是图片未翻转之前左上角的坐标和右下角的坐标，如图 16.11 所示的 (a,b) 和 (c,d)。当图片水平翻转之后，源左上角的点会移动到右上角位置，右下角的点会移动到左下角位置，如图 16.12 所示，此时的 (a,b) 和 (c,d) 的值会发生改变，改变之后的坐标就是目标矩形的第一个坐标和第二个坐标。

图 16.11　源矩形　　　　　　　　图 16.12　水平翻转后四个角的位置

同样，让源矩形作垂直翻转，坐标变化如图 16.13 所示，让源矩形作 360°翻转，坐标变化如图 16.14 所示。

图 16.13　垂直翻转后四个角的位置　　图 16.14　360°旋转，即垂直翻转 + 水平翻转

下面通过一个实例来演示如何在代码中翻转图片。

[实例 16.6]

（源码位置：资源包 \Code\16\06 ）

翻转图像

创建一个窗体，并展示一张图片。图片下方有两个按钮：水平翻转、垂直翻转。单击按钮之后，窗体中的图片会作出相应的翻转。具体代码如下所示：

```
01   import java.awt.*;
02   import java.net.URL;
03   import javax.swing.*;
04   public class PartImage extends JFrame {
05       private Image img;
06       private int dx1, dy1, dx2, dy2;
07       private int sx1, sy1, sx2, sy2;
08       private JPanel jPanel = null;
09       private JPanel jPanel1 = null;
10       private JButton jButton = null;
11       private JButton jButton1 = null;
12       private MyCanvas canvasPanel = null;
13       private int imageWidth = 473;              // 图片宽
14       private int imageHeight = 200;             // 图片高
15
16       public PartImage() {
17           initialize();                          // 调用初始化方法
18           dx2 = sx2 = imageWidth;                // 初始化图像大小
19           dy2 = sy2 = imageHeight;
20       }
21
22       // 界面初始化方法
23       private void initialize() {
24           URL imgUrl = PartImage.class.getResource("img.png");       // 获取图片资源的路径
25           img = Toolkit.getDefaultToolkit().getImage(imgUrl);        // 获取图片资源
26           this.setBounds(100, 100, 500, 250);                        // 设置窗体大小和位置
27           this.setContentPane(getJPanel());
28           setDefaultCloseOperation(JFrame.EXIT_ON_CLOSE);            // 设置窗体关闭模式
29           this.setTitle(" 图片翻转 ");                               // 设置窗体标题
30       }
31
32       // 获取内容面板的方法
33       private JPanel getJPanel() {
34           if (jPanel == null) {
35               jPanel = new JPanel();
36               jPanel.setLayout(new BorderLayout());
37               jPanel.add(getControlPanel(), BorderLayout.SOUTH);
38               jPanel.add(getMyCanvas1(), BorderLayout.CENTER);
39           }
40           return jPanel;
41       }
42
43       // 获取按钮控制面板的方法
44       private JPanel getControlPanel() {
45           if (jPanel1 == null) {
46               GridBagConstraints gridBagConstraints = new GridBagConstraints();
47               gridBagConstraints.gridx = 1;
48               gridBagConstraints.gridy = 0;
49               jPanel1 = new JPanel();
50               jPanel1.setLayout(new GridBagLayout());
51               jPanel1.add(getJButton(), new GridBagConstraints());
52               jPanel1.add(getJButton1(), gridBagConstraints);
```

```
53              }
54              return jPanel1;
55         }
56
57         // 获取水平翻转按钮
58         private JButton getJButton() {
59              if (jButton == null) {
60                   jButton = new JButton();
61                   jButton.setText(" 水平翻转 ");
62                   jButton.addActionListener(new java.awt.event.ActionListener() {
63                        public void actionPerformed(java.awt.event.ActionEvent e) {
64                             sx1 = Math.abs(sx1 - imageWidth); // 原点横坐标水平互换
65                             sx2 = Math.abs(sx2 - imageWidth);
66                             canvasPanel.repaint();
67                        }
68                   });
69              }
70              return jButton;
71         }
72
73         // 获取垂直翻转按钮
74         private JButton getJButton1() {
75              if (jButton1 == null) {
76                   jButton1 = new JButton();
77                   jButton1.setText(" 垂直翻转 ");
78                   jButton1.addActionListener(new java.awt.event.ActionListener() {
79                        public void actionPerformed(java.awt.event.ActionEvent e) {
80                             sy1 = Math.abs(sy1 - imageHeight); // 原点纵坐标垂直互换
81                             sy2 = Math.abs(sy2 - imageHeight);
82                             canvasPanel.repaint();
83                        }
84                   });
85              }
86              return jButton1;
87         }
88
89         // 获取画板面板
90         private MyCanvas getMyCanvas1() {
91              if (canvasPanel == null) {
92                   canvasPanel = new MyCanvas();
93              }
94              return canvasPanel;
95         }
96
97         // 画板
98         class MyCanvas extends JPanel {
99              public void paint(Graphics g) {
100                  // 绘制指定大小的图片
101                  g.drawImage(img, dx1, dy1, dx2, dy2, sx1, sy1, sx2, sy2, this);
102             }
103        }
104
105        // 主方法
106        public static void main(String[] args) {
107             new PartImage().setVisible(true);
108        }
109   }
```

运行结果如图 16.15 ～图 16.17 所示。

图 16.15　原图效果

图 16.16　垂直翻转效果

图 16.17　水平翻转效果

16.4.4　图像旋转

图像的旋转需要调用 Graphics2D 类的 rotate() 方法，该方法将根据指定的弧度旋转图像。其语法格式如下所示：

```
rotate(double theta)
```

theta：旋转的弧度。

 说明：

　　该方法只接收旋转的弧度作为参数，可以使用 Math 类的 toRadians() 方法将角度转换为弧度。toRadians() 方法接收角度值作为参数，返回值是转换完毕的弧度值。

下面通过一个实例演示图像旋转效果。

[实例 16.7]　（源码位置：资源包 \Code\16\07）

旋转图像

在窗体中绘制 3 个旋转后的图像，每个图像的旋转角度值为 5，具体代码如下所示：

```
01    import java.awt.*;
02    import java.net.URL;
03    import javax.swing.*;
04    public class RotateImage extends JFrame {
05        private Image img;
06        private MyCanvas canvasPanel = null;
07
08        public RotateImage() {
09            initialize();                     // 调用初始化方法
10        }
11
12        private void initialize() {           // 界面初始化方法
```

```
13              // 获取图片资源的路径
14              URL imgUrl = RotateImage.class.getResource("img.png");
15              img = Toolkit.getDefaultToolkit().getImage(imgUrl);// 获取图片资源
16              canvasPanel = new MyCanvas();
17              setBounds(100, 100, 400, 370);                      // 设置窗体大小和位置
18              add(canvasPanel);
19              setDefaultCloseOperation(JFrame.EXIT_ON_CLOSE);     // 设置窗体关闭模式
20              setTitle(" 图片旋转 ");                              // 设置窗体标题
21          }
22
23          class MyCanvas extends JPanel {                         // 画板
24              public void paint(Graphics g) {
25                  Graphics2D g2 = (Graphics2D) g;
26                  g2.rotate(Math.toRadians(5));                   // 旋转角度
27                  g2.drawImage(img, 70, 10, 300, 200, this);      // 绘制图片
28                  g2.rotate(Math.toRadians(5));
29                  g2.drawImage(img, 70, 10, 300, 200, this);
30                  g2.rotate(Math.toRadians(5));
31                  g2.drawImage(img, 70, 10, 300, 200, this);
32                  g2.rotate(Math.toRadians(5));
33                  g2.drawImage(img, 70, 10, 300, 200, this);
34              }
35          }
36
37          // 主方法
38          public static void main(String[] args) {
39              new RotateImage().setVisible(true);
40          }
41      }
```

运行结果如图 16.18 所示。

图 16.18　图像旋转效果

16.4.5　图像倾斜

可以使用 Graphics2D 类提供的 shear() 方法设置绘图的倾斜方向，从而使图像实现倾斜的效果。其语法格式如下所示：

第3篇 进阶知识篇

```
shear(double shx, double shy)
```

- shx : 水平方向的倾斜量。
- shy : 垂直方向的倾斜量。

下面通过一个实例演示图像的倾斜效果。

 [实例 16.8]

（源码位置：资源包 \Code\16\08）

倾斜图像

在窗体中绘制图像，使图像在水平方向实现倾斜效果，具体代码如下所示：

```java
01  import java.awt.*;
02  import java.net.URL;
03  import javax.swing.*;
04  public class TiltImage extends JFrame {
05      private Image img;
06      private MyCanvas canvasPanel = null;
07      public TiltImage() {
08          initialize(); // 调用初始化方法
09      }
10      // 界面初始化方法
11      private void initialize() {
12          // 获取图片资源的路径
13          URL imgUrl = TiltImage.class.getResource("img.png");
14          img = Toolkit.getDefaultToolkit().getImage(imgUrl);    // 获取图片资源
15          canvasPanel = new MyCanvas();
16          this.setBounds(100, 100, 400, 250);                    // 设置窗体大小和位置
17          add(canvasPanel);
18          setDefaultCloseOperation(JFrame.EXIT_ON_CLOSE);        // 设置窗体关闭模式
19          this.setTitle(" 图片倾斜 ");                            // 设置窗体标题
20      }
21      // 画板
22      class MyCanvas extends JPanel {
23          public void paint(Graphics g) {
24              Graphics2D g2 = (Graphics2D) g;
25              g2.shear(0.3, 0);
26              g2.drawImage(img, 0, 0, 300, 200, this);           // 绘制指定大小的图片
27          }
28      }
29      // 主方法
30      public static void main(String[] args) {
31          new TiltImage().setVisible(true);
32      }
33  }
```

运行结果如图 16.19 所示。

图 16.19 水平倾斜的图片效果

本章知识思维导图

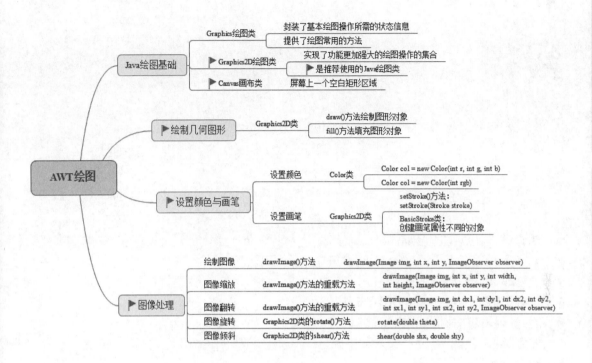

第3篇 进阶知识篇

第 17 章
线程

扫码领取
- 配套视频
- 配套素材
- 学习指导
- 交流社群

 本章学习目标

- 明确进程和线程的区别。
- 熟悉多线程在 Windows 操作系统中的运行模式。
- 熟练掌握实现线程的两种方式。
- 熟练掌握 Thread 类的常用方法。
- 明确线程的生命周期中的 5 种状态。
- 熟练掌握线程的休眠、加入和中断。
- 明确什么是线程安全。
- 熟练掌握并运用线程同步机制中的同步块和同步方法。

17.1 线程简介

世间万物都可以同时做很多事情，例如，人体可以同时进行呼吸、血液循环、思考问题等活动，用户使用电脑听着歌曲聊天……这种机制在 Java 中被称为并发机制，通过并发机制可以实现多个线程并发执行，这样多线程就应运而生了。

以多线程在 Windows 操作系统中的运行模式为例，Windows 操作系统是多任务操作系统，它以进程为单位。每个独立执行的程序都被称为进程，比如正在运行的 QQ 是一个进程，正在运行的 IE 浏览器也是一个进程，每个进程都可以包含多个线程。系统可以分配给每个进程一段有限的使用 CPU 的时间（也可以称为 CPU 时间片），CPU 在这段时间中执行某个进程（同理，同一进程中的每个线程也可以得到一小段执行时间，这样一个进程就可以具有多个并发执行的线程），然后下一个 CPU 时间片又执行另一个进程。由于 CPU 转换较快，因此使得每个进程好像是被同时执行一样。

图 17.1 说明了多线程在 Windows 操作系统中的运行模式。

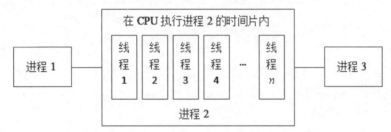

图 17.1　多线程在 Windows 操作系统中的运行模式

17.2 实现线程的两种方式

Java 提供了两种方式实现线程，分别为继承 java.lang.Thread 类与实现 java.lang.Runnable 接口。本节将着重讲解这两种实现线程的方式。

17.2.1 继承 Thread 类

Thread 类是 java.lang 包中的一个类，Thread 类的对象被用来代表线程，通过继承 Thread 类创建、启动并执行一个线程的步骤如下所示：

① 创建一个继承 Thread 类的子类；

② 覆写 Thread 类的 run 方法；

③ 创建线程类的一个对象；

④ 通过线程类的对象调用 start 方法启动线程（启动之后会自动调用覆写的 run 方法执行线程）。

下面分别对以上 4 个步骤的实现进行介绍。

首先要启动一个新线程需要创建 Thread 实例。Thread 类常用的两个构造方法如下所示：

● public Thread( )：创建一个新的线程对象。

● public Thread(String threadName)：创建一个名称为 threadName 的线程对象。

继承 Thread 类创建一个新的线程的语法如下所示：

```
public class ThreadTest extends Thread{}
```

创建一个新线程后，如果要操作创建好的新线程，那么需要使用 Thread 类提供的方法，Thread 类的常用方法如表 17.1 所示。

表 17.1　Thread 类的常用方法

方法	说明
interrupt( )	中断线程
join( )	等待该线程终止
join(long millis)	等待该线程终止的时间最长为millis毫秒
run( )	如果该线程是使用独立的Runnable运行对象构造的，则调用该Runnable对象的run方法；否则，该方法不执行任何操作并返回
setPriority(int newPriority)	更改线程的优先级
sleep(long millis)	在指定的毫秒数内让当前正在执行的线程休眠（暂停执行）
start( )	使该线程开始执行；Java 虚拟机调用该线程的run方法
yield( )	暂停当前正在执行的线程对象，并执行其他线程

当一个类继承 Thread 类后，就在线程类中重写 run( ) 方法，并将实现线程功能的代码写入 run( ) 方法中，然后调用 Thread 类的 start( ) 方法启动线程，线程启动之后会自动调用覆写的 run( ) 方法执行线程。

Thread 类对象需要一个任务来执行，任务是指线程在启动之后执行的工作，任务的代码被写在 run( ) 方法中。run( ) 方法必须使用以下语法格式：

```
public void run( ){}
```

👑 注意：

　　如果 start( ) 方法调用一个已经启动的线程，系统将抛出 IllegalThreadStateException 异常。

Java 虚拟机调用 Java 程序的 main( ) 方法时，就启动了主线程。如果程序员想启动其他线程，那么需要通过线程类对象调用 start( ) 方法来实现，例如：

```
01   public static void main(String[] args) {
02      ThreadTest   test = new ThreadTest( );
03      test.start( );
04   }
```

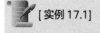 [实例 17.1]
（源码位置：资源包 \Code\17\01）

继承 Thread 类创建一个线程输出数字 0 ～ 9

创建一个自定义的线程类，继承 Thread 类，重写父类的 run() 方法，在 run() 方法中循环输出数字0～9，最后在main()方法中启动这个线程，看输出的结果如何。代码如下所示：

```
01   public class ThreadTest extends Thread {      // 继承 Thread 类
02      public void run() {                         // 重写 run() 方法
03         for (int i = 0; i < 10; i++) {
04            System.out.print(i + " ");
```

```
05              }
06          }
07
08          public static void main(String[] args) {
09              ThreadTest test = new ThreadTest();    // 创建线程对象
10              test.start();                          // 启动线程
11          }
12      }
```

运行结果如下所示：

```
0 1 2 3 4 5 6 7 8 9
```

main() 方法中没有调用 run() 方法，但是执行了 run() 方法中的代码，这是因为 start() 方法向计算机申请到线程资源之后，会自动执行 run() 方法。

👑 注意：

启动线程应调用 start() 而不是 run() 方法。如果直接调用线程的 run() 方法，则不会向计算机申请线程资源，也就不会出现异步运行的效果。

17.2.2　实现 Runnable 接口

如果当前类不仅要继承其他类（非 Thread 类），还要实现多线程，那么该如何处理呢？继承 Thread 类肯定不行，因为 Java 不支持多继承。在这种情况下，只能通过当前类实现 Runnable 接口来创建 Thread 类对象了。

Object 类的子类实现 Runnable 接口的语法如下所示：

```
public class ThreadTest extends Object implements Runnable
```

👑 说明：

从 Java API 中可以发现，Thread 类已经实现了 Runnable 接口，Thread 类的 run( ) 方法正是 Runnable 接口中的 run( ) 方法的具体实现。

实现 Runnable 接口的程序会创建一个 Thread 对象，并将 Runnable 对象与 Thread 对象相关联。Thread 类中有以下两个构造方法：

● public Thread(Runnable target)：分配新的 Thread 对象，以便将 target 作为其运行对象。

● public Thread(Runnable target,String name)：分配新的 Thread 对象，以便将 target 作为其运行对象，将指定的 name 作为其名称。

使用 Runnable 接口启动新的线程的步骤如下所示：

① 创建 Runnable 对象；

② 使用参数为 Runnable 对象的构造方法创建 Thread 对象；

③ 调用 start( ) 方法启动线程。

通过 Runnable 接口创建线程时，首先需要创建一个实现 Runnable 接口的类，然后创建该类的对象，接下来使用 Thread 类中相应的构造方法创建 Thread 对象，最后使用 Thread 对象调用 Thread 类中的 start( ) 方法启动线程。图 17.2 表明了实现 Runnable 接口创建线程的流程。

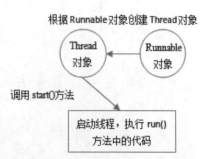

图 17.2　实现 Runnable 接口创建线程的流程

[实例 17.2]

（源码位置：资源包 \Code\17\02）

实现 Runnable 接口创建一个线程输出数字 0 ～ 9

将循环输出数字 0 ～ 9 的实例改用 Runnable 接口实现，代码如下所示：

```
01    public class RunnableDemo implements Runnable {    // 实现接口
02        public void run() {                            // 实现 run() 方法
03            for (int i = 0; i < 10; i++) {
04                System.out.print(i + " ");
05            }
06        }
07
08        public static void main(String[] args) {
09            RunnableDemo demo = new RunnableDemo();     // 创建接口对象
10            Thread t = new Thread(demo);                // 把接口对象作为参数创建线程
11            t.start();                                  // 启动线程
12        }
13    }
```

运行结果如下所示：

```
0 1 2 3 4 5 6 7 8 9
```

Runnable 接口与 Thread 类可以实现相同的功能。

17.3　线程的生命周期

线程具有生命周期，其中包含 5 种状态，分别为出生状态、就绪状态、运行状态、暂停状态（包括休眠、等待和阻塞等）和死亡状态。出生状态就是线程被创建时的状态；当线程对象调用 start( ) 方法后，线程处于就绪状态（又被称为可执行状态）；当线程得到系统资源后就进入了运行状态。

一旦线程进入运行状态，它会在就绪与运行状态下转换，同时也有可能进入暂停或死亡状态。当处于运行状态下的线程调用 sleep( )、wait( ) 或者发生阻塞时，会进入暂停状态；当在休眠结束、调用 notify( ) 方法或 notifyAll( ) 方法，或者阻塞解除时，线程会重新进入就绪状态；当线程的 run( ) 方法执行完毕，或者线程发生错误、异常时，线程进入死亡状态。

图 17.3 描述了线程生命周期中的各种状态。

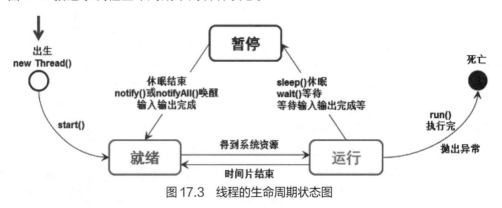

图 17.3　线程的生命周期状态图

17.4 操作线程的方法

操作线程有很多方法，这些方法可以使线程从某一种状态过渡到另一种状态，本节将对如何对线程执行休眠、加入和中断操作进行讲解。

17.4.1 线程的休眠

能控制线程行为的方法之一是调用 sleep( ) 方法，sleep( ) 方法需要指定线程休眠的时间，线程休眠的时间以毫秒为单位。

sleep( ) 方法的使用方法如下所示：

```
01   try {
02       Thread.sleep(2000);
03   } catch (InterruptedException e) {
04       e.printStackTrace( );
05   }
```

上述代码会使线程在 2s 之内不会进入就绪状态。因为 sleep( ) 方法的执行有可能抛出 InterruptedException 异常，所以将 sleep( ) 方法放在 try/catch 块中。虽然使用了 sleep( ) 方法的线程在一段时间内会醒来，但是并不能保证它醒来后就会进入运行状态，只能保证它进入就绪状态。

电子时钟经常出现在各类软件中，如在操作系统、浏览器、办公软件、游戏中都能看到电子时钟。电子时钟的值可以不断变化，时刻提醒用户当前的时间。要想让程序能够时时刻刻显示当前的时间，最简单的办法就是使用线程的休眠的办法。

 [实例 17.3]

（源码位置：资源包 \Code\17\03 ）

模拟电子时钟

创建一个窗体，在窗体中有一个标签用于显示时间。创建一个线程，这个线程会获取本地时间并写到标签中，然后休眠 1s，1s 醒来后再将本地时间写到标签中，如此循环，就做出了一个最简单的电子时钟。代码如下所示：

```
01   import java.text.SimpleDateFormat;
02   import java.util.Date;
03   import javax.swing.*;
04   public class ThreadClock extends Thread {
05       JLabel time = new JLabel();                              // 展示时间的文本框
06       public ThreadClock() {
07           JFrame frame = new JFrame();
08           time.setHorizontalAlignment(SwingConstants.CENTER);   // 居中
09           frame.add(time);
10           frame.setDefaultCloseOperation(JFrame.EXIT_ON_CLOSE);
11           frame.setSize(150, 100);
12           frame.setVisible(true);
13       }
14       public void run() {
15           SimpleDateFormat sdf = new SimpleDateFormat("HH:mm:ss");  // 日期格式化对象
16           while (true) {
17               String timeStr = sdf.format(new Date());             // 格式化当前日期
18               time.setText(timeStr);                               // 将时间展示在文本框中
19               try {
```

```
20                  Thread.sleep(1000); // 休眠 1s
21              } catch (InterruptedException e) {
22                  e.printStackTrace();
23              }
24          }
25      }
26      public static void main(String[] args) {
27          ThreadClock clock = new ThreadClock();
28          clock.start();
29      }
30  }
```

运行结果如图 17.4 所示，窗体中的文本是电脑时间，每一秒都会
发生变化。

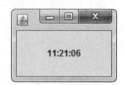

17.4.2　线程的加入

假如当前程序为多线程程序且存在一个线程 A，现在需要插入线
程 B，并要求线程 B 执行完毕后，再继续执行线程 A，此时可以使用

图 17.4　电子时钟
窗体

Thread 类中的 join( ) 方法来实现。这就好比 A 正在看电视，突然 B 上门收水费，A 必须付
完水费后才能继续看电视。

当某个线程使用 join( ) 方法加入到另外一个线程时，另一个线程会等待该线程执行完毕
后再继续执行。

下面来看一个使用 join( ) 方法的实例。

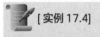 **[实例 17.4]**　　　　　　　　　　　　　　　　　　　　　　（源码位置：资源包 \Code\17\04）

绘制进度条

创建 JoinTest 类，该类继承了 JFrame 类。窗口中有两个进度条，进度条的进度由线程来
控制，通过使用 join( ) 方法使第一个的进度条达到 20% 进度时进入等待状态，直到第二个
进度条达到 100% 进度后才继续。代码如下所示：

```
01  import java.awt.BorderLayout;
02  import javax.swing.*;
03  public class JoinTest extends JFrame {
04      private static final long serialVersionUID = 1L;
05      private Thread threadA;                                  // 定义两个线程
06      private Thread threadB;
07      final JProgressBar progressBarA = new JProgressBar();    // 定义两个进度条组件
08      final JProgressBar progressBarB = new JProgressBar();
09      public JoinTest() {
10          // 将进度条设置在窗体最北面
11          getContentPane().add(progressBarA, BorderLayout.NORTH);
12          // 将进度条设置在窗体最南面
13          getContentPane().add(progressBarB, BorderLayout.SOUTH);
14          progressBarA.setStringPainted(true);                 // 设置进度条显示数字字符
15          progressBarB.setStringPainted(true);
16          // 使用匿名内部类形式初始化 Thread 实例
17          threadA = new Thread(new Runnable() {
18              public void run() {
19                  for (int i = 0; i <= 100; i++) {
20                      progressBarA.setValue(i);                // 设置进度条的当前值
21                      try {
22                          Thread.sleep(100);                   // 使线程 A 休眠 100ms
```

```
23                        if (i == 20) {
24                            threadB.join();                    // 使线程 B 调用 join( ) 方法
25                        }
26                    } catch (InterruptedException e) {
27                        e.printStackTrace();
28                    }
29                }
30            }
31        });
32        threadA.start();                                       // 启动线程 A
33        threadB = new Thread(new Runnable() {
34            public void run() {
35                for (int i = 0; i <= 100; i++) {
36                    progressBarB.setValue(i);                  // 设置进度条的当前值
37                    try {
38                        Thread.sleep(100);                     // 使线程 B 休眠 100ms
39                    } catch (InterruptedException e) {
40                        e.printStackTrace();
41                    }
42                }
43            }
44        });
45        threadB.start();                                       // 启动线程 B
46        setDefaultCloseOperation(JFrame.EXIT_ON_CLOSE);        // 关闭窗体后停止程序
47        setSize(100, 100);                                     // 设定窗体宽高
48        setVisible(true);                                      // 窗体可见
49    }
50    public static void main(String[] args) {
51        new JoinTest();
52    }
53 }
```

运行本实例，结果如图 17.5 所示。

图 17.5 使用 join( ) 方法控制进度条的滚动

在本实例中同时创建了两个线程，这两个线程分别负责进度条的滚动。在线程 A 的 run( ) 方法中使线程 B 的对象调用 join( ) 方法，而 join( ) 方法使线程 A 暂停运行，直到线程 B 执行完毕后，再执行线程 A，也就是下面的进度条滚动完毕后，上面的进度条再滚动。

17.4.3 线程的中断

以往会使用 stop( ) 方法停止线程，但 JDK 早已废除了 stop( ) 方法，不建议使用 stop( ) 方法来停止线程。现在提倡在 run( ) 方法中使用无限循环的形式，然后使用一个布尔型标记控制循环的停止。

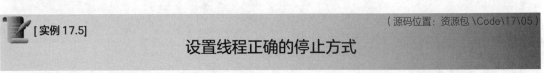

[实例 17.5]　　　　　　　　　　　　　　　　　　　　　　　　（源码位置：资源包 \Code\17\05 ）

设置线程正确的停止方式

创建一个 InterruptedTest 类，该类实现了 Runnable 接口，并设置线程正确的停止方式，

代码如下所示：

```
01    public class InterruptedTest implements Runnable {
02        private boolean isContinue = false;        // 设置一个标记变量，默认值为 false
03        public void run( ) {                        // 重写 run( ) 方法
04            while (true) {
05                //...
06                if (isContinue)                     // 当 isContinue 变量为 true 时，停止线程
07                    break;
08            }
09        }
10        public void setContinue( ) {                // 定义设置 isContinue 变量为 true 的方法
11            this.isContinue = true;
12        }
13    }
```

如果线程是因为使用了 sleep( ) 或 wait( ) 方法进入了就绪状态，可以使用 Thread 类中 interrupt( ) 方法使线程离开 run( ) 方法，同时结束线程，但程序会抛出 InterruptedException 异常，用户可以在处理该异常时完成线程的中断业务，如终止 while 循环。

下面通过一个实例演示如何使用"异常法"中断线程。

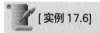 [实例 17.6]

（源码位置：资源包 \Code\17\06 ）

使用"异常法"中断线程

创建 InterruptedSwing 类，该类实现了 Runnable 接口，创建一个进度条，在 run() 方法中不断增加进度条的值，当达到 50% 进度时，调用线程的 interrupted() 方法。在 run() 方法中所有的代码都要套在 try-catch 语句中，当 interrupted() 方法被调用时，线程就会处于中断状态，无法继续执行循环而进入 catch 语句中。代码如下所示：

```
01    import java.awt.BorderLayout;
02    import javax.swing.*;
03    public class InterruptedSwing extends JFrame {
04        Thread thread;
05        public static void main(String[] args) {
06            new InterruptedSwing();
07        }
08        public InterruptedSwing() {
09            JProgressBar progressBar = new JProgressBar();    // 创建进度条
10            // 将进度条放置在窗体合适位置
11            getContentPane().add(progressBar, BorderLayout.NORTH);
12            progressBar.setStringPainted(true);               // 设置进度条上显示数字
13            thread = new Thread() {                            // 使用匿名内部类方式创建线程对象
14                public void run() {
15                    try {
16                        for (int i = 0; i <= 100; i++) {
17                            progressBar.setValue(i);           // 设置进度条的当前值
18                            if (i == 50) {
19                                interrupt();                   // 执行线程中断
20                            }
21                            Thread.sleep(100);                 // 使线程休眠 100ms
22                        }
23                    } catch (InterruptedException e) {         // 捕捉 InterruptedException 异常
24                        System.out.println(" 当前线程被中断 ");
25                    }
26                }
27            };
28            thread.start(); // 启动线程
```

```
29              setDefaultCloseOperation(JFrame.EXIT_ON_CLOSE);      // 关闭窗体后停止程序
30              setSize(100, 100);                                   // 设定窗体宽高
31              setVisible(true);
32          }
33      }
```

运行本实例，结果如图 17.6 所示。

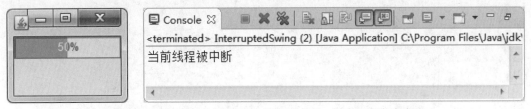

图 17.6　到达 50% 进度时，线程被中断，进度不再发生变化

17.5　线程的同步

在单线程程序中，每次只能做一件事情，后面的事情需要等待前面的事情完成后才可以进行。如果使用多线程程序，就会发生两个线程抢占资源的问题，例如两个人以相反方向同时过同一个独木桥。为此，Java 提供了线程同步机制来防止多线程编程中抢占资源的问题。

17.5.1　线程安全

实际开发中，使用多线程程序的情况很多，如银行排号系统、火车站售票系统、每销售一件衣服后的剩余库存情况等。这种多线程的程序通常会发生问题，以每销售一件衣服后的剩余库存情况为例，在代码中判断当前库存是否大于 0，如果大于 0 则执行把衣服出售给顾客的操作，但当两个线程同时访问剩余库存时（假如这时只剩下一件衣服），第一个线程会将衣服售出，与此同时第二个线程也已经执行并完成判断是否有剩余库存的操作，并得出剩余库存大于 0 的结果，于是第二个线程也执行了将衣服售出的操作，这时剩余库存就会产生负数。所以在编写多线程程序时，应该考虑到线程安全问题。实质上线程安全问题来源于两个线程同时存取单一对象的数据。

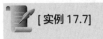 **[实例 17.7]**

（源码位置：资源包 \Code\17\07）

打印每销售一件衣服后的剩余库存情况

在项目中创建 ThreadSafeTest 类，该类实现了 Runnable 接口，在未考虑到线程安全问题的基础上，模拟"每销售一件衣服后的库存情况"。主要代码如下所示：

```
01    public class ThreadSafeTest implements Runnable {  // 实现 Runnable 接口
02        int count = 10;                                // 设置当前库存数
03        public void run() {
04            while (count > 0) {                        // 当还有剩余库存时发货
05                try {
06                    Thread.sleep(100);                 // 使当前线程休眠 100ms
07                } catch (InterruptedException e) {
08                    e.printStackTrace();
09                }
```

```
10                    --count;                              // 库存量减 1
11                    System.out.println(Thread.currentThread().getName()
12                            + "---- 卖出一件，剩余库存: " + count);
13            }
14        }
15
16        public static void main(String[] args) {
17            ThreadSafeTest t = new ThreadSafeTest();
18            Thread tA = new Thread(t, "线程一");          // 以本类对象分别实例化 4 个线程
19            Thread tB = new Thread(t, "线程二");
20            Thread tC = new Thread(t, "线程三");
21            Thread tD = new Thread(t, "线程四");
22            tA.start();                                    // 分别启动线程
23            tB.start();
24            tC.start();
25            tD.start();
26        }
27    }
```

运行本实例，结果如图 17.7 所示。

从图 17.7 中可以看出，最后打印剩余库存为负值，这样就出现了问题。这是由于同时创建了 4 个线程，这 4 个线程执行 run( ) 方法，在 num 变量为 1 时，线程一、线程二、线程三、线程四都对 num 变量有存储功能，当线程一执行 run( ) 方法时，还没有来得及做递减操作，就指定它调用 sleep( ) 方法进入就绪状态，这时线程二、线程三和线程四也都进入了 run( ) 方法，发现 num 变量依然大于 0，但此时线程一休眠时间已到，将 num 变量值递减，同时线程二、线程三、线程四也都对 num 变量进行递减操作，从而产生了负值。

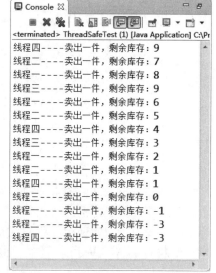

图 17.7　打印每销售一件衣服后的剩余库存情况

17.5.2　线程同步机制

那么该如何解决资源共享的问题呢？基本上所有解决多线程资源冲突问题的方法都是采用给定时间只允许一个线程访问共享资源，这时就需要给共享资源上一道锁。这就好比一个人上洗手间时，他进入洗手间后会将门锁上，出来时再将锁打开，然后其他人才可以进入。

（1）同步块

在 Java 中提供了同步机制，可以有效地防止资源冲突。同步机制使用 synchronized 关键字，使用该关键字包含的代码块称为同步块，也称为临界区，语法如下所示：

```
synchronized (Object) {}
```

通常将共享资源的操作放置在 synchronized 定义的区域内，这样当其他线程获取到这个锁时，就必须等待锁被释放后才可以进入该区域。Object 为任意一个对象，每个对象都存在一个标识位，并具有两个值，分别为 0 和 1。一个线程运行到同步块时首先检查该对象的标识位，如果为 0 状态，表明此同步块内存在其他线程，这时当期线程处于就绪状态，直到

处于同步块中的线程执行完同步块中的代码后，这时该对象的标识位设置为 1，当期线程才能开始执行同步块中的代码，并将 Object 对象的标识位设置为 0，以防止其他线程执行同步块中的代码。

[实例 17.8]　　　　　　　　　　　　　　　　　　　（源码位置：资源包 \Code\17\08 ）

同步块的作用

创建 SynchronizedTest 类，修改实例 17.7 的代码，把对 num 操作的代码设置在同步块中。修改之后的代码如下所示：

```
01  public class ThreadSafeTest implements Runnable {  // 实现 Runnable 接口
02      int count = 10;                               // 设置当前库存数
03      public void run() {
04          while (true) {                            // 无限循环
05              synchronized (this) {                 // 同步代码块，对当前对象加锁
06                  if (count > 0) {                  // 当还有剩余库存时发货
07                      try {
08                          Thread.sleep(100);        // 使当前线程休眠 100ms
09                      } catch (InterruptedException e) {
10                          e.printStackTrace();
11                      }
12                      --count               ;       // 库存量减 1
13                      System.out.println(Thread.currentThread().getName()
14                              + "---- 卖出一件，剩余库存: " + count);
15                  } else {
16                      break;
17                  }
18              }
19          }
20      }
21
22      public static void main(String[] args) {
23          ThreadSafeTest t = new ThreadSafeTest();
24          Thread tA = new Thread(t, " 线程一 ");      // 以本类对象分别实例化 4 个线程
25          Thread tB = new Thread(t, " 线程二 ");
26          Thread tC = new Thread(t, " 线程三 ");
27          Thread tD = new Thread(t, " 线程四 ");
28          tA.start();                               // 分别启动线程
29          tB.start();
30          tC.start();
31          tD.start();
32      }
33  }
```

运行本实例，结果如图 17.8 所示。从这个结果可以看出，打印每销售一件衣服后的剩余库存情况时没有出现负数，这是因为检查剩余库存的操作在同步块内，所有线程获取的剩余库存都是同步的。

（2）同步方法

同步方法就是在方法前面使用 synchronized 关键字修饰的方法，其语法如下所示：

```
synchronized void method(){
    ......
}
```

同步方法可以保证在同一时间仅会被一个对象调用，也就是不同的线程会排队调用某一个同步方法。

第 3 篇　进阶知识篇

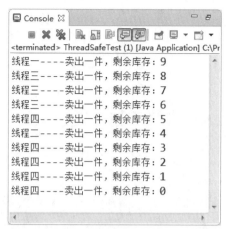

图 17.8 设置同步块模拟每销售一件衣服后的剩余库存情况

[实例 17.9]

（源码位置：资源包 \Code\17\09）

同步方法的实现效果等同于同步块

将同步块实例代码修改为采用同步方法的方式，将共享资源操作放置在一个同步方法中，代码如下所示：

```
01    public class ThreadSafeTest implements Runnable {    // 实现 Runnable 接口
02        int count = 10;                                   // 设置当前库存数
03        public void run() {
04            while (doit()) {                              // 直接将方法作为循环条件
05            }
06        }
07        public synchronized boolean doit() {              // 定义同步方法
08            if (count > 0) {                              // 当还有剩余库存时发货
09                try {
10                    Thread.sleep(100);                    // 使当前线程休眠 100ms
11                } catch (InterruptedException e) {
12                    e.printStackTrace();
13                }
14                --count;                                  // 库存量减 1
15                System.out.println(Thread.currentThread().getName()
16                    + "---- 卖出一件，剩余库存：" + count);
17                return true;                              // 让循环继续执行
18            } else {                                      // 当库存为 0 时
19                return false;                             // 让循环停止执行
20            }
21        }
22        public static void main(String[] args) {
23            ThreadSafeTest t = new ThreadSafeTest();
24            Thread tA = new Thread(t, " 线程一 ");          // 以本类对象分别实例化 4 个线程
25            Thread tB = new Thread(t, " 线程二 ");
26            Thread tC = new Thread(t, " 线程三 ");
27            Thread tD = new Thread(t, " 线程四 ");
28            tA.start();                                   // 分别启动线程
29            tB.start();
30            tC.start();
31            tD.start();
32        }
33    }
```

运行结果如图 17.9 所示，将共享资源的操作放置在同步方法中，运行结果与使用同步

块的结果一致。

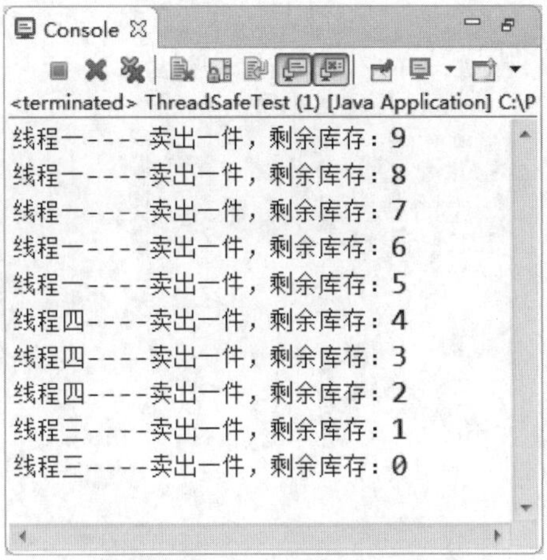

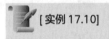

图 17.9　使用同步方法的效果

（3）线程暂停与恢复

Thread 提供的 suspend() 暂停方法和 resume() 恢复方法已经被 JDK 标记为过时，因为这两个方法容易导致线程死锁。想要使一个线程不被终止的条件下可以暂停和恢复运行，比较常用办法是利用 Object 提供的 wait() 等待方法和 notify() 唤醒方法。例如下面这个实例就是利用这些方法实现了暂停和恢复。

[实例 17.10]　（源码位置：资源包 \Code\17\10）

线程的暂停和恢复

创建 SuspendDemo 类继承 Thread 线程类，声明 suspend 属性用作暂停的标志，创建 suspendNew() 方法作为暂停线程方法，创建 resumeNew() 方法作为恢复运行方法。在 SuspendDemo 类的构造方法中创建一个小窗体，窗体中不断滚动 0 ～ 10 的数字，当用户单击按钮时，数字停止滚动，再次点击按钮数字机则继续滚动。整个程序中仅使用一个线程（JVM 主线程除外）。代码如下所示：

```
01   import java.awt.*;
02   import java.awt.event.*;
03   import javax.swing.*;
04   public class SuspendDemo extends Thread {
05       boolean suspend = false;                              // 暂停标志
06       JLabel num = new JLabel();                            // 滚动数字的标签
07       JButton btn = new JButton(" 停止 ");
08       public SuspendDemo() {
09           JFrame frame = new JFrame();
10           JPanel panel = new JPanel(new BorderLayout());
11           num.setHorizontalAlignment(SwingConstants.CENTER); // 居中
12           num.setFont(new Font(" 黑体 ", Font.PLAIN, 55));    // 字体
13           panel.add(num, BorderLayout.CENTER);
14           panel.add(btn, BorderLayout.SOUTH);
15           frame.setContentPane(panel);                       // 设置主容器
16           frame.setDefaultCloseOperation(JFrame.EXIT_ON_CLOSE);
17           frame.setSize(100, 150);
18           frame.setVisible(true);
19           btn.addActionListener(new ActionListener() {
```

```
20              public void actionPerformed(ActionEvent e) {
21                  switch (btn.getText()) {
22                      case " 继续 " :
23                          resumeNew();              // 继续线程
24                          btn.setText(" 停止 ");
25                          break;
26                      case " 停止 " :
27                          suspendNew();             // 暂停线程
28                          btn.setText(" 继续 ");
29                          break;
30                  }
31              }
32          });
33      }
34      public synchronized void suspendNew() {  // 暂停线程
35          suspend = true;
36      }
37      public synchronized void resumeNew() {   // 继续线程
38          suspend = false;
39          notify();                             // Object 类提供的唤醒方法
40      }
41      public void run() {
42          int i = 0;
43          while (true) {
44              num.setText(String.valueOf(i++));
45              if (i > 10) {
46                  i = 0;
47              }
48              try {
49                  Thread.sleep(100);
50                  synchronized (this) {
51                      while (suspend) {         // 如果暂停标志为 true
52                          wait();               // Object 提供的等待方法
53                      }
54                  }
55              } catch (InterruptedException e) {
56                  e.printStackTrace();
57              }
58          }
59      }
60      public static void main(String[] args) {
61          SuspendDemo demo = new SuspendDemo();
62          demo.start();
63      }
64  }
```

运行结果如图 17.10 所示，当用户单击"停止"按钮时，数字会停止滚动，按钮名称也会变为"继续"；再次单击按钮，数字会继续滚动。

图 17.10　数字滚动时的截图

本章知识思维导图

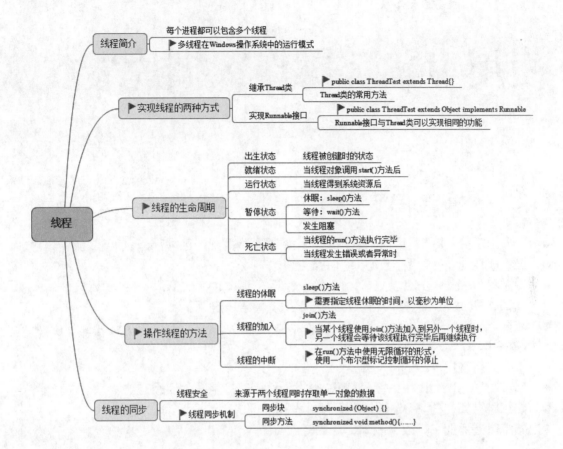

第 18 章
使用 JDBC 操作数据库

扫码领取
➤ 配套视频
➤ 配套素材
➤ 学习指导
➤ 交流社群

 本章学习目标

- 明确 JDBC 不能直接访问数据库，须依赖于数据库厂商提供的 JDBC 驱动程序。
- 掌握使用 JDBC 操作数据库的主要步骤。
- 掌握 DriverManager 类、Connection 接口、Statement 接口、PreparedStatement 接口、ResultSet 接口各自发挥的作用及其常用方法。
- 掌握 select 语句、insert 语句、update 语句、delete 语句各自发挥的作用及其语法格式。
- 掌握连接数据库时的 4 个要点。
- 熟练掌握 Statement 接口和 ResultSet 接口的用途和使用方法。
- 熟练掌握如何对 SQL 语句进行预处理和如何执行动态查询语句。
- 熟练掌握添加、修改、删除记录的方式方法。

18.1　JDBC 概述

　　JDBC 的全称是 Java DataBase Connectivity，它是一种被用于执行 SQL 语句的 Java API（API，应用程序设计接口）。通过使用 JDBC，就可以使用相同的 API 访问不同的数据库。需要注意的是，JDBC 并不能直接访问数据库，必须依赖于数据库厂商提供的 JDBC 驱动程序。使用 JDBC 操作数据库的主要步骤如图 18.1 所示。

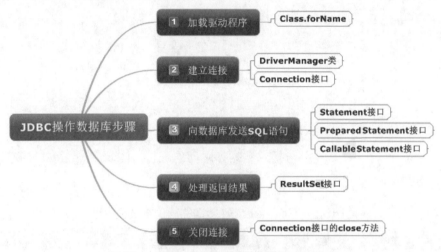

图 18.1　使用 JDBC 操作数据库的主要步骤

18.2　JDBC 中常用的类和接口

　　Java 提供了丰富的类和接口用于数据库编程，利用这些类和接口可以方便地访问并处理存储在数据库中的数据。本节将介绍一些常用的 JDBC 接口和类，这些接口和类都在 java.sql 包中。

18.2.1　DriverManager 类

　　DriverManager 类是 JDBC 的管理层，被用来管理数据库中的驱动程序。在使用 Java 操作数据库之前，须使用 Class 类的静态方法 forName(String className) 加载能够连接数据库的驱动程序。

　　例如，加载 MySQL 数据库驱动程序（包名为 mysql_connector_java_5.1.36_bin.jar）的代码如下所示：

```
01    try { // 加载 MySQL 数据库驱动
02        Class.forName("com.mysql.jdbc.Driver");
03    } catch (ClassNotFoundException e) {
04        e.printStackTrace();
05    }
```

　　加载完连接数据库的驱动程序后，Java 会自动将驱动程序的实例注册到 DriverManager 类中，这时即可通过 DriverManager 类的 getConnection() 方法与指定数据库建立连接。DriverManager 类的常用方法及说明如表 18.1 所示。

表 18.1　DriverManager 类的常用方法及说明

方法	功能描述
getConnection(String url, String user, String password)	根据3个入口参数（依次是连接数据库的URL、用户名、密码），与指定数据库建立连接

例如，使用 DriverManager 类的 getConnection() 方法，与本地 MySQL 数据库建立连接的代码如下所示：

```
DriverManager.getConnection("jdbc:mysql://127.0.0.1:3306/test","root","password");
```

👑 说明：
　　127.0.0.1 表示本地 IP 地址，3306 是 MySQL 的默认端口，test 是数据库名称。

18.2.2　Connection 接口

Connection 接口代表 Java 端与指定数据库之间的连接，Connection 接口的常用方法及说明如表 18.2 所示。

表 18.2　Connection 接口的常用方法及说明

方法	功能描述
createStatement()	创建Statement对象
createStatement(int resultSetType, int resultSetConcurrency)	创建一个Statement对象，Statement对象被用来生成一个具有给定类型、并发性和可保存性的ResultSet对象
preparedStatement()	创建预处理对象preparedStatement
prepareCall(String sql)	创建一个CallableStatement对象来调用数据库存储过程
isReadOnly()	查看当前Connection对象的读取模式是否是只读形式
setReadOnly()	设置当前Connection对象的读写模式，默认为非只读模式
commit()	使所有上一次提交/回滚后进行的更改成为持久更改，并释放此Connection对象当前持有的所有数据库锁
roolback()	取消在当前事务中进行的所有更改，并释放此Connection对象当前持有的所有数据库锁
close()	立即释放此Connection对象的数据库和JDBC资源，而不是等待它们被自动释放

例如，使用 Connection 对象连接 MySQL 数据库，代码如下所示：

```
01   Connection con;                              // 声明 Connection 对象
02   try {                                        // 加载 MySQL 数据库驱动类
03       Class.forName("com.mysql.jdbc.Driver");
04   } catch (ClassNotFoundException e) {
05       e.printStackTrace();
06   }
07   try {                                        // 通过访问数据库的 URL 获取数据库连接对象
08       con=
09       DriverManager.getConnection("jdbc:mysql://127.0.0.1:3306/test","root","root");
10   } catch (SQLException e) {
11       e.printStackTrace();
12   }
```

18.2.3 Statement 接口

Statement 接口是被用来执行静态 SQL 语句的工具接口，Statement 接口的常用方法及说明如表 18.3 所示。

表 18.3 Statement 接口的常用方法及说明

方法	功能描述
execute(String sql)	执行静态的 select 语句，该语句可能返回多个结果集
executeQuery(String sql)	执行给定的 SQL 语句，该语句返回单个 ResultSet 对象
clearBatch()	清空此 Statement 对象的当前 SQL 命令列表
executeBatch()	将一批命令提交给数据库来执行，如果全部命令执行成功，则返回更新计数组成的数组。数组元素的排序与 SQL 语句的添加顺序对应
addBatch(String sql)	将给定的 SQL 命令添加到此 Statement 对象的当前命令列表中。如果驱动程序不支持批量处理，将抛出异常
close()	释放 Statement 实例占用的数据库和 JDBC 资源

例如，使用连接数据库对象 con 的 createStatement() 方法创建 Statement 对象，代码如下所示：

```
01   try {
02       Statement stmt = con.createStatement();
03   } catch (SQLException e) {
04       e.printStackTrace();
05   }
```

18.2.4 PreparedStatement 接口

PreparedStatement 接口是 Statement 接口的子接口，是被用来执行动态 SQL 语句的工具接口。PreparedStatement 接口的常用方法及说明如表 18.4 所示。

表 18.4 PreparedStatement 接口的常用方法及说明

方法	功能描述
setInt(int index , int k)	将指定位置的参数设置为 int 值
setFloat(int index , float f)	将指定位置的参数设置为 float 值
setLong(int index,long l)	将指定位置的参数设置为 long 值
setDouble(int index , double d)	将指定位置的参数设置为 double 值
setBoolean(int index ,boolean b)	将指定位置的参数设置为 boolean 值
setDate(int index , date date)	将指定位置的参数设置为对应的 date 值
executeQuery()	在此 PreparedStatement 对象中执行 SQL 查询，并返回该查询生成的 ResultSet 对象
setString(int index String s)	将指定位置的参数设置为对应的 String 值
setNull(int index , int sqlType)	将指定位置的参数设置为 SQL NULL
executeUpdate()	执行前面包含的参数的动态 INSERT、UPDATE 或 DELETE 语句
clearParameters()	清除当前所有参数的值

例如，使用连接数据库对象 con 的 prepareStatement() 方法创建 PrepareStatement 对象，其中需要设置一个参数，代码如下所示：

```
01  PrepareStatement  ps = con.prepareStatement("select * from tb_stu where name = ?");
02  ps.setInt(1, " 阿强 ");  // 将 sql 中第 1 个问号的值设置为 " 阿强 "
```

18.2.5　ResultSet 接口

ResultSet 接口类似于一个临时表，用来暂时存放对数据库中的数据执行查询操作后的结果。ResultSet 对象具有指向当前数据行的指针，指针开始的位置在第一条记录的前面，通过 next() 方法可向下移动指针。ResultSet 接口的常用方法及说明如表 18.5 所示。

表 18.5　ResultSet 接口的常用方法及说明

方法	功能描述
getInt()	以 int 形式获取此 ResultSet 对象的当前行的指定列值。如果列值是 NULL，则返回值是 0
getFloat()	以 float 形式获取此 ResultSet 对象的当前行的指定列值。如果列值是 NULL，则返回值是 0
getDate()	以 data 形式获取 ResultSet 对象的当前行的指定列值。如果列值是 NULL，则返回值是 null
getBoolean()	以 boolean 形式获取 ResultSet 对象的当前行的指定列值。如果列值是 NULL，则返回 null
getString()	以 String 形式获取 ResultSet 对象的当前行的指定列值。如果列值是 NULL，则返回 null
getObject()	以 Object 形式获取 ResultSet 对象的当前行的指定列值。如果列值是 NULL，则返回 null
first()	将指针移到当前记录的第一行
last()	将指针移到当前记录的最后一行
next()	将指针向下移一行
beforeFirst()	将指针移到集合的开头（第一行位置）
afterLast()	将指针移到集合的尾部（最后一行位置）
absolute(int index)	将指针移到 ResultSet 给定编号的行
isFrist()	判断指针是否位于当前 ResultSet 集合的第一行。如果是，返回 true，否则返回 false
isLast()	判断指针是否位于当前 ResultSet 集合的最后一行。如果是，返回 true，否则返回 false
updateInt()	用 int 值更新指定列
updateFloat()	用 float 值更新指定列
updateLong()	用指定的 long 值更新指定列
updateString()	用指定的 string 值更新指定列
updateObject()	用 Object 值更新指定列
updateNull()	将指定的列值修改为 NULL
updateDate()	用指定的 date 值更新指定列
updateDouble()	用指定的 double 值更新指定列
getrow()	查看当前行的索引号
insertRow()	将插入行的内容插入到数据库
updateRow()	将当前行的内容同步到数据表
deleteRow()	删除当前行，但并不同步到数据库中，而是在执行 close() 方法后同步到数据库

👑 说明：

使用 updateXXX() 方法更新数据库中的数据时，并没有将数据库中被操作的数据同步到数据库中，需要执行 updateRow() 方法或 insertRow() 方法才可以更新数据库中的数据。

例如，通过 Statement 对象 sql 调用 executeQuery() 方法，把数据表 tb_stu 中的所有数据存储到 ResultSet 对象中，然后输出 ResultSet 对象中的数据，代码如下所示：

```
01  ResultSet res = sql.executeQuery("select * from tb_stu");    // 获取查询的数据
02  while (res.next()) {                                          // 如果当前语句不是最后一条，则进入循环
03      String id = res.getString("id");                         // 获取列名是 id 的字段值
04      String name = res.getString("name");                     // 获取列名是 name 的字段值
05      String sex = res.getString("sex")            ;           // 获取列名是 sex 的字段值
06      String birthday = res.getString("birthday");             // 获取列名是 birthday 的字段值
07      System.out.print(" 编号: " + id);                         // 将列值输出
08      System.out.print(" 姓名 :" + name);
09      System.out.print(" 性别 :" + sex);
10      System.out.println(" 生日: " + birthday);
11  }
```

18.3 数据库操作

18.2 节中介绍了 JDBC 中常用的类和接口，通过这些类和接口可以实现对数据库中的数据进行查询、添加、修改、删除等操作。本节以操作 MySQL 数据库为例，介绍几种常见的数据库操作。

18.3.1 数据库基础

数据库是一种存储结构，它允许使用各种格式输入、处理和检索数据，不必在每次需要数据时重新输入数据。例如，当需要某人的电话号码时，需要查看电话簿，按照姓名来查阅，这个电话簿就是一个数据库。

当前比较流行的数据主要有 MySQL、Oracle、SQL Server 等，它们各有各的特点，本章主要讲解如何操作 MySQL 数据库。

SQL 语句是操作数据库的基础。使用 SQL 语句可以很方便地操作数据库中的数据。本节将介绍一下用于查询、添加、修改和删除数据的 SQL 语句的语法，操作的数据表以 tb_employees 为例，数据表 tb_employees 的部分数据如图 18.2 所示。

employee_id	employee_name	employee_sex	employee_salary
1	张三	男	2600.00
2	李四	男	2300.00
3	王五	男	2900.00
4	小丽	女	3200.00
5	赵六	男	2450.00
6	小红	女	2200.00
7	小明	男	3500.00
8	小刚	男	2000.00
9	小华	女	3000.00

图 18.2　tb_employees 表的部分数据

（1）select 语句

select 语句用于查询数据表中的数据。

语法格式如下所示：

```
SELECT 所选字段列表 FROM 数据表名
WHERE 条件表达式 GROUP BY 字段名 HAVING 条件表达式 ( 指定分组的条件 )
ORDER BY 字段名 [ASC|DESC]
```

例如，查询 tb_employees 表中所有女员工的姓名和工资，并按工资升序排列，SQL 语句如下所示：

```
select employee_name, employee_salary form tb_employees where employee_sex = ' 女 '
    order by employee_salary;
```

（2）insert 语句

insert 语句用于向数据表中插入新数据。

语法格式如下所示:

```
insert into 表名 [( 字段名 1, 字段名 2,…)]
values( 属性值 1, 属性值 2,…)
```

例如，向 tb_employees 表中插入数据，SQL 语句如下所示:

```
insert into tb_employees values(2, 'lili', ' 女 ', 3500);
```

（3）update 语句

update 语句用于修改数据表中的数据。

语法格式如下所示:

```
UPDATE 数据表名 SET 字段名 = 新的字段值 WHERE 条件表达式
```

例如，修改 tb_employees 表中编号是 2 的员工薪水为 4000，SQL 语句如下所示:

```
update tb_employees set employee_salary = 4000 where employee_id = 2;
```

（4）delete 语句

delete 语句用于删除数据表中的数据。

语法格式如下所示:

```
delete from 数据表名 where 条件表达式
```

例如，将 tb_employees 表中编号为 2 的员工删除，SQL 语句如下所示:

```
delete from tb_employees where employee_id = 2;
```

18.3.2　连接数据库

要访问数据库，首先要加载数据库的驱动程序（只需要在第一次访问数据库时加载一次），然后每次访问数据时创建一个 Connection 对象，接着执行操作数据库的 SQL 语句，最后在完成数据库操作后销毁前面创建的 Connection 对象，释放与数据库的连接。

[实例 18.1]
（源码位置: 资源包 \Code\18\01 ）

连接 MySQL 数据库

在项目中创建类 Conn，并创建 getConnection() 方法，获取与 MySQL 数据库的连接，在主方法中调用 getConnection() 方法连接 MySQL 数据库，代码如下所示:

```
01    import java.sql.*;                      // 导入 java.sql 包
02    public class Conn {                     // 创建类 Conn
03       Connection con;                      // 声明 Connection 对象
```

```
04    public Connection getConnection() {        // 建立返回值为 Connection 的方法
05        try {                                   // 加载数据库驱动类
06            Class.forName("com.mysql.jdbc.Driver");
07            System.out.println(" 数据库驱动加载成功 ");
08        } catch (ClassNotFoundException e) {
09            e.printStackTrace();
10        }
11        try {                                   // 通过访问数据库的 URL 获取数据库连接对象
12            con = DriverManager.getConnection("jdbc:mysql:"
13                    + "//127.0.0.1:3306/test", "root", "root");
14            System.out.println(" 数据库连接成功 ");
15        } catch (SQLException e) {
16            e.printStackTrace();
17        }
18        return con;                             // 按方法要求返回一个 Connection 对象
19    }
20    public static void main(String[] args) {    // 主方法
21        Conn c = new Conn();                     // 创建本类对象
22        c.getConnection();                       // 调用连接数据库的方法
23    }
24 }
```

运行结果如图 18.3 所示。

图 18.3　连接数据库

👑 说明：

① 本实例中将连接数据库作为单独的一个方法，并以 Connection 对象作为返回值，这样写的好处是在遇到对数据库执行操作的程序时可直接调用 Conn 类的 getConnection() 方法获取连接，增加了代码的重用性。

② 加载数据库驱动程序之前，首先需要确定数据库驱动类是否成功加载到程序中，如果没有加载，可以按以下步骤加载，此处以加载 MySQL 数据库的驱动包为例介绍：

a. 将 MySQL 数据库的驱动包 mysql_connector_java_5.1.36_bin.jar 拷贝到当前项目下。

b. 选中当前项目，单击右键，选择 "Build Path" / "Configure Build Path…" 菜单项，在弹出的对话框中（如图 18.4 所示）左侧选中 "Java Build Path"，然后在右侧选中 Libraries 选项卡，单击 "Add External JARs…" 按钮，在弹出的对话框中选择要加载的数据库驱动包，即可在中间区域显示选择的 JAR 包，最后单击 "Apply" 按钮即可。

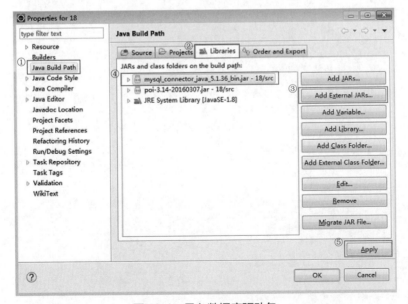

图 18.4　导入数据库驱动包

第3篇　进阶知识篇

18.3.3 数据查询

数据查询主要通过 Statement 接口和 ResultSet 接口实现，其中，Statement 接口用来执行 SQL 语句，ResultSet 用来存储查询结果。下面通过一个例子演示如何查询数据表中的数据，编写代码之前要先将资源包"\Code\18\02\database"目录下的 test.sql 文件通过"source 命令"导入到 MySQL 数据库中。

 [实例 18.2]　（源码位置：资源包 \Code\18\02）

查询数据表中的数据并遍历查询的结果

本实例使用实例 18.1 中的 getConnection() 方法获取与数据库的连接，在主方法中查询数据表 tb_stu 中的数据，把查询的结果存储在 ResultSet 中，使用 ResultSet 中的方法遍历查询的结果。代码如下所示：

```
01   import java.sql.*;
02   public class Gradation {                           // 创建类
03       // 连接数据库方法
04       public Connection getConnection() throws ClassNotFoundException, SQLException {
05           Class.forName("com.mysql.jdbc.Driver");
06           Connection con = DriverManager.getConnection
07               ("jdbc:mysql://127.0.0.1:3306/test", "root", "123456");
08           return con;                                 // 返回 Connection 对象
09       }
10       public static void main(String[] args) { // 主方法
11           Gradation c = new Gradation();             // 创建本类对象
12           Connection con = null;                     // 声明 Connection 对象
13           Statement stmt = null;                     // 声明 Statement 对象
14           ResultSet res = null;                      // 声明 ResultSet 对象
15           try {
16               con = c.getConnection();               // 与数据库建立连接
17               stmt = con.createStatement();          // 实例化 Statement 对象
18               // 执行 SQL 语句，返回结果集
19               res = stmt.executeQuery("select * from tb_stu");
20               while (res.next()) {                   // 如果当前语句不是最后一条则进入循环
21                   String id = res.getString("id");           // 获取列名是 "id" 的字段值
22                   String name = res.getString("name");       // 获取列名是 "name" 的字段值
23                   String sex = res.getString("sex");         // 获取列名是 "sex" 的字段值
24                   // 获取列名是 "birthday" 的字段值
25                   String birthday = res.getString("birthday");
26                   System.out.print("编号:" + id);             // 将列值输出
27                   System.out.print(" 姓名:" + name);
28                   System.out.print(" 性别:" + sex);
29                   System.out.println(" 生日:" + birthday);
30               }
31           } catch (Exception e) {
32               e.printStackTrace();
33           } finally {                                // 依次关闭数据库连接资源
34               if (res != null) {
35                   try {
36                       res.close();
37                   } catch (SQLException e) {
38                       e.printStackTrace();
39                   }
40               }
41               if (stmt != null) {
42                   try {
43                       stmt.close();
44                   } catch (SQLException e) {
```

```
45                        e.printStackTrace();
46                    }
47                }
48                if (con != null) {
49                    try {
50                        con.close();
51                    } catch (SQLException e) {
52                        e.printStackTrace();
53                    }
54                }
55            }
56        }
57  }
```

运行结果如图 18.5 所示。

👑 注意：

可以通过列的序号来获取结果集中指定的列值。例如，获取结果集中 id 列的列值，可以写成 getString("id")，由于 id 列是数据表中的第一列，因此也可以写成 getString(1) 来获取。结果集 res 的结构如图 18.6 所示。

图 18.5　查询数据并输出

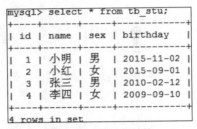

图 18.6　结果集结构

👑 说明：

实例 18.2 中查询的是 tb_stu 表中的所有数据，如果想要在该表中执行模糊查询，只需要将 Statement 对象的 executeQuery 方法中的 SQL 语句替换为模糊查询的 SQL 语句即可。例如，在 tb_stu 表中查询姓张的同学的信息，代码替换如下所示：

```
res = stmt.executeQuery("select * from tb_stu where name like ' 张%'");
```

18.3.4　动态查询

向数据库发送一个 SQL 语句，数据库中的 SQL 解释器负责把 SQL 语句生成底层的内部命令，然后执行这个命令，进而完成相关的数据操作。

如果不断地向数据库发送 SQL 语句，那么就会增加数据库中的 SQL 解释器的负担，从而降低执行 SQL 语句的速度。为了避免这类情况，可以通过 Connection 对象的 preparedStatement(String sql) 方法对 SQL 语句进行预处理，生成数据库底层的内部命令，并将这个命令封装在 PreparedStatement 对象中，通过调用 PreparedStatement 对象的相应方法执行底层的内部命令，这样就可以减轻数据库中的 SQL 解释器的负担，提高执行 SQL 语句的速度。

对 SQL 进行预处理时可以使用通配符 "？" 来代替任何的字段值。例如：

```
PreparedStatement ps = con.prepareStatement("select * from tb_stu where name = ?");
```

在执行预处理语句前，必须用相应方法来设置通配符所表示的值。例如：

```
ps.setString(1, "小王");
```

上述语句中的"1"表示从左向右的第一个通配符，"小王"表示设置的通配符的值。将通配符的值设置为小王后，功能等同于：

```
PreparedStatement ps = con.prepareStatement("select * from tb_stu where name = ' 小王 '");
```

尽管书写两条语句看似麻烦了一些，但使用预处理语句可以使应用程序更容易动态地设定 SQL 语句中的字段值，从而实现动态查询的功能。

📖 注意：

通过 setXXX() 方法为 SQL 语句中的通配符赋值时，建议使用与通配符的值的数据类型相匹配的方法，也可以利用 setObject() 方法为各种类型的通配符赋值。例如：

```
sql.setObject(2, "李丽");
```

 [实例 18.3]　　　　　　　　　　　　　　　（源码位置：资源包 \Code\18\03）

动态获取编号为 4 的同学的信息

本实例动态地获取指定编号的同学的信息，这里以查询编号为 4 的同学的信息为例，代码如下所示：

```
01  import java.sql.*;
02  public class Prep {                           // 创建类 Perp
03      static Connection con;                     // 声明 Connection 对象
04      static PreparedStatement ps;               // 声明预处理对象
05      static ResultSet res;                      // 声明结果集对象
06      public Connection getConnection() {        // 与数据库连接方法
07          try {
08              Class.forName("com.mysql.jdbc.Driver");
09              con = DriverManager.getConnection("jdbc:mysql:"
10                  + "//127.0.0.1:3306/test", "root", "root");
11          } catch (Exception e) {
12              e.printStackTrace();
13          }
14          return con;                            // 返回 Connection 对象
15      }
16      public static void main(String[] args) {   // 主方法
17          Prep c = new Prep();                   // 创建本类对象
18          con = c.getConnection();               // 获取与数据库的连接
19          try {
20              ps = con.prepareStatement("select * from tb_stu"
21                  + " where id = ?");            // 实例化预处理对象
22              ps.setInt(1, 4);                   // 设置参数
23              res = ps.executeQuery();           // 执行预处理语句
24              // 如果当前记录不是结果集中最后一行，则进入循环体
25              while (res.next()) {
26                  String id = res.getString(1);       // 获取结果集中第一列的值
27                  String name = res.getString("name");     // 获取 name 列的列值
28                  String sex = res.getString("sex");       // 获取 sex 列的列值
29                  String birthday = res.getString("birthday"); // 获取 birthday 列的列值
30                  System.out.print("编号:" + id);          // 输出信息
31                  System.out.print(" 姓名:" + name);
32                  System.out.print(" 性别:" + sex);
```

```
33          System.out.println(" 生日: " + birthday);
34      }
35  } catch (Exception e) {
36      e.printStackTrace();
37  } finally { // 依次关闭数据库连接资源
38      /* 此处省略关闭代码 */
39      }
40  }
41 }
```

运行结果如图 18.7 所示。

18.3.5 添加、修改、删除记录

通过 SQL 语句，除可以查询数据外，还可以对数据执行添加、修改和删除等操作，

图 18.7 动态查询

Java 中可通过 PreparedStatement 对象动态地对数据表中原有数据进行修改操作，并通过 executeUpdate() 方法执行更新语句的操作。

[实例 18.4]

（源码位置：资源包 \Code\18\04）

动态添加、修改和删除数据表中的数据

本实例通过预处理语句动态地对数据表 tb_stu 中的数据执行添加、修改、删除的操作，然后通过遍历结果集，对比操作之前与操作之后的 tb_stu 表中的数据。代码如下所示：

```
01  import java.sql.*;
02  public class Renewal {                          // 创建类
03      static Connection con;                      // 声明 Connection 对象
04      static PreparedStatement ps;                // 声明 PreparedStatement 对象
05      static ResultSet res;                       // 声明 ResultSet 对象
06      public Connection getConnection() {
07          try {
08              Class.forName("com.mysql.jdbc.Driver");
09              con = DriverManager.getConnection
10                  ("jdbc:mysql://127.0.0.1:3306/test", "root", "root");
11          } catch (Exception e) {
12              e.printStackTrace();
13          }
14          return con;
15      }
16      public static void main(String[] args) {
17          Renewal c = new Renewal();              // 创建本类对象
18          con = c.getConnection();                // 调用连接数据库方法
19          try {
20              // 查询数据表 tb_stu 中的数据
21              ps = con.prepareStatement("select * from tb_stu");
22              res = ps.executeQuery();            // 执行查询语句
23              System.out.println(" 执行增加、修改、删除前数据：");
24              // 遍历查询结果集
25              while (res.next()) {
26                  String id = res.getString(1);                    // 获取结果集中第一列的值
27                  String name = res.getString("name");             // 获取 name 列的列值
28                  String sex = res.getString("sex");               // 获取 sex 列的列值
29                  String birthday = res.getString("birthday");     // 获取 birthday 列的列值
30                  System.out.print(" 编号: " + id);                // 输出信息
31                  System.out.print(" 姓名: " + name);
32                  System.out.print(" 性别 :" + sex);
33                  System.out.println(" 生日: " + birthday);
```

第 3 篇　进阶知识篇

313

```
34              }
35              // 向数据表 tb_stu 中动态添加 name、sex、birthday 这三列的列值
36              ps = con.prepareStatement
37                  ("insert into tb_stu(name,sex,birthday) values(?,?,?)");
38              // 添加数据
39              ps.setString(1, " 张一 ");          // 为 name 列赋值
40              ps.setString(2, " 女 ");            // 为 sex 列赋值
41              ps.setString(3, "2012-12-1");      // 为 birthday 列赋值
42              ps.executeUpdate();                // 执行添加语句
43              // 根据指定的 id 动态地更改数据表 tb_stu 中 birthday 列的列值
44              ps = con.prepareStatement("update tb_stu set birthday "
45                  + "= ? where id = ? ");
46              // 更新数据
47              ps.setString(1, "2012-12-02");     // 为 birthday 列赋值
48              ps.setInt(2, 1);                   // 为 id 列赋值
49              ps.executeUpdate();                // 执行修改语句
50              Statement stmt = con.createStatement();          // 创建 Statement 对象
51              // 删除数据
52              stmt.executeUpdate("delete from tb_stu where id = 1");
53              // 查询修改数据后的 tb_stu 表中数据
54              ps = con.prepareStatement("select * from tb_stu");
55              res = ps.executeQuery(); // 执行 SQL 语句
56              System.out.println(" 执行增加、修改、删除后的数据 :");
57              // 遍历查询结果集
58              while (res.next()) {
59                  String id = res.getString(1);                // 获取结果集中第一列的值
60                  String name = res.getString("name");         // 获取 name 列的列值
61                  String sex = res.getString("sex");           // 获取 sex 列的列值
62                  String birthday = res.getString("birthday"); // 获取 birthday 列的列值
63                  System.out.print(" 编号 :" + id);            // 输出信息
64                  System.out.print(" 姓名 :" + name);
65                  System.out.print(" 性别 :" + sex);
66                  System.out.println(" 生日 :" + birthday);
67              }
68          } catch (Exception e) {
69              e.printStackTrace();
70          } finally { // 依次关闭数据库连接资源
71              /* 此处省略关闭代码 */
72          }
73      }
74  }
```

运行结果如图 18.8 所示。

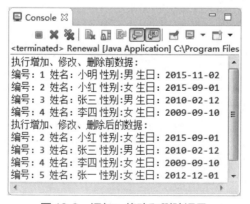

图 18.8　添加、修改和删除记录

👑 说明：

　　PreparedStatement 类中的 executeQuery() 方法被用来执行查询语句，而 PreparedStatement 类中的 executeUpdate() 方法可以被用来执行 DML 语句，如 INSERT、UPDATE 或 DELETE 语句，也可以被用来执行无返回内容的 DDL 语句。

本章知识思维导图

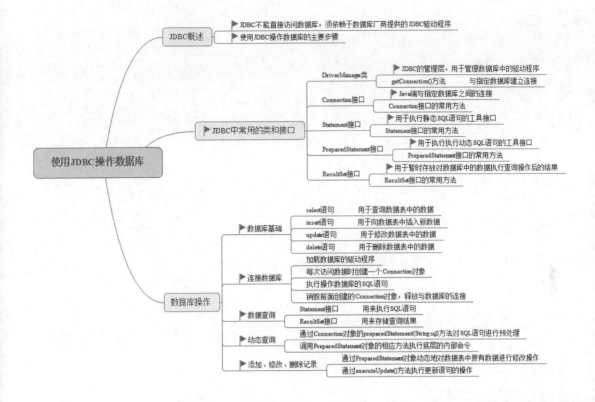

Java

从零开始学 Java

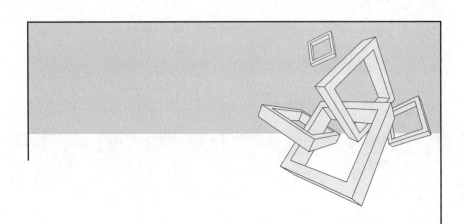

第4篇

项目开发篇

第 19 章

像素鸟游戏

 本章学习目标

- 熟悉像素鸟游戏的开发背景。
- 明确像素鸟游戏的功能结构和业务流程。
- 了解像素鸟游戏的项目目录结构。
- 掌握图片工具类和刷新帧线程类各自的作用及其编码过程。
- 掌握飞行物体和障碍各自要实现的 4 个功能及其编码过程。
- 掌握主窗体、图标按钮和游戏面板各自的作用及其编码过程。
- 掌握如何打包 CLASS 文件和 JAR 文件。
- 明确"打包移植"的注意事项。

19.1 开发背景

在 2014 年，一个名字叫《Flappy bird》的小游戏突然爆红（游戏标题如图 19.1 所示）。这个游戏不管是从内容方面还是素材方面都非常简单。游戏中玩家控制一只小鸟，努力飞越各种高度不同的水管。小鸟在飞行的过程中会不断下落，需要玩家触碰屏幕让小鸟扇动翅膀，每一次扇动翅膀小鸟都会向上移动一段距离，游戏界面如图 19.2 所示。

图 19.1　Flappy bird 游戏标题　　　　图 19.2　Flappy bird 游戏界面

这个游戏不涉及复杂算法，实现起来比较简单。本章就以《Flappy bird》小游戏为原型，使用 Java 语言创造一个可以切换角色的同类型游戏。

19.2 系统结构设计

19.2.1 系统功能结构

游戏功能结构如图 19.3 所示。

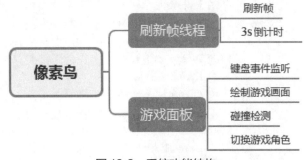

图 19.3　系统功能结构

19.2.2 系统业务流程

游戏业务流程图如图 19.4 所示。

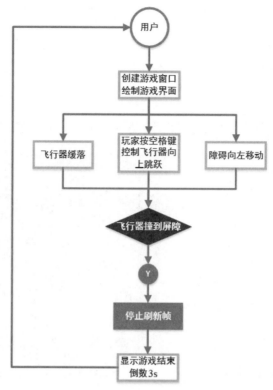

图 19.4　系统业务流程图

19.3　项目目录结构预览

程序的目录结构如图 19.5 所示。

图 19.5　项目目录结构

19.4　工具类设计

工具类是将一些非游戏核心的功能封装起来的类。项目有两个工具类：图片工具类和刷新帧线程类，这节将详细介绍这两个类。

19.4.1 图片工具类

项目中的 ImageTool 类是图片工具类，该类专门用于读取并记录图片对象。ImageTool 类中的成员属性和成员方法都是静态的。

ImageTool 类中的成员属性记录了不同的图片，例如三个游戏角色图片、障碍上部分图片和障碍下部分图片，该类的定义如下所示：

```
01   public class ImageTool {
02       static BufferedImage fly1, fly2, fly3;// 游戏角色图片
03       static BufferedImage obstacleUp;// 障碍上部分图片
04       static BufferedImage obstacleDown;// 障碍下部分图片
05   }
```

当程序启动时，需要读取出游戏中所用到的全部图片。initImages() 是静态的图片初始化方法，在该方法中会通过数据流的方式读取 ImageTool 类文件所在路径下的 image 文件夹中的图片，使用这种方式可以正确获取 JAR 包中封装的图片文件。

initImages() 方法的代码如下所示：

```
01   public static void initImages() {
02       try {
03           fly1 =
04               ImageIO.read(ImageTool.class.getResourceAsStream("/image/bird.png"));
05           fly2 =
06               ImageIO.read(ImageTool.class.getResourceAsStream("/image/bee.png"));
07           fly3 =
08               ImageIO.read(ImageTool.class.getResourceAsStream("/image/plane.png"));
09           obstacleUp =
10               ImageIO.read(ImageTool.class.getResource("/image/obstacle_up.png"));
11           obstacleDown =
12               ImageIO.read(ImageTool.class.getResource("/image/obstacle_down.png"));
13       } catch (IOException e) {
14           e.printStackTrace();
15       }
16   }
```

19.4.2 刷新帧线程类

帧是一个量词，一幅静态画面就是一帧。无数不同的静态画面交替放映，就形成了动画。帧的刷新频率决定了画面中的动作是否流畅，例如电影在正常情况下是 24 帧，也就是影片 1s 会闪过 24 幅静态的画面。

想让游戏中的物体运动起来，就需要让游戏画面不断地刷新，像播放电影一样，这就是刷新帧的概念。

项目中的 FreshThead 就是游戏中的刷新帧线程类，该类继承 Thread 线程类，并在线程的主方法中无限地循环，每过 20ms 就执行游戏面板的 repaint() 方法，每次执行 repaint() 方法前都会先执行用户输入的指令，这样就每次绘制的画面都不一样，极短时间内切换画面就形成了动画效果。当游戏面板的 isFinish() 方法返回 false 就代表游戏结束，当前线程才会停止。

当刷新帧的业务停止后，程序会获取加载游戏面板的主窗体对象，然后弹出成绩对话框，最后让主窗体对象重新开始新游戏。

FreshThead 类的代码如下所示：

```java
01  public class FreshThread extends Thread {
02      GamePanel p;                                    // 所属游戏面板
03      static final int FRESH = 20;                    // 刷新时间，单位毫秒
04      boolean running;                                // 是否运行刷新帧功能
05      public FreshThread(GamePanel p) {
06          this.p = p;
07          running = true;                             // 开始刷新帧
08      }
09      /**
10       * 停止刷新
11       */
12      public void stopFreash() {
13          running = false;                            // 停止刷新帧
14      }
15      /**
16       * 线程运行方法
17       */
18      public void run() {
19          while (running) {                           // 持续刷新帧
20              p.repaint();                            // 重绘游戏面板
21              try {
22                  Thread.sleep(FRESH);                // 停顿20ms
23              } catch (InterruptedException e) {
24                  e.printStackTrace();
25              }
26          }
27          for (int i = 3; i > 0; i--) {               // 游戏结束时，执行三次操作
28              p.drawGameOver(i);                      // 游戏面板绘制结束内容
29              try {
30                  Thread.sleep(1000);                 // 停顿1s
31              } catch (InterruptedException e) {
32                  e.printStackTrace();
33              }
34          }
35          p.dispose();                                // 销毁游戏面板
36      }
37  }
```

19.5 游戏模型设计

游戏模型主要指游戏中出现的窗体。窗体是指不会因为受力而变形的物体。游戏中的窗体包括奔跑的飞行的物体和障碍。

19.5.1 飞行物体

虽然游戏的名称叫"像素鸟"，游戏默认角色也是一只小鸟，但在游戏中可以切换游戏角色，所以将玩家可以操控的这些角色统称为飞行物体。游戏中可以切换的角色分别是小鸟、蜜蜂和飞机，角色形象如图 19.6 所示。

图 19.6 玩家可以控制的三种角色形象

（1）定义

项目中的 Fly 类就是飞行物体类。该类有三个公有属性，分别是横坐标、纵坐标和物体

高度。物体高度会用在物体坠落计算中。该类还有很多私有属性，例如物体图片、起跳高度、纵坐标移动增量和跳跃状态。

Fly 类的定义如下所示：

```
01    public class Fly {
02        public int x, y, height;              // 横坐标，纵坐标，物体高度
03        private BufferedImage image;          // 物体图片
04        private int moveTemp = 0;             // 纵坐标移动增量
05        private int heightRecor = 0;          // 跳起高度
06        private boolean jumpflag = false;     // 跳跃状态
07    }
```

在 Fly 类的构造方法中，将飞行物体的横坐标固定在 50 像素的位置，纵坐标初始值为 150 像素位置，纵坐标将来是会变化的。图片默认使用提供的第一张图片（即小鸟图片）。构造方法的代码如下所示：

```
01    public Fly() {
02        image = ImageTool.fly1;               // 默认使用第一张图片
03        x = 50;                                // 横坐标使用默认值
04        y = 150;                               // 纵坐标使用默认值
05        height = image.getHeight();
06    }
```

（2）图片

Fly 类的图片属性是私有方法，想要获取图片，需要调用对应的 Getter 方法。getImage() 就是 image 图片对象的获取方法，该方法的代码如下所示：

```
01    public BufferedImage getImage() {
02        return image;
03    }
```

想要更改 Fly 类对象的图片，需要调用图片对应的 Setter 方法。setImage() 就是 image 图片对象的设置方法，方法参数为更改后的图片对象，变更图片对象同时也要更新飞行物体高度。

setImage() 方法的代码如下所示：

```
01    public void setImage(BufferedImage image) {
02        this.image = image;
03        height = image.getHeight();
04    }
```

（3）边界

所谓的边界就是窗体的边界，用于碰撞计算。程序以 java.awt.Rectangle 矩形类作为边界对象，该类提供了 intersects(Rectangle r) 方法来判断两个边界是否发生了交汇。getBounds() 方法是 Fly 类获取边界的方法，在该方法中创建了与图片坐标、宽高都相等的矩形区域作为边界返回。

getBounds() 方法的代码如下所示：

```
01    public Rectangle getBounds() {
02        return new Rectangle(x, y, image.getWidth(), image.getHeight());
03    }
```

第 4 篇　项目开发篇

（4）跳跃和下落

当玩家输入跳跃指令时，飞行物体会向上跳跃一段距离，除此之外，飞行物体会一直下落，直到坠落到界面底部导致游戏结束。不管是跳跃还是下落，都是由 move() 方法实现的。在该方法中，首先判断飞行物体是否处于跳跃状态，如果是跳跃状态，则让纵坐标移动增量变为负值，并让飞行物体的纵坐标与移动增量相加，这样就可以让飞行物体向上移动。向上移动的同时要累计跳跃的高度，当跳跃到最大高度时取消跳跃状态。非跳跃状态下坐标移动增量是正值，飞行物体的纵坐标与移动增量相加会让飞行物体向下移动。

move() 方法的代码如下所示：

```
01    public void move() {
02        if (jumpflag) {                        // 如果是跳跃状态
03            moveTemp = -10;                     // 坐标移动量为负数，物体开始向上移动
04            heightRecor -= moveTemp;            // 累计已跳起的最大高度
05        } else {                               // 不是跳跃状态
06            moveTemp = 2;                       // 坐标移动量为正数，物体开始向下移动
07        }
08        y += moveTemp;                         // 纵坐标发生变化
09        if (heightRecor >= 40) {               // 如果已跳起 40 像素高度
10            jumpflag = false;                  // 取消跳跃状态
11            heightRecor = 0;                   // 已跳起的最大高度为 0
12        }
13    }
```

jump() 是交给游戏面板调用的，当用户输入跳跃指令时，游戏面板执行飞行物体的 jump() 方法，就可以将飞行物体从下落状态变为跳跃状态。

jump() 的代码如下所示：

```
01    public void jump() {
02        jumpflag = true;
03    }
```

19.5.2　障碍

游戏中的障碍是以水管的形象出现的。一个障碍由上下两根水管组成，水管会阻挡玩家角色的飞行，但两个水管之间保持一段距离，玩家可以控制角色从两个水管之间的空隙通过。如果角色碰到任何一根水管，则会导致游戏结束。

（1）定义

项目中的 Obstacle 类就是障碍类。因为一个障碍由上下两根水管组成，所以该类有两个图片对象，并有两个纵坐标。两根水管是垂直对齐的，所以使用了同一个横坐标。两个水管之间的距离用 distance 记录，当玩家通过障碍之后，可以获得 score 记录的得分。

Obstacle 类的定义如下所示：

```
01    public class Obstacle {
02        public BufferedImage imageUp, imageDown;   // 上水管图片和下水管图片
03        public int x, yup, ydown;                  // 水管横坐标，上水管纵坐标和下水管纵坐标
04        private int distance = 100;                // 两个水管之间的距离
05        private int score = 10;                    // 过一个水管的得分
06    }
```

构造方法有一个参数 y，y 表示下水管的纵坐标。而上水管的纵坐标通过 y 值计算得出。

两根水管的初始横坐标为 800，也就是屏幕最右侧的坐标，水管会从游戏界面右侧慢慢移入界面当中。因为游戏面板在创建障碍对象时会传入随机数值，所以两根水管的位置也是随机出现的。

构造方法的代码如下所示：

```
01    public Obstacle(int y) {
02        imageUp = ImageTool.obstacleUp;
03        imageDown = ImageTool.obstacleDown;
04        x = 300;                                    // 初始横坐标为 800
05        ydown = y;                                  // 下水管纵坐标
06        yup = ydown - distance - imageUp.getHeight(); // 上水管纵坐标
07    }
```

（2）移动

两根水管都是匀速向左移动的，所以在移动方法中只需让横坐标递减。

move() 就是移动方法，该方法的代码如下所示：

```
01    public void move() {
02        if (x >= -imageUp.getWidth()) {             // 如果水管没有移出游戏画面
03            x -= 2;                                  // 向左移动
04        }
05    }
```

（3）边界

两根水管都有各自的边界，所以一个障碍要有两个获取边界的方法。

getBoundsUp() 是获取上水管边界的方法，该方法的代码如下所示：

```
01    public Rectangle getBoundsUp() {
02        return new Rectangle(x, yup, imageUp.getWidth(), imageUp.getHeight());
03    }
```

getBoundsDown() 是获取下水管边界的方法，该方法的代码如下所示：

```
01    public Rectangle getBoundsDown() {
02        return new Rectangle(x, ydown, imageDown.getWidth(),
03                imageDown.getHeight());
04    }
```

（4）得分

玩家每次飞过一个障碍都会获得一定的分数，Obstacle 类中的 score 记录的就是可以获得的分数。因为游戏在 1s 会刷新很多次，当玩家飞过一个障碍后，障碍还会在玩家身后存在一段时间，而且在这段时间里仍然会不停地计算玩家得分，如果直接让游戏累计 score 值会出现严重的积分统计 bug，所以要在 score 值的 Getter 方法中加上一些限制。

getScore() 就是 score 值的 Getter 方法，因为 score 在类初始化时就赋值为 10，所以在 getScore() 方法中现将 score 中记录的值保存给一个临时变量，然后把 score 的值抹去，最后返回临时变量。这样就可以保证 getScore() 只会在第一次调用时返回 10，之后再调用只会返回 0。

getScore() 的代码如下所示：

```
01    public int getScore() {
02        int tmp = score;
03        score = 0;
04        return tmp;
05    }
```

19.6　视图模块设计

视图模块包含所有可以显示的组件。因为像素鸟游戏很小，所以涉及的组件很少，仅一个主窗体和一个游戏面板。程序自定义了一个图标按钮用于游戏面板中切换用户角色。

19.6.1　主窗体

主窗体是整个游戏最外层的容器。主窗体的本身没有任何内容，仅是一个宽 320 像素、高 240 像素的窗体。主窗体效果如图 19.7 所示。

项目中的 MainFrame 类就是主窗体类，该类没有成员属性。

在 MainFrame 类的构造方法中，首先调用了图片工具类的 initImages() 图片初始化方法，然后创建并载入了游戏面板，最后设置了一些窗体属性。

构造方法的代码如下所示：

图 19.7　主窗体效果图

```
01    public MainFrame() {
02        ImageTool.initImages();                    // 图片工具类初始化
03        GamePanel p = new GamePanel(this);         // 游戏面板
04        setPanel(p);                               // 主窗体载入游戏面板
05        setTitle("Flappy Anything");               // 窗体标题
06        setDefaultCloseOperation(EXIT_ON_CLOSE);   // 关闭窗体则停止程序
07    }
```

主窗体载入游戏面板使用了 setPanel() 方法，在该方法中，首先获取了窗体的主容器对象，然后删除容器中所有组件，接着将参数面板对象添加到容器中，最后重新验证所有组件，保证新组件可以正确显示。

setPanel() 方法的代码如下所示：

```
01    public void setPanel(JPanel panel) {
02        Container c = getContentPane();      // 获取主容器对象
03        c.removeAll();                       // 删除容器中所有组件
04        c.add(panel);                        // 容器添加面板
05        c.validate();                        // 容器重新验证所有组件
06    }
```

19.6.2　图标按钮

图标按钮是一个可以显示在游戏界面中的图标，图标显示可以切换的玩家角色，当鼠标点击图标的时候可以更换玩家角色。游戏中的图标按钮如图 19.8 所示。

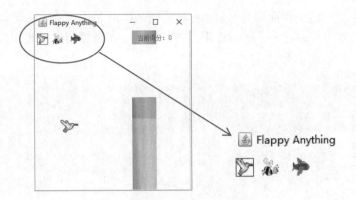

图 19.8　游戏中的图标按钮区域

项目中的 ViewButton 类就是图标按钮类，在该类中定义了图标按钮的横纵坐标和图标图片，定义 getBounds() 返回图标的边界区域。

ViewButton 类的代码如下所示：

```
01    public class ViewButton {
02        public BufferedImage image;              // 图标图片
03        public int x, y;                         // 横纵坐标
04        public ViewButton(int x, int y, BufferedImage image) {
05            super();
06            this.image = image;
07            this.x = x;
08            this.y = y;
09        }
10        public Rectangle getBounds() {
11            return new Rectangle(x, y, image.getWidth(), image.getHeight());
12        }
13    }
```

19.6.3　游戏面板

游戏面板是整个程序的核心，几乎所有的算法都是以游戏面板为基础实现的。游戏面板的主要作用是绘制游戏界面，将所有的游戏元素都展现出来，如图19.9 所示。游戏界面会按照（默认）20ms 一次的刷新频率实现游戏帧数的刷新，这样不仅可以让界面中的元素运动起来，也可以让各个元素在运动的过程中进行逻辑的运算。

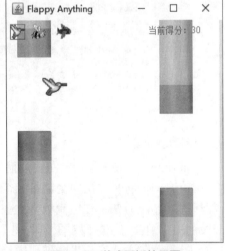

图 19.9　游戏面板效果图

（1）初始化

项目中的 GamePanel 类表示游戏面板类，该类继承了 JPanel 面板类，同时实现了 KeyListener 键盘事件监听接口。GamePanel 类有很多成员属性，其中飞行物体对象、障碍队列、图标按钮数组和分数值都是游戏界面中可以看到的元素。此外还有很多后台使用的属性，例如游戏结束标志、结束标题等内容。

游戏采用双缓冲机制防止界面闪烁，image 对象就是缓冲图片对象，也可以成为主图片对象，所有的游戏画面都绘制在 image 对象中，再将 image 对象绘制到游戏面板中。

GamePanel 类的定义如下所示：

```
01   public class GamePanel extends JPanel implements KeyListener {
02       Fly fly;                                   // 飞行物体
03       List<Obstacle> os = new LinkedList<>();    // 障碍队列
04       BufferedImage image;                       // 游戏图片
05       MainFrame frame;                           // 主窗体
06       ViewButton buttons[];                      // 图标按钮，用于指定飞行物体图片
07       int selectedBtn;                           // 已选中的图标按钮索引
08       int timer = 0;                             // 水管计时器
09       int score = 0;                             // 分数值
10       FreshThread freshThread;                   // 刷新帧线程
11       boolean gameOver = false;                  // 游戏结束状态
12       Random r = new Random();                   // 随机数
13       String gameOverStr = "";                   // 游戏结束标题，默认为空
14       String gameOverCountDown = "";             // 游戏结束倒计时提示，默认为空
15   }
```

在 GamePanel 类的构造方法中对大部分成员做了初始化。主图片 image 定义为一个宽 300 像素、高 300 像素的彩色图片；障碍队列中添加了第一个障碍，传入的纵坐标值在 100 ～ 120 范围内随机取值；图标按钮数组长度设为 3，并且默认选中第一个按钮。

构造方法的代码如下所示：

```
01   public GamePanel(MainFrame frame) {
02       // 主图片采用宽 300、高 300 的彩色图片
03       image = new BufferedImage(300, 300, BufferedImage.TYPE_INT_BGR);
04       fly = new Fly();                                   // 实例化飞行物体
05       os.add(new Obstacle(r.nextInt(100) + 120));        // 创建第一个水管
06       buttons = new ViewButton[3];                       // 3 个图标按钮
07       // 创建三个图标按钮对象，并放入数组中
08       ViewButton bird = new ViewButton(5, 5, ImageTool.fly1);
09       buttons[0] = bird;
10       ViewButton bee = new ViewButton(35, 5, ImageTool.fly2);
11       buttons[1] = bee;
12       ViewButton plane = new ViewButton(70, 5, ImageTool.fly3);
13       buttons[2] = plane;
14       selectedBtn = 0;                                   // 默认选择第一个按钮
15       this.frame = frame;                                // 记录主窗体
16       this.frame.addKeyListener(this);                   // 主窗体采用本类键盘事件监听
17       addListener();                                     // 面板添加监听事件
18       freshThread = new FreshThread(this);               // 实例化刷新帧线程
19       freshThread.start();                               // 启动线程
20   }
```

（2）绘制画面

paintImage() 方法是绘制游戏画面的核心方法。

在 paintImage() 方法中会让每一个游戏元素都执行各自的运动方法，例如飞行物体和所有障碍的 move 方法。在绘制障碍之前会先判断障碍是否已经移出屏幕，如果已经移出屏幕一段范围，则会将该障碍对象从队列里删除。

在 paintImage() 方法也会做碰撞检测，每一根水管的边界对象都会和飞行物体的边界对象做交汇判断，只要有任何交汇发生，则认为飞行物体撞到了水管，然后调用 gameOver() 游戏结束方法。如果没有窗体发生碰撞，就判断水管是否已经移动到了飞行物体后方，水

管在移动物体后方说明玩家安全飞过了一道障碍，这时需要累计飞过障碍的得分。

三个图标按钮会绘制到游戏界面左上角的固定位置，并且被选中的按钮会有一个红色的矩形边框。

最后绘制游戏结束标题字符串。游戏未结束的时候这些字符串是没有任何内容的，只有在游戏结束时才会显示内容，并且会有 3s 倒计时。

paintImage() 方法的代码如下所示：

```
01    void paintImage() {
02        Graphics2D g = image.createGraphics();    // 获取绘图对象
03        if (!gameOver)                            // 如果游戏没结束
04            fly.move();                           // 飞行物体移动
05        if (fly.y >= 300 - fly.height) {          // 如果飞行物体掉落
06            gameOver();                           // 结束游戏
07        }
08        g.setColor(Color.WHITE);                  // 使用白色
09        g.fillRect(0, 0, 800, 300);               // 绘制实心矩形填满主图片
10        g.drawImage(fly.getImage(), fly.x, fly.y, this);   // 绘制飞行物体
11
12        if (timer >= 2000) {                      // 每过 2000ms
13            os.add(new Obstacle(r.nextInt(150) + 100));    // 添加随机纵坐标水管
14            timer = 0;                            // 计时器归零
15        }
16
17        for (int i = 0; i < os.size(); i++) {     // 遍历水管队列
18            Obstacle o = os.get(i);               // 获取障碍对象
19            if (o.x < -100) {                     // 当水管移出屏幕
20                os.remove(i);                     // 删除移出屏幕的水管
21                i--;                              // 循环变量往回挪一位
22                continue;                         // 略过本次循环
23            }
24            if (!gameOver) {                      // 如果游戏没结束
25                o.move();                         // 水管移动
26            }
27            g.drawImage(o.imageUp, o.x, o.yup, this);       // 绘制上水管
28            g.drawImage(o.imageDown, o.x, o.ydown, this);   // 绘制下水管
29            if (fly.getBounds().intersects(o.getBoundsDown())   // 如果飞行物体撞到水管
30                    || fly.getBounds().intersects(o.getBoundsUp())) {
31                gameOver();                       // 游戏结束
32            } else {                              // 如果没状态水管
33                if (o.x < 50 - o.imageUp.getWidth()) {   // 如果飞行物体飞过水管
34                    score += o.getScore();        // 当前分数加水管分数
35                }
36            }
37        }
38        timer += FreshThread.FRESH;               // 计时器递增
39        g.setColor(Color.RED);                    // 使用红色
40        g.drawString("当前得分: " + score, 200, 18);  // 绘制分数值
41
42        for (ViewButton b : buttons) {            // 遍历所有图片按钮
43            g.drawImage(b.image, b.x, b.y, 20, 20, this);   // 绘制图片按钮
44        }
45                                                  // 在被选中的图片按钮上绘制红色边框
46        g.drawRect(buttons[selectedBtn].x, buttons[selectedBtn].y, 20, 20);
47
48        g.setColor(Color.RED);
49        g.setFont(new Font("Consolas", Font.BOLD, 36));
50        g.drawString(gameOverStr, 60, 120);       // 绘制游戏结束标题
51        g.setFont(new Font("Consolas", Font.BOLD, 18));
52        g.drawString(gameOverCountDown, 15, 150); // 绘制游戏倒计时提示
53    }
```

第 4 篇　项目开发篇

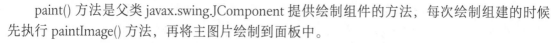

paint() 方法是父类 javax.swing.JComponent 提供绘制组件的方法，每次绘制组建的时候先执行 paintImage() 方法，再将主图片绘制到面板中。

paint() 方法的代码如下所示：

```
01   public void paint(Graphics g) {
02       paintImage();                         // 绘制图片中的内容
03       g.drawImage(image, 0, 0, this);       // 绘制面板中绘制主图片
04   }
```

（3）更换游戏角色

当玩家在游戏界面中单击图标按钮时，游戏角色会变成图标按钮中显示的角色。

这个功能是通过鼠标监听实现的。鼠标按下时，鼠标事件对象可以获取到当前鼠标的坐标点，并封装成 Point 点对象。每一个图标按钮都可以通过 getBounds() 方法返回 Rectangle 矩形边界对象，Rectangle 类提供了 contains() 方法可以判断矩形区域是否包含某一点。结合图标按钮边界和鼠标坐标点这两个对象，就可以判断图标按钮是否被鼠标选中。如果图标按钮被选中，则修改当前选中索引值 selectedBtn，程序绘制界面的时候就会在相应图标上绘制红框。

添加鼠标监听是在 addListener() 方法中实现的，该方法会在 GamePanel 类的构造方法中被调用。addListener() 方法的代码如下所示：

```
01   private void addListener() {
02       addMouseListener(new MouseAdapter() {          // 添加鼠标事件监听
03           public void mousePressed(MouseEvent e) {   // 当鼠标按下时
04               Point p = e.getPoint();                // 获取鼠标指针坐标点
05               // 遍历所有图标按钮
06               for (int i = 0, lenght = buttons.length; i < lenght; i++) {
07                   ViewButton b = buttons[i];          // 获取图标按钮对象
08                   if (b.getBounds().contains(p)) {    // 如果鼠标坐标点处于图标按钮内容
09                       selectedBtn = i;                // 记录当前选择的图标按钮索引
10                       fly.setImage(b.image);          // 更换飞行器图片
11                   }
12               }
13           }
14       });
15   }
```

（4）结束游戏

结束游戏需要完成三步操作：停止线程、绘制结束标语和重新开始新游戏。

gameOver() 方法用于停止线程，在该方法中只需调用刷新帧线程的停止刷新方法即可。

gameOver() 方法的代码如下所示：

```
01   public void gameOver() {
02       freshThread.stopFreash(); // 刷新帧线程停止
03       gameOver = true;// 游戏结束
04   }
```

drawGameOver() 方法用于在游戏结束时绘制结束提示，例如"GAME OVER"等。因为游戏结束之后，线程会停止刷新帧操作，所以方法最后要重绘面板。当游戏结束后，会在游戏面板中绘制如图 19.10 所示文字内容。

图 19.10　绘制游戏结束的提示文字

drawGameOver() 方法的代码如下所示:

```
01    public void drawGameOver(int second) {
02        gameOverStr = "GAME OVER";                 // 结束标题
03        // 倒计时字符串
04        gameOverCountDown = "start again after " + second + " seconds";
05        repaint();// 重绘面板
06    }
```

　　游戏结束之后 3s 会重新开始新一轮游戏,原来的游戏面板需要销毁。dispose() 就是销毁面板的方法,在该方法中首先会解除主窗体的键盘事件,再让主窗体更换新的游戏面板对象。

　　dispose() 方法的代码如下所示:

```
01    public void dispose() {
02        frame.removeKeyListener(this);                 // 主窗体删除键盘事件
03        frame.setPanel(new GamePanel(frame));         // 主窗体更换面板
04    }
```

19.7　打包移植

　　很多读者都对这样一个问题充满了兴趣:如何才能让 Java 程序像 C、C++ 程序那样在任何电脑上都可以双击执行呢?

　　想要知道如何解决这个问题,需要先了解一个误区:C、C++ 程序并非在任何电脑上都可以执行。C、C++、C# 生成的可执行文件扩展名为 .exe,这种格式是 Windows 系统的二进制可执行文件格式。实际上 Windows 系统自带 .exe 文件执行环境,这让很多人误以为".exe 文件可以在任何电脑上执行"。

　　Java 是跨平台语言,Java 编译出的二进制可执行文件的扩展名为 .class,这种格式是 JVM (Java 虚拟机) 的二进制可执行文件格式。因此,想要执行 Java 程序,前提是必须搭建 JVM 环境。

　　说完以上内容之后,要解决的问题就很清晰了,想要实现"Java 程序在任何电脑上双击执行",要做到以下两点:

① 搭建绿色版 JVM 环境。将 JVM 环境与 Java 程序一起打包，在 Java 程序运行之前搭建临时 JVM 环境，这样就可以运行 Java 程序了。

② 编写 Windows 脚本文件。Windows 系统除了 .exe 文件可以双击执行以外，.bat 文件也可以被双击执行。.bat 文件是 Windows 的批处理文件，可以执行一系列系统命令。通过系统命令搭建临时 JVM，再使用 JVM 的 Java 命令即可执行 .class 文件。

接下来将从打包 .class 文件和打包 .jar 文件这两种情况作详细介绍。

19.7.1　打包 CLASS 文件

JVM 提供的 Javac 命令可以将 .java 文件编译成 .class 文件。如果是在 Eclipse 中开发的 Java 项目，只要成功运行一次项目中的代码，就可以生成全部 .class 文件。以"像素鸟"游戏为例，当该游戏成功运行之后，想要获取全部可执行文件，可通过如下操作。

① 复制项目。在项目上单击鼠标右键，选择"Copy"选项，如图 19.11 所示。这样可以将项目中的所有文件都复制到剪切板当中，然后粘贴到任意地址，例如 D 盘，效果如图 19.12 所示。

图 19.11　复制整个项目　　　　图 19.12　将项目粘贴到 D 盘

② 保留可执行文件。进入 FlappyAnything 文件夹，bin 文件夹中保存的就是项目中所有的 .class 文件和相应资源文件。除了 bin 文件夹以外的其他文件或文件夹均删除，效果如图 19.13 所示。

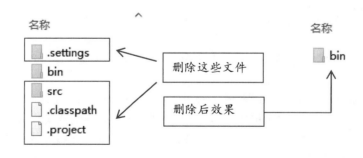

图 19.13　保留 bin 文件夹

③ 复制 JVM 环境。找到 JDK 安装的文件夹，在安装 JDK 的同时也会安装 JRE，JRE 是 Java Runtime Environment 的缩写，实际上就是 JVM 环境。虽然 JDK 中也包含了 JVM 环境，但 JRE 除了 JVM 环境以外没有提供多余的功能，所以 JRE 的容量要比 JDK 容量小，更适合打包。将 JRE 文件夹复制到 FlappyAnything 文件夹中，如图 19.14 所示。

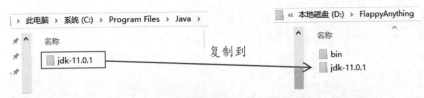

图 19.14　将 JRE 文件夹复制到 FlappyAnything 文件夹中

④ 编写批处理脚本文件。在 FlappyAnything 文件夹中创建个文本文档，写入如下内容：

```
01    set path=.;%cd%\jdk-11.0.1\bin;
02    cd %cd%\bin\
03    JAVA MainFrame
```

这个脚本中第一行命令表示创建临时环境变量，"；"表示保留系统原有环境变量，"%cd%"是 Windows 命令中"当前路径"的意思。这行命令与安装 JDK 时手动添加环境变量的原理相同，JRE 的 bin 文件夹中有一个 .java 文件，这个文件就是 Java 命令的执行文件。

第二行命令是进入当前路径中的 bin 文件夹，也就是 .class 文件和资源文件所在文件夹。

第三行执行 Java 命令，因为第一行命令搭建了临时 JVM 环境，所以 Java 命令就可以用了。MainFrame 是像素鸟游戏的入口类，执行该类即可启动 main() 方法，程序就能执行了。

编写完文本文档之后，保存并关闭，然后修改文本文档的文件名和文件后缀。文件名可以随便写，文件后缀要写成 .bat，效果如图 19.15 所示。

⑤ 完成上述操作之后，双击 .bat 文件就可以运行像素鸟游戏。因为是通过命令脚本执行程序，所以会弹出 cmd 窗口，当 Java 程序停止后，cmd 窗口会自动关闭。将 FlappyAnything 文件夹复制到任何一台 Windows 电脑上都可以通过 .bat 文件执行 Java 程序了。

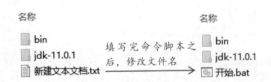

图 19.15　填写命令脚本，修改文件扩展名

19.7.2　打包 JAR 文件

JAR 文件是将所有 .class 文件打包的文件格式，同时也是 Javad 的可执行文件。通过 JVM 提供的"java -jar"命令即可执行。将 Java 程序打包成 JAR 文件并执行的操作如下所示。

① 在项目上单击鼠标右键，选择"Export"选项，如图 19.16 所示。

② 在打开的 Export 窗口中，选中 Java 分类下的"JAR file"选项，单击"Next"按钮，效果如图 19.17 所示。

③ 在打开的 JAR Export 窗口中，单击"Browse"按钮，设置生成 JAR 文件的路径和文件名。设置完之后，单击"Next"按钮，效果如图 19.18 所示。

④ 切换到 JAR Packaging Options 界面时，不需做任何设置，直接单击"Next"按钮，效果如图 19.19 所示。

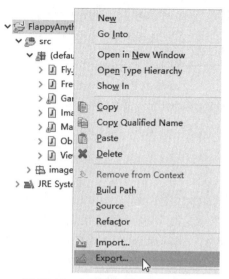

图 19.16　在项目上单击鼠标右键，
选择"Export"选项

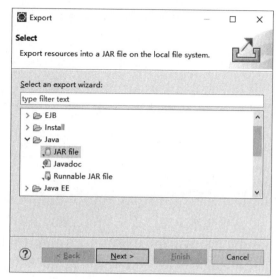

图 19.17　选中"JAR file"选项

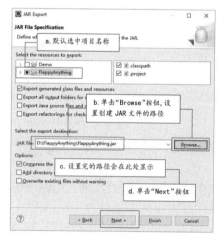

图 19.18　设置生成 JAR 文件的路径

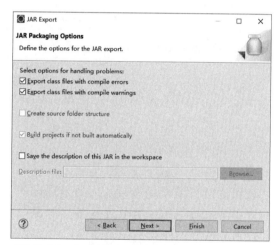

图 19.19　在 JAR Packaging Options 界面中
直接单击"Next"按钮

⑤ 切换到 JAR Mainfest Specifiction 界面时，单击"Browse"按钮，选择项目主类，也就是主方法所在的类，效果如图 19.20 所示。单击"Browse"按钮之后会弹出 Select Main Class 窗口，在该窗口中选中主类，然后单击"OK"按钮，效果如图 19.21 所示。完成以上操作之后，主类名称会显示在图 19.20 所示的 Main class 文本框中，此时单击"Finish"按钮，就自动生成了 JAR 文件。

⑥ 将生成的 JAR 文件放到指定目录，参照 19.7.2 小节中的第③步操作，同样将 JRE 文件夹复制到该目录中，效果如图 19.22 所示。

⑦ 参照 19.7.2 小节中的第④步操作，编写 .bat 文件，但命令脚本与执行 .class 文件的脚本不同，需使用如下脚本：

```
01    set path=.;%cd%\jdk-11.0.1\bin;
02    JAVA -jar FlappyAnything.jar
```

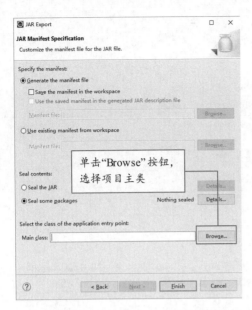

图 19.20　单击"Browse"按钮

图 19.21　选择项目中的主类

这个脚本中第一行命令仍然表示创建临时环境变量，搭建临时 JVM。

第二行命令是执行与 .bat 文件同目录下的 FlappyAnything. jar 文件。Java 命令之后加 -jar 参数，表示执行的是 JAR 文件，而不是 CLASS 文件。

编写完 BAT 文件之后，双击此 BAT 文件，运行效果与 CLASS 文件的运行效果一样。

图 19.22　将 JAR 文件和 JRE 文件夹放到 FlappyAnything 目录中

19.7.3　注意事项

按照此方法打包 Java 程序需要注意以下几个事项。

① 修改文本文档扩展名时，要保证 Windows 系统能显示文件扩展名。当文件扩展名被修改时，Windows 会弹出如图 19.23 所示提示框，此时单击"是"按钮即可。如果没有弹出该提示框，说明扩展名没有发生变化。同时也可以观察文件图标，文本文档图标和 .bat 文件图标是不一样的。

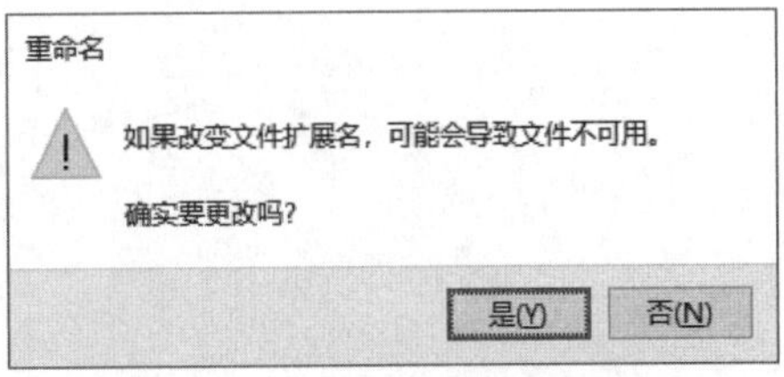

② Java 程序运行时会弹出执行脚本的 cmd 窗口，如果强行关闭 cmd 窗口，Java 程序也会停止。

图 19.23　修改文件扩展名时弹出的对话框

③ 本节使用 JDK 11.0.1 版本举例，目前此版本只支持 64 位系统，如果想要在 32 位系统中使用，请换成 32 位 JDK 8 中的 JRE 文件夹。

④ 开发者可以同时复制一个 64 位的 JRE 文件夹和一个 32 位的 JRE 文件夹，然后针对不同位数的 JRE 编写两个 .bat 文件，这样可以让 Java 程序同时支持 64 位和 32 位系统。但这样做的缺陷也很明显，就是 JRE 文件夹体积很大，导致程序所占空间翻倍。

⑤ 项目中的所有文件夹均可以重新命名，但 .bat 脚本中的使用的路径必须与对应文件夹名称同步。

第 4 篇　项目开发篇

本章知识思维导图

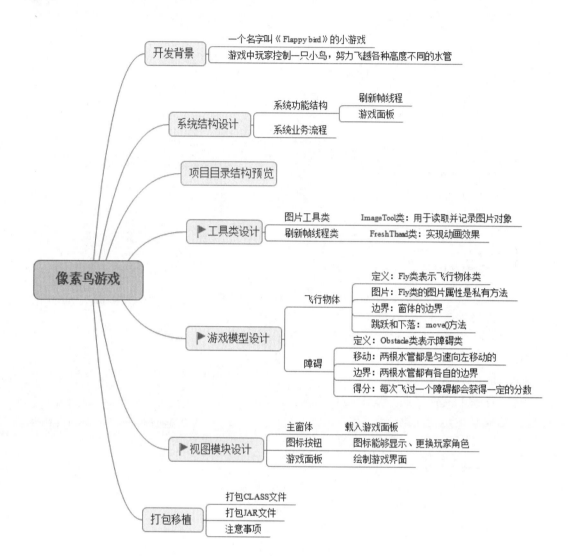

第 20 章

咸鱼快递打印系统

 本章学习目标

- 了解咸鱼快递打印系统的开发背景。
- 熟悉咸鱼快递打印系统的系统功能结构和系统业务流程。
- 掌握两个公共类 DAO 和 SaveUserStateTool 各自的作用及其编码过程。
- 熟悉添加快递信息模块的作用。
- 掌握添加快递信息模块设计中的组件作用及其编码过程。
- 熟悉修改快递信息模块的作用。
- 掌握修改快递信息模块设计中的组件作用及其编码过程。
- 掌握如何实现快递信息的浏览功能。
- 熟悉打印快递单与打印设置模块的作用。
- 掌握打印快递单与打印设置模块设计中的组件作用及其编码过程。

20.1　开发背景

随着社会的发展，人们的生活节奏不断加快。为了节约宝贵的时间，快递业务应运而生。在快递过程中，需要填写大量的表单。如果使用计算机来辅助填写及保存相应的记录，则能大大提高快递的效率。因此，需要开发一个快递打印系统。该系统应该支持快速录入关键信息，例如发件人和收件人的姓名、电话和地址等，以及快递物品的信息等。除此之外，该系统还需要实现以下目标：

- 操作简单方便，界面整洁大方。
- 保证系统的安全性。
- 方便添加和修改快递信息。
- 完成快递单的打印功能。
- 支持用户添加和密码修改操作。

20.2　系统功能设计

20.2.1　系统功能结构

在需求分析的基础上，确定了该模块需要实现的功能。根据功能设计出该模块的功能结构图，如图 20.1 所示。

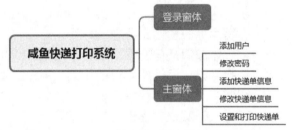

图 20.1　咸鱼快递打印系统功能结构图

20.2.2　系统业务流程

咸鱼快递打印系统的业务流程如图 20.2 所示。

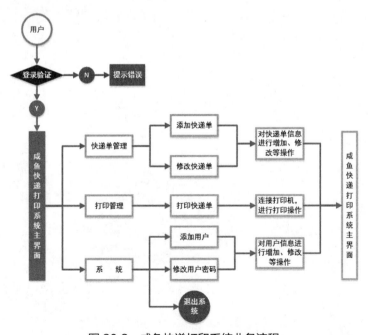

图 20.2　咸鱼快递打印系统业务流程

20.2.3　系统预览

　　咸鱼快递打印系统由多个窗体组成，下面仅列出几个典型窗体，其他窗体参见光盘中的源程序。系统登录窗体的运行效果如图 20.3 所示，主要用于限制非法用户进入系统内部。

　　系统主窗体的运行效果如图 20.4 所示，主要功能是调用执行本系统的所有功能。

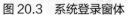

图 20.3　系统登录窗体

图 20.4　系统主窗体

　　添加快递信息窗体的运行效果如图 20.5 所示，主要功能是完成快递单的编辑工作。这些信息包括发件人姓名、电话、地址和收件人姓名、电话、地址等。

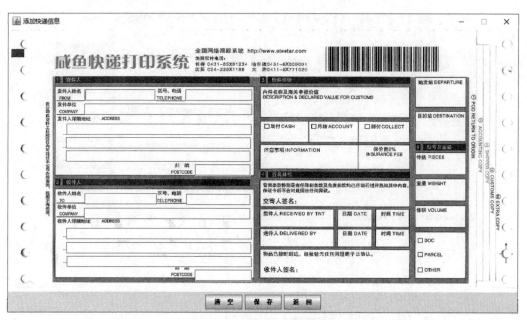

图 20.5　添加快递信息窗体

　　修改快递信息窗体的运行效果如图 20.6 所示，主要功能是完成对已经保存的快递信息的修改操作。

　　打印快递单与打印设置窗体的运行效果如图 20.7 所示，主要功能是完成快递单的打印。

第4篇　项目开发篇

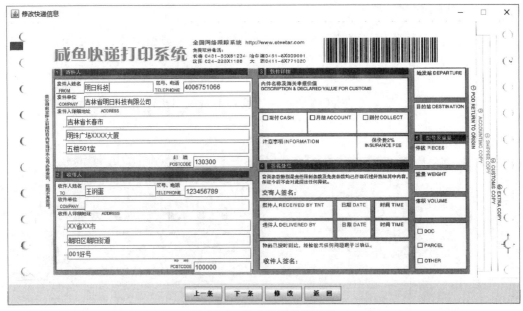

图 20.6　修改快递信息窗体

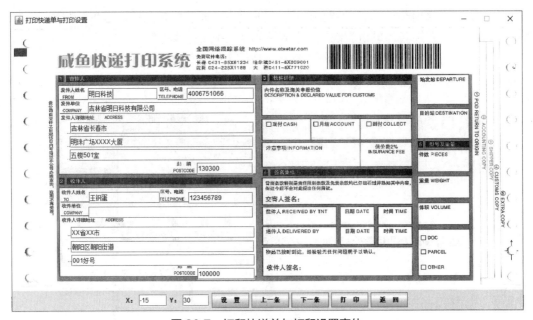

图 20.7　打印快递单与打印设置窗体

20.3　数据库设计和文件夹结构

20.3.1　数据库概要说明

本系统采用 MySQL 作为后台数据库。根据需求分析和功能结构图，为整个系统设计了两个数据表，分别用于存储快递单信息和用户信息。根据这两个表的存储信息和功能，分别设计对应的 E-R 图和数据表。其数据库运行环境如下。

（1）硬件平台

- CPU：P4 1.6GHz。
- 内存：128MB 以上。
- 硬盘空间：100MB。

（2）软件平台

- 操作系统：Windows 2003 以上。
- 数据库：MySQL 5.7。
- Java 虚拟机：JDK 11。

20.3.2 数据库 E-R 图

咸鱼快递打印系统包含用户和快递单两个实体，这两个实体分别用于记录用户信息和快递单信息。

（1）用户实体

用户实体是咸鱼快递打印系统的登录用户，它记载了用户的编号、账号和密码信息，如图 20.8 所示。

（2）快递单实体

快递单实体是咸鱼快递打印系统记录的快递单信息，它记载了快递单中的寄件人姓名、寄件人区号电话、寄件单位、寄件人地址、寄件人邮编、收件人姓名、收件人区号电话、收件单位、收件人地址、收件人邮编、打印位置和快递单的尺寸，如图 20.9 所示。

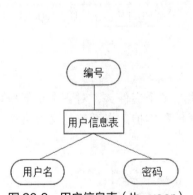

图 20.8　用户信息表（tb_user）

图 20.9　快递单信息表（tb_receiveSendMessage）

20.3.3 数据表结构

在本系统中创建了一个数据库 db_ExpressPrint，一共包含了两个数据表，下面分别介绍这两个数据表的逻辑结构。

（1）tb_user（用户信息表）

用户信息表主要用来保存登录用户的账号和密码。表 tb_user 的结构如表 20.1 所示。

表 20.1　表 tb_user 的结构

字段名	数据类型	是否为空	是否主键	默认值	描述
id	int	No	Yes		编号
username	varchar(20)	Yes	No	NULL	用户名
password	varchar(20)	Yes	No	NULL	密码

（2）tb_receiveSendMessage（快递单信息表）

快递单信息表主要用来保存快递单信息。表 tb_receiveSendMessage 的结构如表 20.2 所示。

表 20.2　表 tb_receiveSendMessage 的结构

字段名	数据类型	是否为空	是否主键	默认值	描述
id	int	No	Yes		流水号
sendName	varchar(20)	Yes	No	NULL	寄件人姓名
sendTelephone	varchar(30)	Yes	No	NULL	寄件人区号电话
sendCompary	varchar(30)	Yes	No	NULL	寄件单位
sendAddress	varchar(100)	Yes	No	NULL	寄件人地址
sendPostcode	varchar(10)	Yes	No	NULL	寄件人邮编
receiveName	varchar(20)	Yes	No	NULL	收件人姓名
recieveTelephone	varchar(30)	Yes	No	NULL	收件人区号电话
recieveCompary	varchar(30)	Yes	No	NULL	收件单位
receiveAddress	varchar(100)	Yes	No	NULL	收件人地址
receivePostcode	varchar(10)	Yes	No	NULL	收件人邮编
ControlPosition	varchar(200)	Yes	No	NULL	打印位置
expressSize	varchar(20)	Yes	No	NULL	快递单的尺寸

20.3.4　文件夹结构

在进行系统开发前，需要规划文件夹组织结构，即建立多个文件夹，对各个功能模块进行划分，实现统一管理。这样做的好处是易于开发、管理和维护。本系统的文件夹组织结构如图 20.10 所示。

图 20.10　文件夹组织结构

20.4 公共模块设计

公共模块通常包含程序中的公有功能，例如处理公有数据、模块之间的交互功能等，这些功能被多个模块重复调用完成指定的业务逻辑。本系统的公共模块包含两部分内容：对数据库进行操作的 DAO 类和保存用户信息工具 SaveUserStateTool 类。

20.4.1 公共类 DAO

在 com.zzk.dao 包中定义了公共类 DAO，该类用于加载数据库驱动及建立数据库连接。通过调用该类的静态方法 getConn() 可以获得到数据库 db_AddressList 的连接对象，当其他程序需要对数据库进行操作时，可以通过 DAO.getConn() 直接获得数据库连接对象。代码如下所示：

```
01  public class DAO {
02      private static DAO dao = new DAO();              // 声明 DAO 类的静态实例
03      /**
04       * 利用静态模块加载数据库驱动
05       */
06      static {
07          try {
08              Class.forName("com.mysql.jdbc.Driver");   // 加载数据库驱动
09          } catch (ClassNotFoundException e) {
10              JOptionPane.showMessageDialog(
11                  null,
12                  "数据库驱动加载失败，请将驱动包配置到构建路径中。\n"
13                  + e.getMessage());
14              e.printStackTrace();
15          }
16      }
17      /**
18       * 获得数据库连接的方法
19       *
20       * @return Connection
21       */
22      public static Connection getConn() {
23          try {
24              Connection conn = null;                   // 定义数据库连接
25              // 数据库 db_Express 的 URL
26              String url = "jdbc:mysql:        //127.0.0.1:3306/db_ExpressPrint";
27              String username = "root";                 // 数据库的用户名
28              String password = "root";                 // 数据库密码
29              // 建立连接
30              conn = DriverManager.getConnection(url, username, password);
31              return conn;                              // 返回连接
32          } catch (Exception e) {
33              JOptionPane.showMessageDialog(
34                  null,
35                  "数据库连接失败。\n"
36                  + " 请检查是否安装了 SP4 补丁，\n"
37                  + " 以及数据库用户名和密码是否正确。"
38                  + e.getMessage());
39              return null;
40          }
41      }
42      public static void main(String[] args) {
43          System.out.println(getConn());
44      }
45  }
```

20.4.2 公共类 SaveUserStateTool

在 com.zzk.tool 包中定义了公共类 SaveUserStateTool，该类用于保存登录用户的用户名和密码。该类主要用于修改用户的密码，因为用户只能修改自己的密码，这样通过该类可以知道原密码是否正确。代码如下所示：

```
01  public class SaveUserStateTool {
02      private static String username = null;          // 用户名称
03      private static String password = null;          // 用户密码
04      public static void setUsername(String username) {   // 用户名称的 setter 方法
05          SaveUserStateTool.username = username;
06      }
07      public static String getUsername() {            // 用户名称的 getter 方法
08          return username;
09      }
10      public static void setPassword(String password) {   // 用户密码的 setter 方法
11          SaveUserStateTool.password = password;
12      }
13      public static String getPassword() {            // 用户密码的 getter 方法
14          return password;
15      }
16  }
```

20.5 添加快递信息模块设计

20.5.1 添加快递信息模块概述

添加快递信息窗体用于添加寄件人的快递信息，包括寄件人和收件人的相关信息。单击主窗体"快递单管理"/"添加快递单"菜单项，就可以打开"添加快递信息"窗体，如图 20.11 所示。

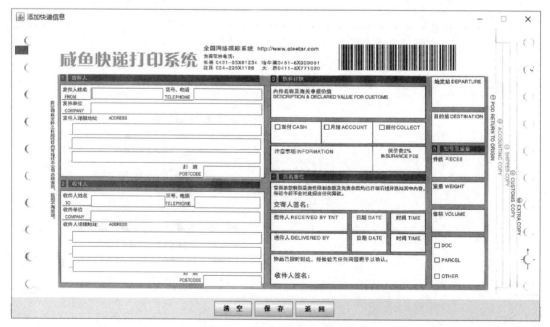

图 20.11 添加快递信息窗体

20.5.2　添加快递信息界面设计

添加快递信息窗体用于快递信息的录入，该窗体用到 14 个文本框和 3 个命令按钮，其中主要控件的名称和作用如表 20.3 所示。

表 20.3　添加快递信息窗体的主要控件及其名称与作用

控件	控件名称	作用
JTextField	tf_sendName	寄件人姓名
JTextField	tf_sendTelephone	寄件人区号、电话
JTextField	tf_sendCompony	寄件公司
JTextField	tf_sendAddress1	寄件人地址
JTextField	tf_sendAddress2	寄件人地址
JTextField	tf_sendAddress3	寄件人地址
JTextField	tf_sendPostcode	寄件人邮编
JTextField	tf_receiveName	收件人姓名
JTextField	tf_receiveTelephone	收件人区号、电话
JTextField	tf_receiveCompony	收件公司
JTextField	tf_receiveAddress1	收件人地址
JTextField	tf_receiveAddress2	收件人地址
JTextField	tf_receiveAddress3	收件人地址
JTextField	tf_receivePostcode	收件人邮编
JButton	btn_clear	单击该按钮清空录入的快递信息
JButton	btn_save	单击该按钮保存快递信息
JButton	btn_return	销毁添加快递信息窗体，返回主窗体

上述控件被置于 com.zzk.frame 包下的 AddExpressFrame 类，该类继承自 JFrame 类成为窗体类。

20.5.3　快递信息的保存

快递信息窗体中"保存"按钮用于保存用户输入的快递信息。为"保存"按钮（名为 btn_save）增加事件监听，代码如下所示：

```
01  btn_save.addActionListener(new java.awt.event.ActionListener() {
02      public void actionPerformed(java.awt.event.ActionEvent e) {
03          StringBuffer buffer = new StringBuffer();                      // 创建字符串缓冲区
04          ExpressMessage m = new ExpressMessage();                      // 创建打印信息对象
05          m.setSendName(tf_sendName.getText().trim());                  // 封装发件人姓名
06          m.setSendTelephone(tf_sendTelephone.getText().trim());        // 封装发件人区号电话
07          m.setSendCompony(tf_sendCompany.getText().trim());           // 封装发件公司
```

```
08        m.setSendAddress(tf_sendAddress1.getText().trim()
09            + "|" + tf_sendAddress2.getText().trim()
10            + "|" + tf_sendAddress3.getText().trim());           // 封装发件人地址
11        m.setSendPostcode(tf_sendPostcode.getText().trim());     // 封装发件人邮编
12        m.setReceiveName(tf_receiveName.getText().trim());       // 封装收件人姓名
13        // 封装收件人区号电话
14        m.setReceiveTelephone(tf_receiveTelephone.getText().trim());
15        m.setReceiveCompany(tf_receiveCompany.getText().trim()); // 封装收件公司
16        m.setReceiveAddress(tf_receiveAddress1.getText().trim()
17            + "|" + tf_receiveAddress2.getText().trim()
18            + "|" + tf_receiveAddress3.getText().trim());        // 封装收件地址
19        m.setReceivePostcode(tf_receivePostcode.getText().trim()); // 封装收件人邮编
20        // 发件人姓名坐标
21        buffer.append(tf_sendName.getX() + "," + tf_sendName.getY() + "/");
22        buffer.append(tf_sendTelephone.getX() + "," + tf_sendTelephone.getY() +
23            "/");
24        // 发件公司坐标
25        buffer.append(tf_sendCompany.getX() + "," + tf_sendCompany.getY() + "/");
26        buffer.append(tf_sendAddress1.getX() + "," + tf_sendAddress1.getY() + "/");
27        buffer.append(tf_sendAddress2.getX() + "," + tf_sendAddress2.getY() + "/");
28        buffer.append(tf_sendAddress3.getX() + "," + tf_sendAddress3.getY() + "/");
29        // 发件人邮编坐标
30        buffer.append(tf_sendPostcode.getX() + "," + tf_sendPostcode.getY() + "/");
31        // 收件人姓名坐标
32        buffer.append(tf_receiveName.getX() + "," + tf_receiveName.getY() + "/");
33        buffer.append(tf_receiveTelephone.getX()
34            + "," + tf_receiveTelephone.getY() + "/");
35        // 收件公司坐标
36        buffer.append(tf_receiveCompany.getX() + "," + tf_receiveCompany.getY() +
37            "/");
38        buffer.append(tf_receiveAddress1.getX() + "," + tf_receiveAddress1.getY() +
39            "/");
40        buffer.append(tf_receiveAddress2.getX() + "," + tf_receiveAddress2.getY() +
41            "/");
42        buffer.append(tf_receiveAddress3.getX() + "," + tf_receiveAddress3.getY() +
43            "/");
44        // 收件人邮编坐标
45        buffer.append(tf_receivePostcode.getX() + "," + tf_receivePostcode.getY());
46        m.setControlPosition(new String(buffer));
47        m.setExpressSize(jPanel.getWidth() + "," + jPanel.getHeight());
48        ExpressMessageDao.insertExpress(m);
49    }
50 });
```

上面代码用到了 ExpressMessage 类和 ExpressMessageDao 类中的 insertExpress() 方法，其中 ExpressMessage 类在 com.zzk.bean 包中，该类用于封装用户在添加快递信息窗体中输入的快递信息；而 ExpressMessageDao 类在 com.zzk.dao 包中，其 insertExpress() 方法用于将快递信息保存到对应的快递信息表中。ExpressMessageDao 类中 insertExpress() 方法的代码如下所示：

```
01 public static void insertExpress(ExpressMessage m) {
02    if (m.getSendName() == null || m.getSendName().trim().equals("")) {
03        JOptionPane.showMessageDialog(null, "寄件人信息必须填写。");
04        return;
05    }
06    if (m.getSendTelephone() == null || m.getSendTelephone().trim().equals("")) {
07        JOptionPane.showMessageDialog(null, "寄件人信息必须填写。");
08        return;
09    }
10    if (m.getSendCompary() == null || m.getSendCompary().trim().equals("")) {
```

```
11          JOptionPane.showMessageDialog(null, "寄件人信息必须填写。");
12          return;
13      }
14      if (m.getSendAddress() == null || m.getSendAddress().trim().equals("||")) {
15          JOptionPane.showMessageDialog(null, "寄件人信息必须填写。");
16          return;
17      }
18      if (m.getSendPostcode() == null || m.getSendPostcode().trim().equals("")) {
19          JOptionPane.showMessageDialog(null, "寄件人信息必须填写。");
20          return;
21      }
22      if (m.getReceiveName() == null || m.getReceiveName().trim().equals("")) {
23          JOptionPane.showMessageDialog(null, "收件人信息必须填写。");
24          return;
25      }
26      if (m.getReceiveTelephone() == null ||
27          m.getReceiveTelephone().trim().equals("")) {
28          JOptionPane.showMessageDialog(null, "收件人信息必须填写。");
29          return;
30      }
31      if (m.getReceiveCompary() == null || m.getReceiveCompary().trim().equals("")) {
32          JOptionPane.showMessageDialog(null, "收件人信息必须填写。");
33          return;
34      }
35      if (m.getReceiveAddress() == null ||
36          m.getReceiveAddress().trim().equals("||")) {
37          JOptionPane.showMessageDialog(null, "收件人信息必须填写。");
38          return;
39      }
40      if (m.getReceivePostcode() == null ||
41          m.getReceivePostcode().trim().equals("")) {
42          JOptionPane.showMessageDialog(null, "收件人信息必须填写。");
43          return;
44      }
45      Connection conn = null;                              // 声明数据库连接
46      PreparedStatement ps = null;                         // 声明 PreparedStatement 对象
47      try {
48          conn = DAO.getConn();                            // 获得数据库连接
49          // 创建 PreparedStatement 对象，并传递 SQL 语句
50          ps = conn.prepareStatement("insert into tb_receiveSendMessage "
51              + "(sendName,sendTelephone,sendCompary,sendAddress,"
52              + "sendPostcode,receiveName,recieveTelephone,"
53              + "recieveCompary,receiveAddress,receivePostcode,"
54              + "ControlPosition,expressSize) "
55              + "values(?,?,?,?,?,?,?,?,?,?,?,?)");
56          ps.setString(1, m.getSendName());                // 为参数赋值
57          ps.setString(2, m.getSendTelephone());           // 为参数赋值
58          ps.setString(3, m.getSendCompary());             // 为参数赋值
59          ps.setString(4, m.getSendAddress());             // 为参数赋值
60          ps.setString(5, m.getSendPostcode());            // 为参数赋值
61          ps.setString(6, m.getReceiveName());             // 为参数赋值
62          ps.setString(7, m.getReceiveTelephone());        // 为参数赋值
63          ps.setString(8, m.getReceiveCompary());          // 为参数赋值
64          ps.setString(9, m.getReceiveAddress());          // 为参数赋值
65          ps.setString(10, m.getReceivePostcode());        // 为参数赋值
66          ps.setString(11, m.getControlPosition());        // 为参数赋值
67          ps.setString(12, m.getExpressSize());            // 为参数赋值
68          int flag = ps.executeUpdate();
69          if (flag > 0) {
70              JOptionPane.showMessageDialog(null, "添加成功。");
71          } else {
72              JOptionPane.showMessageDialog(null, "添加失败。");
```

```
73              }
74          } catch (Exception ex) {
75              JOptionPane.showMessageDialog(null, "添加失败！");
76              ex.printStackTrace();
77          } finally {
78              try {
79                  if (ps != null) {
80                      ps.close();                    // 关闭 PreparedStatement 对象
81                  }
82                  if (conn != null) {
83                      conn.close();                  // 关闭数据库连接
84                  }
85              } catch (SQLException e) {
86                  e.printStackTrace();
87              }
88          }
89      }
```

20.6　修改快递信息模块设计

20.6.1　修改快递信息模块概述

修改快递信息窗体用于快递信息的浏览和修改。通过单击该窗体上的"上一条"和"下一条"按钮可以浏览快递信息。输入修改后的内容，单击"修改"按钮可以保存修改的快递信息。单击主窗体"快递单管理"/"修改快递单"菜单项，就可以打开"修改快递信息"窗体，如图 20.12 所示。

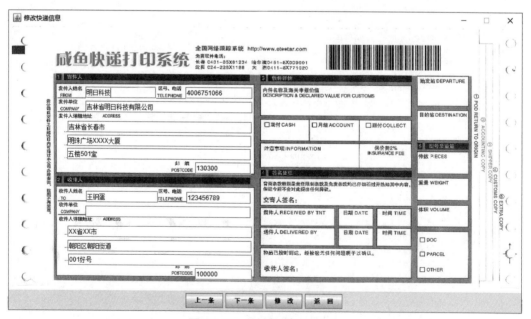

图 20.12　修改快递信息窗体

20.6.2　修改快递信息界面设计

修改快递信息窗体用于快递信息的修改，该窗体用到 14 个文本框和 4 个命令按钮，其中主要控件的名称和作用如表 20.4 所示。

表 20.4　修改快递信息窗体的主要控件及其名称与作用

控件	控件名称	作用
JTextField	tf_sendName	寄件人姓名
JTextField	tf_sendTelephone	寄件人区号、电话
JTextField	tf_sendCompony	寄件公司
JTextField	tf_sendAddress1	寄件人地址
JTextField	tf_sendAddress2	寄件人地址
JTextField	tf_sendAddress3	寄件人地址
JTextField	tf_sendPostcode	寄件人邮编
JTextField	tf_receiveName	收件人姓名
JTextField	tf_receiveTelephone	收件人区号、电话
JTextField	tf_receiveCompony	收件公司
JTextField	tf_receiveAddress1	收件人地址
JTextField	tf_receiveAddress2	收件人地址
JTextField	tf_receiveAddress3	收件人地址
JTextField	tf_receivePostcode	收件人邮编
JButton	btn_pre	浏览前一条快递信息
JButton	btn_next	浏览下一条快递信息
JButton	btn_update	保存修改后的快递信息
JButton	jButton2	返回

上述控件被置于 com.zzk.frame 包下的 UpdateExpressFrame 类，该类继承自 JFrame 类成为窗体类。

20.6.3　保存修改后的快递信息

"修改"按钮可以修改用户所录入的快递信息。在"修改"按钮（即名为 btn_update 的按钮）上增加事件监听器，代码如下所示：

```
01  btn_update.addActionListener(new java.awt.event.ActionListener() {
02      public void actionPerformed(java.awt.event.ActionEvent e) {
03          StringBuffer buffer = new StringBuffer();                // 创建字符串缓冲区对象
04          ExpressMessage m = new ExpressMessage();                 // 创建打印信息对象
05          m.setId(id);                                             // 封装流水号
06          m.setSendName(tf_sendName.getText().trim());             // 封装发件人姓名
07          m.setSendTelephone(tf_sendTelephone.getText().trim());   // 封装发件人区号电话
08          m.setSendCompary(tf_sendCompany.getText().trim());       // 封装发件公司
09          m.setSendAddress(tf_sendAddress1.getText().trim())
```

```
10                    + "|" + tf_sendAddress2.getText().trim() +
11                      "|" + tf_sendAddress3.getText().trim());            // 封装发件地址
12          m.setSendPostcode(tf_sendPostcode.getText().trim());            // 封装发件人邮编
13          m.setReceiveName(tf_receiveName.getText().trim());              // 封装收件人姓名
14          // 封装收件人区号电话
15          m.setReceiveTelephone(tf_receiveTelephone.getText().trim());
16          m.setReceiveCompary(tf_receiveCompany.getText().trim());        // 封装收件公司
17          m.setReceiveAddress(tf_receiveAddress1.getText().trim() + "|"
18                  + tf_receiveAddress2.getText().trim() + "|"
19                      + tf_receiveAddress3.getText().trim());             // 封装收件地址
20          m.setReceivePostcode(tf_receivePostcode.getText().trim());      // 封装收件人邮编
21          // 发件人姓名
22          buffer.append(tf_sendName.getX() + "," + tf_sendName.getY() + "/");
23          // 发件人区号电话
24          buffer.append(tf_sendTelephone.getX() + "," + tf_sendTelephone.getY() +
25              "/");
26          // 发件公司
27          buffer.append(tf_sendCompany.getX() + "," + tf_sendCompany.getY() + "/");
28          buffer.append(tf_sendAddress1.getX() + "," + tf_sendAddress1.getY() + "/");
29          buffer.append(tf_sendAddress2.getX() + "," + tf_sendAddress2.getY() + "/");
30          buffer.append(tf_sendAddress3.getX() + "," + tf_sendAddress3.getY() + "/");
31          // 发件人邮编
32          buffer.append(tf_sendPostcode.getX() + "," + tf_sendPostcode.getY() + "/");
33          // 收件人姓名
34          buffer.append(tf_receiveName.getX() + "," + tf_receiveName.getY() + "/");
35          buffer.append(tf_receiveTelephone.getX() + "," +
36              tf_receiveTelephone.getY() + "/");                          // 收件人区号电话
37          buffer.append(tf_receiveCompany.getX() + "," + tf_receiveCompany.getY() +
38              "/");
39          // 收件人地址
40          buffer.append(tf_receiveAddress1.getX() + "," + tf_receiveAddress1.getY() +
41              "/");
42          buffer.append(tf_receiveAddress2.getX() + "," + tf_receiveAddress2.getY() +
43              "/");
44          buffer.append(tf_receiveAddress3.getX() + "," + tf_receiveAddress3.getY() +
45              "/");
46          // 收件人邮编
47          buffer.append(tf_receivePostcode.getX() + "," + tf_receivePostcode.getY());
48          m.setControlPosition(new String(buffer));
49          m.setExpressSize(jPanel.getWidth() + "," + jPanel.getHeight());
50          ExpressMessageDao.updateExpress(m);                             // 保存更改
51      }
52  });
```

上面代码用到了 ExpressMessage 类和 ExpressMessageDao 类中的 updateExpress() 方法，其中 ExpressMessage 类在 com.zzk.bean 包中，该类用于封装用户在添加快递信息窗体中输入的快递信息。ExpressMessageDao 类在 com.zzk.dao 包中，其 updateExpress() 方法用于对修改后的快递信息进行保存。ExpressMessageDao 类中 updateExpress() 方法的代码如下所示：

```
01  public static void updateExpress(ExpressMessage m) {
02      Connection conn = null;                             // 声明数据库连接
03      // 声明 PreparedStatement 对象
04      PreparedStatement ps = null;
05      try {
06          conn = DAO.getConn();                           // 获得数据库连接
07          // 创建 PreparedStatement 对象，并传递 SQL 语句
08          ps = conn.prepareStatement("update tb_receiveSendMessage set sendName=?,"
09              + "sendTelephone=?,sendCompary=?,sendAddress=?,sendPostcode=?,"
10              + "receiveName=?,recieveTelephone=?,recieveCompary=?,"
11              + "receiveAddress=?,receivePostcode=?,ControlPosition=?,"
```

```
12              + "expressSize=? where id = ?");
13          ps.setString(1, m.getSendName());          // 为参数赋值
14          ps.setString(2, m.getSendTelephone());
15          ps.setString(3, m.getSendCompary());
16          ps.setString(4, m.getSendAddress());
17          ps.setString(5, m.getSendPostcode());
18          ps.setString(6, m.getReceiveName());        // 为参数赋值
19          ps.setString(7, m.getReceiveTelephone());
20          ps.setString(8, m.getReceiveCompary());
21          ps.setString(9, m.getReceiveAddress());
22          ps.setString(10, m.getReceivePostcode());
23          ps.setString(11, m.getControlPosition());   // 为参数赋值
24          ps.setString(12, m.getExpressSize());
25          ps.setInt(13, m.getId());
26          int flag = ps.executeUpdate();              // 获取 sql 执行结果
27          if (flag > 0) {                             // 如果有至少一行数据修改成功
28              JOptionPane.showMessageDialog(null, "修改成功。");
29          } else {
30              JOptionPane.showMessageDialog(null, "修改失败。");
31          }
32      } catch (Exception ex) {
33          JOptionPane.showMessageDialog(null, "修改失败！ " + ex.getMessage());
34          ex.printStackTrace();
35      } finally {
36          try {
37              if (ps != null) {
38                  ps.close();
39              }
40              if (conn != null) {
41                  conn.close();
42              }
43          } catch (SQLException e) {
44              e.printStackTrace();
45          }
46      }
47  }
```

20.6.4 快递信息的浏览

修改快递信息窗体中的"上一条"和"下一条"按钮用于对快递单信息进行浏览。对"上一条"按钮（即名为 btn_pre 的按钮）增加事件监听器，用于浏览前一条快递信息，代码如下所示：

```
01  btn_pre.addActionListener(new java.awt.event.ActionListener() {
02      public void actionPerformed(java.awt.event.ActionEvent e) {
03          queryResultVector = ExpressMessageDao.queryExpress();
04          if (queryResultVector != null) {
05              queryRow--;                             // 查询行的行号减 1
06              if (queryRow < 0) {                     // 如果查询行的行号小于 0
07                  queryRow = 0;                       // 行号等于 0
08                  JOptionPane.showMessageDialog(null, "已经是第一条信息。");
09              }
10              ExpressMessage m = (ExpressMessage) queryResultVector.get(queryRow);
11              showResultValue(m);                     // 调用 showResultValue() 方法显示数据
12          }
13      }
14  });
```

对"下一条"按钮（即名为 btn_next 的按钮）增加事件监听器，用于浏览后一条快递

信息，代码如下所示：

```
01  btn_next.addActionListener(new java.awt.event.ActionListener() {
02      public void actionPerformed(java.awt.event.ActionEvent e) {
03          queryResultVector = ExpressMessageDao.queryExpress();
04          if (queryResultVector != null) {
05              queryRow++;                                        // 查询行的行号加 1
06              // 如果查询行的行号大于总行数减 1 的值
07              if (queryRow > queryResultVector.size() - 1) {
08                  queryRow = queryResultVector.size() - 1;    // 行号等于总行数减 1
09                  JOptionPane.showMessageDialog(null, "已经是最后一条信息。");
10              }
11              ExpressMessage m = (ExpressMessage) queryResultVector.get(queryRow);
12              showResultValue(m); // 调用 showResultValue() 方法显示数据
13          }
14      }
15  });
```

说明：

上面代码用到了 UpdateExpressFrame 类中的 showResultValue() 方法，该方法用于在修改快递信息窗体界面中显示所浏览的快递单信息。

UpdateExpressFrame 类中的 showResultValue() 方法的代码如下所示：

```
01  private void showResultValue(ExpressMessage m) {
02      id = m.getId();
03      tf_sendName.setText(m.getSendName());                    // 设置显示的发件人姓名
04      tf_sendTelephone.setText(m.getSendTelephone());          // 设置显示的发件人区号电话
05      tf_sendCompany.setText(m.getSendCompary());              // 设置显示的发件公司
06      String addressValue1 = m.getSendAddress();               // 获得发件人的地址信息
07      tf_sendAddress1.setText(addressValue1.substring(0, addressValue1.indexOf("|")));
08      tf_sendAddress2.setText(addressValue1.substring(addressValue1.indexOf("|")
09          + 1, addressValue1.lastIndexOf("|")));
10      tf_sendAddress3.setText(addressValue1.substring(addressValue1.lastIndexOf("|")
11          + 1));
12      tf_sendPostcode.setText(m.getSendPostcode());            // 设置显示的发件人邮编
13      tf_receiveName.setText(m.getReceiveName());              // 设置显示的收件人姓名
14      tf_receiveTelephone.setText(m.getReceiveTelephone());    // 设置显示的收件人区号电话
15      tf_receiveCompany.setText(m.getReceiveCompary());        // 设置显示的收件公司
16      String addressValue2 = m.getReceiveAddress();            // 获得收件人的地址信息
17      tf_receiveAddress1.setText(addressValue2.substring(0,
18          addressValue2.indexOf("|")));
19      tf_receiveAddress2.setText(addressValue2.substring(addressValue2.indexOf("|")
20          + 1, addressValue2.lastIndexOf("|")));
21      tf_receiveAddress3.
22          setText(addressValue2.substring(addressValue2.lastIndexOf("|") + 1));
23      tf_receivePostcode.setText(m.getReceivePostcode());      // 设置显示的收件人邮编
24      controlPosition = m.getControlPosition();
25      expressSize = m.getExpressSize();
26  }
```

20.7 打印快递单与打印设置模块设计

20.7.1 打印快递单与打印设置模块概述

打印快递单与打印设置窗体用于对快递单进行打印以及对打印位置进行设置。单击主窗体"打印管理"/"打印快递单"菜单项，就可以打开"打印快递单与打印设置"窗体，如图 20.13 所示。

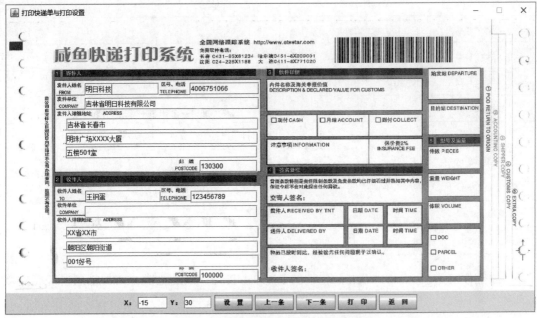

图 20.13　打印快递单与打印设置窗体

20.7.2　设计打印快递单与打印设置窗体

打印快递单与打印设置窗体可以进行快递单的打印以及对打印位置进行设置，该窗体用到 2 个标签、16 个文本框和 5 个命令按钮，其中主要控件的名称和作用如表 20.5 所示。

表 20.5　打印快递单与打印设置窗体的主要控件及其名称与作用

控件	控件名称	作用
JTextField	tf_sendName	寄件人姓名
JTextField	tf_sendTelephone	寄件人区号、电话
JTextField	tf_sendCompony	寄件公司
JTextField	tf_sendAddress1	寄件人地址
JTextField	tf_sendAddress2	寄件人地址
JTextField	tf_sendAddress3	寄件人地址
JTextField	tf_sendPostcode	寄件人邮编
JTextField	tf_receiveName	收件人姓名
JTextField	tf_receiveTelephone	收件人区号、电话
JTextField	tf_receiveCompony	收件公司
JTextField	tf_receiveAddress1	收件人地址

续表

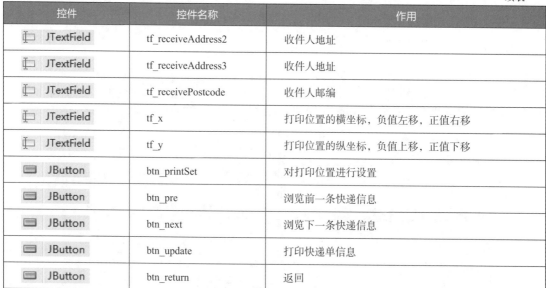

控件	控件名称	作用
JTextField	tf_receiveAddress2	收件人地址
JTextField	tf_receiveAddress3	收件人地址
JTextField	tf_receivePostcode	收件人邮编
JTextField	tf_x	打印位置的横坐标，负值左移，正值右移
JTextField	tf_y	打印位置的纵坐标，负值上移，正值下移
JButton	btn_printSet	对打印位置进行设置
JButton	btn_pre	浏览前一条快递信息
JButton	btn_next	浏览下一条快递信息
JButton	btn_update	打印快递单信息
JButton	btn_return	返回

上述控件被置于 com.zzk.frame 包下的 PrintAndPrintSetFrame 类，该类继承自 JFrame 类成为窗体类。

20.7.3　打印快递单功能的实现

设置完打印位置，单击窗体上的"打印"按钮，可以打印快递单。为"打印"按钮（即名为 btn_print 的按钮）增加事件监听器，代码如下所示：

```
01    btn_print.addActionListener(new java.awt.event.ActionListener() {
02        public void actionPerformed(java.awt.event.ActionEvent e) {
03            try {
04                PrinterJob job = PrinterJob.getPrinterJob();
05                if (!job.printDialog())
06                    return;
07                job.setPrintable(new Printable() { // 使用匿名内容类实现 Printable 接口
08                    public int print(Graphics graphics,PageFormat pageFormat,
09                        int pageIndex) {
10                        if (pageIndex > 0) {
11                            return Printable.NO_SUCH_PAGE; // 不打印
12                        }
13                        int x = (int) pageFormat.getImageableX();// 获得可打印区域的横坐标
14                        int y = (int) pageFormat.getImageableY();// 获得可打印区域的纵坐标
15                        // 获得可打印区域的宽度
16                        int ww = (int) pageFormat.getImageableWidth();
17                        // 获得可打印区域的高度
18                        int hh = (int) pageFormat.getImageableHeight();
19                        Graphics2D g2 = (Graphics2D) graphics; // 转换为 Graphics2D 类型
20                        // 获得图片的 URL
21                        URL ur = UpdateExpressFrame.class.
22                            getResource("/image/ 追封快递单 .JPG");
23                        Image img = new ImageIcon(ur).getImage(); // 创建图像对象
24                        int w = Integer.parseInt(expressSize.
25                            substring(0, expressSize.indexOf(",")));
26                        int h = Integer.parseInt(expressSize.
27                            substring(expressSize.indexOf(",")+1));
28                        if (w > ww) { // 如果图像的宽度大于打印区域的宽度
29                            w = ww; // 让图像的宽度等于打印区域的宽度
```

```
30              }
31          if (h > hh) { // 如果图像的宽度大于打印区域的高度
32              h = hh; // 让图像的宽度等于打印区域的高度
33          }
34          g2.drawImage(img, x, y, w, h, null); // 绘制打印的图像
35          String[] pos = controlPosition.split("/"); // 分隔字符串
36          int px = Integer.parseInt(pos[0].
37              substring(0, pos[0].indexOf(",")));
38          int py = Integer.parseInt(pos[0].
39              substring(pos[0].indexOf(",") + 1));
40          String sendName = tf_sendName.getText();
41          g2.drawString(sendName, px + addX, py + addY); // 绘制发件人姓名
42          px = Integer.parseInt(pos[1].substring(0, pos[1].indexOf(",")));
43          py = Integer.parseInt(pos[1].
44              substring(pos[1].indexOf(",") + 1));
45          String sendTelephone = tf_sendTelephone.getText();
46          // 绘制发件人区号电话
47          g2.drawString(sendTelephone, px+addX, py+addY);
48          px = Integer.parseInt(pos[2].substring(0, pos[2].indexOf(",")));
49          py = Integer.parseInt(pos[2].
50              substring(pos[2].indexOf(",") + 1));
51          String sendCompory = tf_sendCompany.getText();
52          g2.drawString(sendCompory, px + addX, py + addY); // 绘制发件公司
53          px = Integer.parseInt(pos[3].substring(0, pos[3].indexOf(",")));
54          py = Integer.parseInt(pos[3].
55              substring(pos[3].indexOf(",") + 1));
56          String sendAddress1 = tf_sendAddress1.getText();
57          // 绘制发件人地址
58          g2.drawString(sendAddress1, px + addX, py + addY);
59          px = Integer.parseInt(pos[4].substring(0, pos[4].indexOf(",")));
60          py = Integer.parseInt(pos[4].
61              substring(pos[4].indexOf(",") + 1));
62          String sendAddress2 = tf_sendAddress2.getText();
63          g2.drawString(sendAddress2, px + addX, py + addY);
64          // 绘制发件人地址
65          px = Integer.parseInt(pos[5].substring(0, pos[5].indexOf(",")));
66          py = Integer.parseInt(pos[5].
67              substring(pos[5].indexOf(",") + 1));
68          String sendAddress3 = tf_sendAddress3.getText();
69          // 绘制发件人地址
70          g2.drawString(sendAddress3, px + addX, py + addY);
71          px = Integer.parseInt(pos[6].substring(0, pos[6].indexOf(",")));
72          py = Integer.parseInt(pos[6].
73              substring(pos[6].indexOf(",") + 1));
74          String sendPostCode = tf_sendPostcode.getText();
75          // 绘制发件人邮编
76          g2.drawString(sendPostCode, px + addX, py + addY);
77          px = Integer.parseInt(pos[7].substring(0, pos[7].indexOf(",")));
78          py = Integer.parseInt(pos[7].
79              substring(pos[7].indexOf(",") + 1));
80          String receiveName = tf_receiveName.getText();
81          // 绘制收件人区号电话
82          g2.drawString(receiveName, px + addX, py + addY);
83          px = Integer.parseInt(pos[8].substring(0, pos[8].indexOf(",")));
84          py = Integer.parseInt(pos[8].
85              substring(pos[8].indexOf(",") + 1));
86          String receiveTelephone = tf_receiveTelephone.getText();
87          // 绘制收件人区号电话
88          g2.drawString(receiveTelephone, px+addX, py+addY);
89          px = Integer.parseInt(pos[9].substring(0, pos[9].indexOf(",")));
90          py = Integer.parseInt(pos[9].
91              substring(pos[9].indexOf(",") + 1));
```

```
92          String receiveCompory = tf_receiveCompany.getText();
93          // 绘制收件公司
94          g2.drawString(receiveCompory, px + addX, py + addY);
95          px = Integer.parseInt(pos[10].
96              substring(0, pos[10].indexOf(",")));
97          py = Integer.parseInt(pos[10].
98              substring(pos[10].indexOf(",") + 1));
99          String receiveAddress1 = tf_receiveAddress1.getText();
100          // 绘制收件人地址
101          g2.drawString(receiveAddress1, px + addX, py + addY);
102          px = Integer.parseInt(pos[11].
103              substring(0, pos[11].indexOf(",")));
104          py = Integer.parseInt(pos[11].
105              substring(pos[11].indexOf(",") + 1));
106          String receiveAddress2 = tf_receiveAddress2.getText();
107          // 绘制收件人地址
108          g2.drawString(receiveAddress2, px + addX, py + addY);
109          px = Integer.parseInt(pos[12].
110              substring(0, pos[12].indexOf(",")));
111          py = Integer.parseInt(pos[12].
112              substring(pos[12].indexOf(",") + 1));
113          String receiveAddress3 = tf_receiveAddress3.getText();
114          // 绘制收件人地址
115          g2.drawString(receiveAddress3, px + addX, py + addY);
116          px = Integer.parseInt(pos[13].
117              substring(0, pos[13].indexOf(",")));
118          py = Integer.parseInt(pos[13].
119              substring(pos[13].indexOf(",") + 1));
120          String receivePostCode = tf_receivePostcode.getText();
121          // 绘制收件人邮编
122          g2.drawString(receivePostCode, px + addX, py + addY);
123          return Printable.PAGE_EXISTS;
124      }
125    });
126    job.setJobName(" 打印快递单 "); // 设置打印任务的名称
127    job.print(); // 执行打印任务
128  } catch (Exception ex) {
129      ex.printStackTrace();
130      JOptionPane.showMessageDialog(null, ex.getMessage());
131  }
132  }
133 });
```

说明：

实现 Printable 接口的 print() 方法时，Graphics 类型参数用于绘制打印内容。

本章知识思维导图

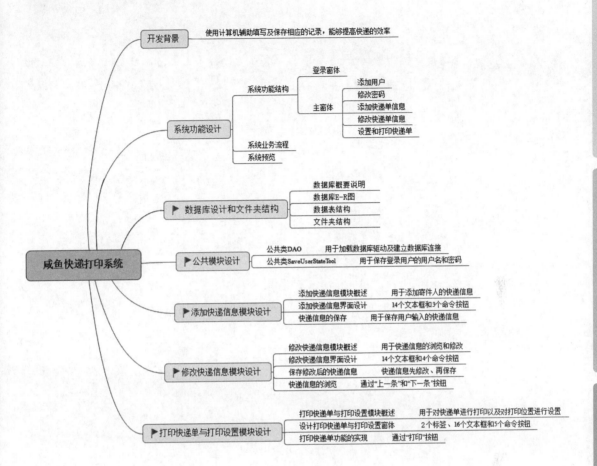

附录

MySQL 数据库基础

扫码领取
- 配套视频
- 配套素材
- 学习指导
- 交流社群

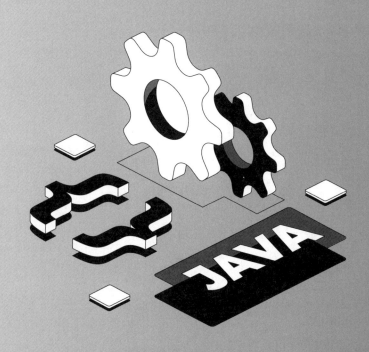

MySQL 数据库可以称得上是目前运行速度最快的 SQL 语言数据库。除了具有许多其他数据库所不具备的功能和选择之外，MySQL 数据库还是一种完全免费的产品，用户可以直接从网上下载使用，而不必支付任何费用。MySQL 数据库的跨平台性是一个很大的优势。

附1 MySQL 数据库的下载与安装

附1.1 下载 MySQL 数据库

下载 Windows 平台 MySQL 安装包的具体步骤如下。

① 登录 MySQL 官网 https://www.MySQL.com/，依次单击"Downloads → Community → MySQL on Windows → MySQL Installer"超链接进入下载页，或直接打开连接 http://dev.MySQL.com/downloads/windows/installer/ 也可以进入下载页，操作步骤如附图 1 所示。

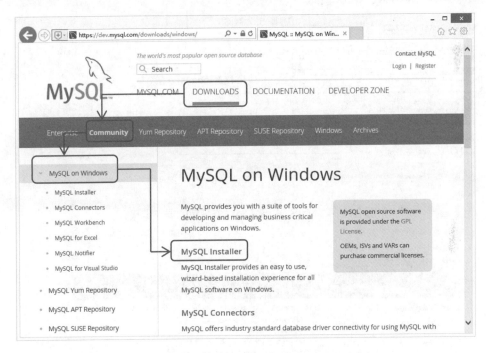

附图 1　进入 MySQL 下载页的单击顺序

② 打开下载后，将网页拉到最下方。该页面提供的 MySQL 安装包是最新版本的，而不是 MySQL 5.7 版本。想要切换 MySQL 下载版本，需要单击页面右下角的"Looking for previous GA versions?"超链接，效果如附图 2 所示。

③ 单击"Looking for previous GA versions?"超链接之后，会自动跳转到旧版本 MySQL 安装包下载地址。首先在"Select Version"下拉框中选择 5.7 版本，然后在"Select Operating System"下拉框中选择"Microsoft Windows"系统，最后单击第二个"Download"按钮下载离线安装包，操作步骤如附图 3 所示。

④ 在弹出的页面下方，单击"No thanks,just start my download."超链接，即可立即弹出下载提示框，页面如附图 4 所示。

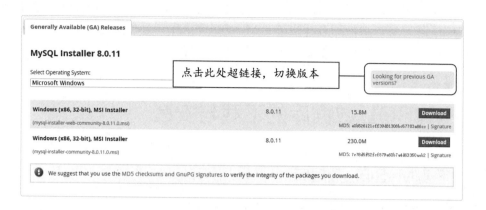

附图 2　单击超链接，切换 MySQL 版本

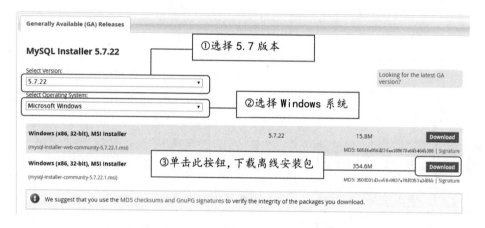

附图 3　下载 MySQL 5.7 离线安装包的操作步骤

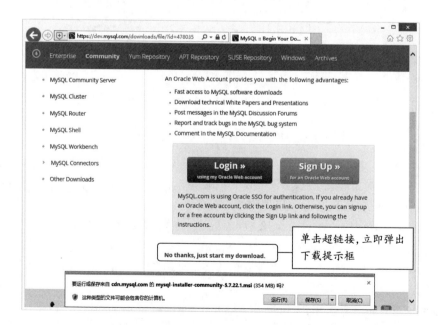

附图 4　跳过登录 / 注册功能，直接开始下载

附1.2 安装 MySQL 数据库

前一小节中介绍了如何下载离线安装包，该安装包集成了 MySQL Installer 程序作为安装向导。MySQL Installer 的界面简单明了，简化了安装和维护数据库的操作。

在 Windows 操作系统中安装 MySQL 的具体步骤如下：

① 运行下载完成的 mysql-installer-community-5.7.22.1.msi 安装包，在 License Agreement 界面下方勾选 "I accept the licence terms" 选项，表示接受许可协议，单击 "Next" 按钮，界面如附图 5 所示。

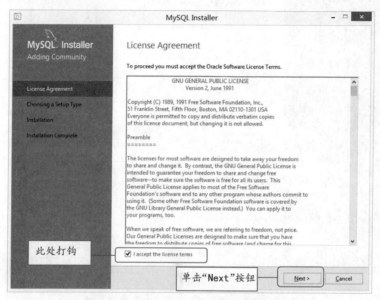

附图 5　MySQL 安装页面

② 在 Choosing a Setup Type 界面下方，选择 "Custom" 选项，单击 "Next" 按钮，界面如附图 6 所示。

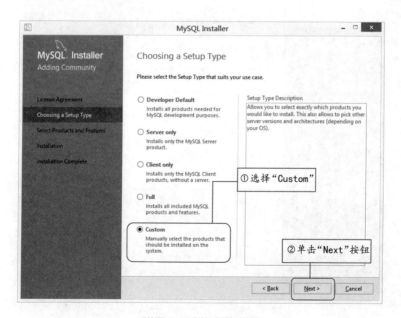

附图 6　选择安装类型

③ 在 Select Products and Features 界面中，依次展开左侧树状菜单项的"MySQL Servers"→"MySQL Server"→"MySQL Server 5.7"，末节点有两个选项，X86 对应 32 位系统，X64 对应 64 系统，选中本地操作系统位数相对应的节点，然后单击中间的 ➡ 按钮，将要安装的产品列在右侧列表中，最后单击"Next"按钮。操作步骤如附图 7 所示。

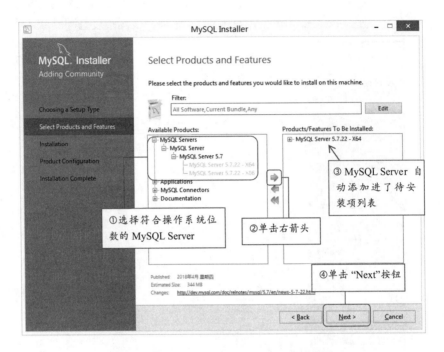

附图 7　将 MySQL Server 添加到安装列表中

④ 在 Installation 界面中，MySQL 已做好安装准备，界面如附图 8 所示。此时单击"Execute"按钮开始安装，等安装完毕之后如附图 9 所示，最后单击"Next"按钮。

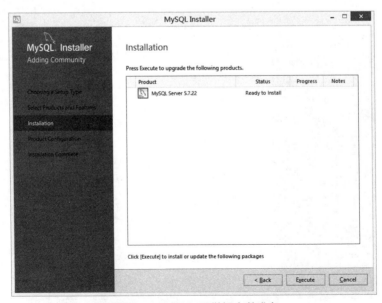

附图 8　MySQL 已做好安装准备

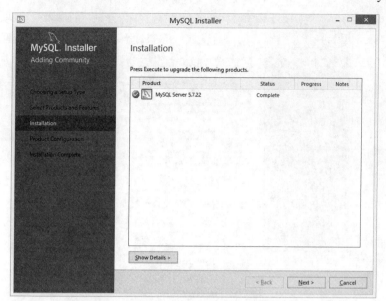

附图 9　MySQL 已完成安装

⑤ 在 Product Configuration 界面中，已安装好的 MySQL 等待用户配置，界面如附图 10 所示，此时单击"Next"按钮。

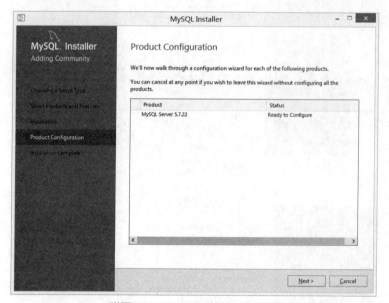

附图 10　MySQL 等待用户配置

⑥ 进入 Group Replication 界面之后，可以设置多节点服务器集群，建议保持默认设置，直接单击"Next"按钮，界面如附图 11 所示。

⑦ 进入 Type and Networking 界面之后，可以设置 MySQL 服务开始的端口号，建议保持默认设置，直接单击"Next"按钮，界面如附图 12 所示。

⑧ 进入 Accounts and Roles 界面后，可以给 MySQL 管理员账号（root）设置初始密码。例如输入的密码为"123456"，会弹出"Weak"的提示，此提示表示输入的密码强度较弱。设置完密码之后，单击"Next"按钮，操作步骤如附图 13 所示。

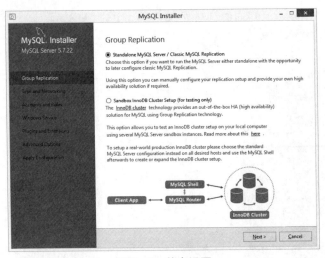

附图 11　节点设置

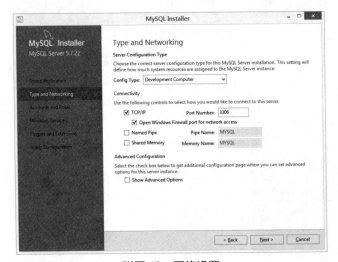

附图 12　网络设置

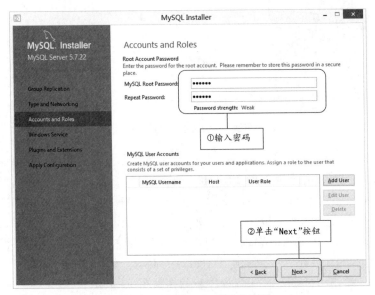

附图 13　设置 root 账号的密码

⑨ 进入 Window Service 界面后，可以配置 Windows 操作系统服务相关设置，包括启动的服务名称。此处建议保持默认设置，直接单击"Next"按钮，界面如附图 14 所示。

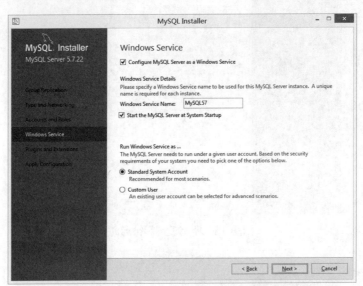

附图 14　Windows 服务设置

⑩ 进入 Plugins and Extensions 界面后，可以设置扩展插件，建议保持默认设置，直接单击"Next"按钮，界面如附图 15 所示。

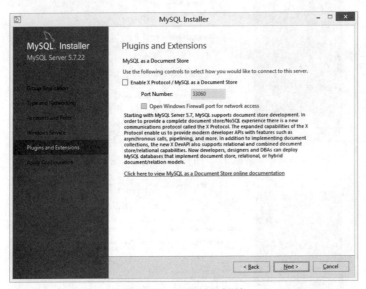

附图 15　设置扩展插件

⑪ 进入 Apply Confirgation 界面后，所有设置好的内容即将准备开启，此时界面如附图 16 所示。单击界面下方"Execute"按钮，各项设置开始启动。当所有设置都成功启动之后，会显示如附图 17 所示的结果，此时单击"Finish"按钮完成用户配置。

⑫ 进入如附图 18 所示的 Product Confirgation 界面后，单击"Next"按钮，进入如附图 19 所示的 Installation Complete 界面，单击"Finish"按钮，完成 MySQL 所有的安装和配置操作。

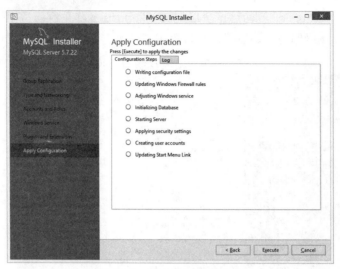

附图 16　所有设置等待启动

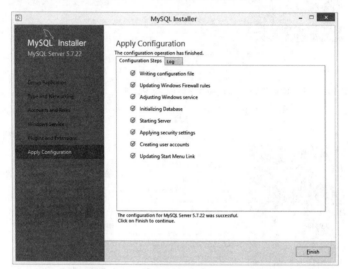

附图 17　所有设置启动完成

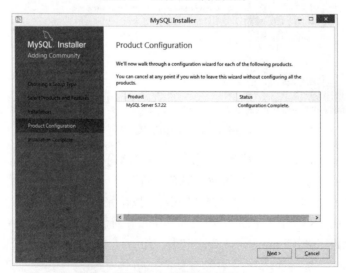

附图 18　产品配置完成

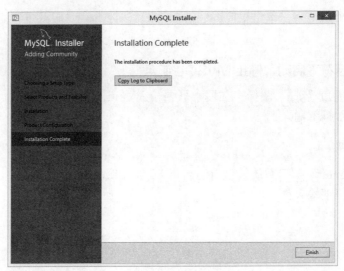

附图 19　安装成功

附 1.3　启动、停止 MySQL 服务器

启动、停止 MySQL 服务器的方法有两种：系统服务和命令提示符（DOS）。建议非特殊情况下不要停止 MySQL 服务器，否则数据库将无法使用。下面介绍两种方法的具体操作步骤：

（1）通过系统服务启动、停止 MySQL 服务器

鼠标右键单击桌面上"此电脑"图标，然后在弹出菜单中单击"管理"菜单项，打开计算机管理窗口。在该窗口中展开"服务和应用程序"菜单项，单击此菜单项下的"服务"子菜单，窗口右侧会弹出 Windows 系统中所有的服务列表，效果如附图 20 所示。

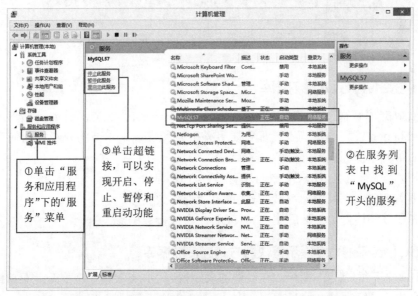

附图 20　通过系统服务启动、停止 MySQL 服务器

在服务列表中找到 MySQL 服务，（附录 1.2 小节中安装 MySQL 数据库时设置的服务名称为 MySQL57，如附图 14 所示），鼠标左键选中 MySQL 服务，左侧会出现停止（或开启）、

暂停和重启动三个超链接，单击相应的超链接，即可对 MySQL 服务进行启动、停止、暂停或重启动操作。

（2）在命令提示符下启动、停止 MySQL 服务器

单击桌面左下角"■"图标，在搜索框中输入 cmd，按"Enter"键，启动命令提示符窗口。在命令提示符下输入：

```
net start MySQL
```

此时再按"Enter"键，系统就会自动启用 MySQL 服务器。

在命令提示符下输入：

```
net stop MySQL
```

此时再按"Enter"键，系统就会自动停止 MySQL 服务器。在命令提示符下启动、停止 MySQL 服务器的运行效果如附图 21 所示。

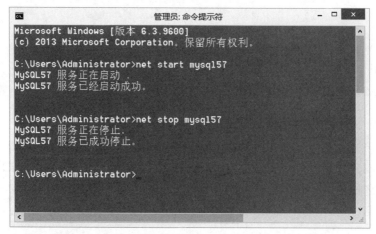

附图 21 在命令提示符下启动、停止 MySQL 服务器

附 1.4 连接 MySQL 数据库

MySQL 数据库有很多第三方连接工具，例如 Navicat、phpMyAdmin、MySQLDumper、MySQL workbench 等，但这些工具都需要另外下载和安装。本节将介绍如何使用 Windows 系统自带的命令提示符连接 MySQL 数据库。

使用命令提示符连接 MySQL 数据库有两种方式：

① 使用 MySQL 自带的命令提示符快捷方式连接数据库。

② 首先配置环境变量，然后使用 MySQL 命令连接数据库。

（1）MySQL 自带的命令提示符快捷方式连接数据库

单击桌面左下角"■"图标，在软件列表中找到 MySQL 菜单，展开此菜单即可看到名称为"MySQL 5.7 Command Line Client"和"MySQL 5.7 Command Line Client‑Unicode"的两个快捷方式，效果如附图 22 所示。单击任意一个快捷方式都能打开一个命令提示符窗口，输入 root 账号的密码之后，即可连接本地 MySQL 数据库。

附图 22　MySQL 自带的命令提示符快捷方式

（2）使用 MySQL 命令连接数据库

想要在 Windows 命令提示符中使用 MySQL 命令，首先要配置 MySQL 的环境变量。在 Windows 10 系统中配置环境变量的步骤如下。

① 鼠标右键单击在桌面上的"此电脑"图标，在弹出的快捷菜单中选择"属性"命令，在弹出的"属性"对话框左侧单击"高级系统设置"超链接，将打开如附图 23 所示的"系统属性"对话框。

附图 23　"系统属性"对话框

附图 24　"环境变量"对话框

② 单击"系统属性"对话框中的"环境变量"按钮，将弹出如附图 24 所示的"环境变量"对话框，双击 Path 变量，会弹出如附图 25 所示的"编辑环境变量"对话框。

③ 在"编辑环境变量"对话框中，单击"编辑文本 (T)..."按钮，对 Path 变量的变量值进行修改。在 Path 原值的最末尾处，添加 MySQL 数据库的 bin 文件夹的完整地址，例如：

```
;C:\Program Files\MySQL\MySQL Server 5.7\bin;
```

☝ 注意：

";"为英文格式下的分号，它用于分隔不同的变量值，所以要保证新添加的环境变量值与前一个变量值之间有一个分号，并且新添加的环境变量值末尾也有一个分号。

修改后的效果图如附图 26 所示，单击"确定"按钮。

附图 25　"编辑环境变量"对话框

附图 26　Path 中添加了 MySQL 数据库的环境变量

④ 单击如附图 26 所示的"确定"按钮后，窗口会跳转到如附图 24 所示的"环境变量"对话框，单击"环境变量"对话框中的"确定"按钮。

⑤ 单击如附图 24 所示的"确定"按钮后，窗口会跳转到如附图 23 所示的"系统属性"对话框，单击"系统属性"对话框中的"确定"按钮。执行完上述步骤后，就成功地配置了 MySQL 数据库所属的环境变量。

完成环境变量配置之后，并且 MySQL 服务器是开启状态，即可通过命令提示符执行 MySQL 命令，具体操作如下：

① 单击桌面左下角"⊞"图标，在搜索框中输入 cmd，按"Enter"键，启动命令提示符窗口，然后按照如下语法输入命令：

```
mysql  -u 账号   -hIP 地址   -p 密码
```

☝ 注意：

-u 与账号、-h 与 IP 地址、-p 与密码之间没有空格。

例如，连接 IP 地址为 192.168.0.1、登录账号为 root、登录密码为 123456 的 MySQL 数据库的命令如下：

```
mysql  -uroot   -h192.168.0.1  -p123456
```

如果连接本地 MySQL 数据库，可以省略 -h127.0.0.1，命令如下：

```
mysql  -uroot  -p123456
```

② 输入完命令后，按"Enter"键即可连接 MySQL 服务器，效果如附图 27 所示。

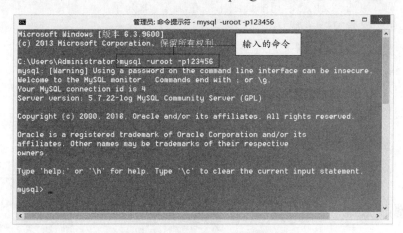

附图 27　连接 MySQL 服务器

👑 说明：

　　为了防止暴露 MySQL 数据库的密码，可以省略 -p 命令后的密码明文。例如：

```
mysql -uroot -p
```

执行这段命令之后不会直接连接 MySQL 数据库，而是会提示用户输入密码，这时输入的密码就会以加密的方式显示出来，最后按"Enter"键即可连接 MySQL 数据库。

附 2　数据的增、删、改、查

在数据表中插入、查询、修改和删除记录可以使用 SQL 语句完成，下面介绍如何执行基本的 SQL 语句。

附 2.1　插入数据

在建立一个空的数据库和数据表时，首先需要考虑的是如何向数据表中添加数据，该操作可以使用 insert 语句来完成。语法如下：

```
insert  into 数据表名 (column_name,column_name2, … ) values (value1, value2, …)
```

在 MySQL 中，一次可以同时插入多行记录，各行记录的值清单在 VALUES 关键字后以逗号","分隔，而标准的 SQL 语句一次只能插入一行。

例如，向 tb_admin 表中插入一条数据信息，插入数据的 SQL 语句如下：

```
01    insert into tb_admin(user,password,createtime)
02    values('mr','111','2018-06-20 09:12:50');
```

语句执行结果如图 28 所示。

附图 28　插入记录

附 2.2　查询数据

要从数据库中把数据查询出来，就要用到 select 查询语句。本节介绍 select 语句的简单用法，select 语句的详细用法在第 18 章介绍。

select 语句的最常用语法如下：

```
SELECT 列名 1, 列名 2, …          /* 要查询的内容, 选择哪些列 */
FROM   数据表名                    /* 指定数据表 */
WHERE 查询条件                     /* 查询时需要满足的条件, 行必须满足的条件 */
```

例如，想要查看插入的数据，可以使用如下 SQL 语句：

```
select id,user,password,createtime from tb_admin;
```

语句执行结果如附图 29 所示。

附图 29　使用 select 语句查询的结果

附 2.3　修改数据

要执行修改的操作可以使用 update 语句，语法如下：

```
UPDATE 数据表名
SET 列名 1 = new_value1, 列名 2 = new_value2, …
WHERE 查询条件
```

其中，set 语句指出要修改的列和修改后的新值，where 条件可以指定修改数据的范围，如果不写 where 条件，则所有数据都会被修改。

例如，将 tb_admin 表中用户名为 "mr" 的密码改为 "7890"，SQL 语句如下：

```
01    update tb_admin
02    set password = '7890
03    where user = 'mr';
```

执行结果如附图 30 所示。

👑 注意：

　　更新时一定要保证 where 子句的正确性，一旦 where 子句出错，将会破坏所有改变的数据。

附 2.4　删除数据

在数据库中，有些数据已经失去意义或者错误时就需要将它们删除，此时可以使用 delete 语句，语法如下：

附图 30　修改 mr 的密码

```
DELETE
FROM 数据表名
WHERE 查询条件
```

👑 注意：

该语句在执行过程中，如果没有指定 where 条件，将删除所有的记录；如果指定了 where 条件，将按照指定的条件进行删除。

例如，删除 tb_admin 表中用户名为"mr"的记录，SQL 语句如下：

```
delete from tb_admin where user = 'mr';
```

执行结果如附图 31 所示。

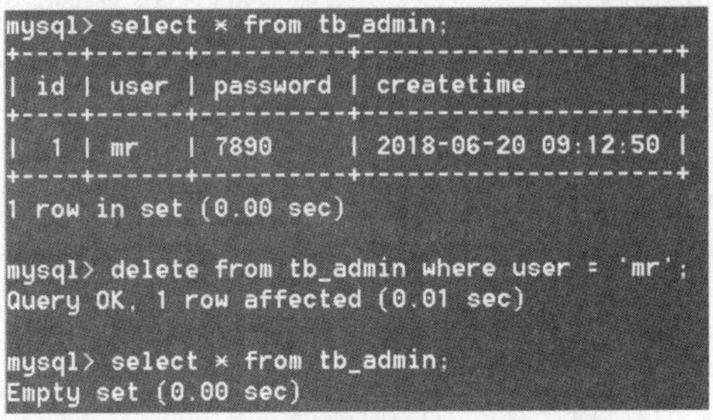

附图 31　删除数据表中指定的记录

👑 注意：

在实际的应用中，执行删除操作时，应使用主键作为判断条件，这样可以确保数据定位的准确性，避免一些不必要的错误发生。

附 2.5　导入 SQL 脚本文件

如果想对数据库中的数据进行批量操作，可以将所有 SQL 语句写到一个以".sql"为后缀的文件中，这种文件叫作 SQL 脚本文件。

在 MySQL 数据库中执行 SQL 脚本文件需要调用 source 命令，source 命令会依次执行 SQL 脚本文件中的 SQL 语句。source 命令的语法如下：

```
source   SQL 脚本文件的完整文件名
```

例如，在 MySQL 中导入 Windows 桌面上的 db_batch.sql 脚本文件，可以使用如下语句：

```
01    USE db_admin                                          /* 选择数据库 */
02    source C:\Users\Administrator\Desktop\db_batch.sql    /* 导入脚本文件 */
```

语句执行结果如附图 32 所示。

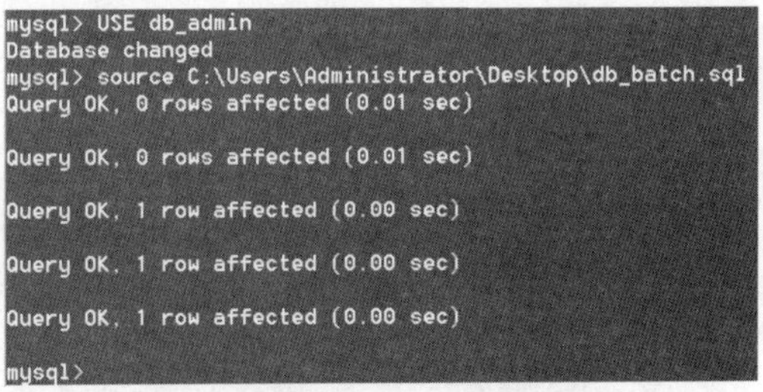

附图 32　执行 SQL 脚本文件

👑 注意：

SQL 脚本文件的完整文件名中不能出现中文字符。